2019 年水利先进实用技术重点推广指导目录

水利部科技推广中心　主编

U0350204

中国水利水电出版社
www.waterpub.com.cn
·北京·

图书在版编目（ＣＩＰ）数据

2019年水利先进实用技术重点推广指导目录 / 水利
部科技推广中心主编. -- 北京 ： 中国水利水电出版社,
2020.9
ISBN 978-7-5170-8857-8

Ⅰ．①2… Ⅱ．①水… Ⅲ．①水利工程－技术推广－
中国－目录－2019 Ⅳ．①TV-63

中国版本图书馆CIP数据核字(2020)第171317号

书　　名	**2019 年水利先进实用技术重点推广指导目录** 2019 NIAN SHUILI XIANJIN SHIYONG JISHU ZHONGDIAN TUIGUANG ZHIDAO MULU	
作　　者	水利部科技推广中心　主编	
出版发行	中国水利水电出版社 （北京市海淀区玉渊潭南路 1 号 D 座　100038） 网址：www. waterpub. com. cn E - mail：sales@ waterpub. com. cn 电话：（010）68367658（营销中心）	
经　　售	北京科水图书销售中心（零售） 电话：（010）88383994、63202643、68545874 全国各地新华书店和相关出版物销售网点	
排　　版	中国水利水电出版社微机排版中心	
印　　刷	清淞永业（天津）印刷有限公司	
规　　格	210mm×285mm　16 开本　20.5 印张　592 千字	
版　　次	2020 年 9 月第 1 版　2020 年 9 月第 1 次印刷	
印　　数	001—600 册	
定　　价	**120.00 元**	

本书编写人员

常清睿　施　昭　樊宝康　娄　瑜　李晨光　谷金钰　张　艺
樊　博　甘　洛

关于发布 2019 年度水利先进实用技术
重点推广指导目录的通知

水技推〔2019〕44 号

各流域机构，各省、自治区、直辖市水利（水务）厅（局），各计划单列市水利（水务）局，新疆生产建设兵团水利局，各有关单位：

为深入贯彻国家创新驱动发展战略，积极践行新时期治水新思路，大力推进水利科技创新，更多推广运用成熟适用技术，充分发挥先进实用技术对保障水安全的重要支撑作用，我中心根据《水利先进实用技术重点推广指导目录管理办法》，结合水利工作实际技术需求，组织开展了《2019 年水利先进实用技术重点推广指导目录》的评审工作，现将评审结果予以发布。

各地要结合工作实际，加大创新步伐，认真组织好先进实用技术的推广转化，加强先进技术应用宣传，为实现国家水治理体系和治理能力现代化提供坚实的科技支撑和技术保障。

水利部科技推广中心
2019 年 7 月 25 日

附件：
《2019 年度水利先进实用技术重点推广指导目录》

附件：

2019 年度水利先进实用技术重点推广指导目录

编号	技术名称	完成人	持有单位
TZ2019001	基于全景微结构定量分析的大坝混凝土健康诊断技术	李曙光、陈改新、纪国晋、田军涛、许耀群、丁勇楠	中国水利水电科学研究院、北京中水科海利工程技术有限公司
TZ2019002	水文气象序列非一致性诊断技术	翟家齐、王丽珍、朱永楠、赵勇、李海红、刘森、司建宁、吴迪、王庆明	中国水利水电科学研究院
TZ2019003	调水工程运行风险管控关键技术	刘恒、耿雷华、陈炼钢、姜蓓蕾、黄昌硕、沙海飞	南京水利科学研究院
TZ2019004	湖库水华风险模拟预测与管理调控技术	陈求稳、施文卿、关铁生、胡柳明、易齐涛、王智源、林育青、王小军、陈诚	南京水利科学研究院
TZ2019005	CW 系列绿色自清洁混凝土防护涂层与技术	汪在芹、陈亮、冯菁、肖承京、王媛怡、魏涛、张达、廖灵敏、梁慧	长江水利委员会长江科学院
TZ2019006	农田镉污染土壤生态水利修复技术	李青云、汤显强、王振华、胡艳平、林莉、胡园、曹慧群、龙萌、喻志强	长江水利委员会长江科学院
TZ2019007	黄河泥沙资源利用关键技术	江恩慧、宋万增、杨勇、李昆鹏、刘慧、王远见、蒋思奇、曹永涛、张凯	黄河水利委员会黄河水利科学研究院
TZ2019008	自吸式管道水力吸泥技术	赵连军、武彩萍、朱超、张文皎、陈俊杰、李远发、吴国英、张源、王嘉仪	黄河水利委员会黄河水利科学研究院
TZ2019009	ZJ.LDSWJ－01 型雷达水位计	陈伟昌、杨跃、覃朝东、韦三纲、王珊琳、赵旭升、范光伟、黄克坚、张彬培	珠江水利委员会珠江水利科学研究院
TZ2019010	水位流速流量监测一体化装置	杨跃、陈伟昌、覃朝东、韦三纲、王珊琳、赵旭升、范光伟、黄克坚、张彬培	珠江水利委员会珠江水利科学研究院
TZ2019011	农村水电站生态流量泄放与监控技术	徐锦才、崔振华、董大富、周丽娜、张军、徐立尉、干超、肖妮、杨安玉	水利部农村电气化研究所
TZ2019012	金属结构设备实时在线监测及运行安全管理系统（MOMS）	胡木生、李自冲、张宇、余俊阳、方超群、马仁超、孔垂雨、张兵、耿红磊	水利部水工金属结构质量检验测试中心
TZ2019013	漂浮式水面光伏关键技术	刘海波、袁博、赵鑫、喻飞、张涛、苏毅、金乾、张顺、刘爽	长江勘测规划设计研究有限责任公司
TZ2019014	大型引调水工程及流域水量统一调度技术	高华斌、肖昌虎、雷静、李书飞、马立亚、刘国强、石卫、汪伟、孙宁宁	长江勘测规划设计研究有限责任公司

编 号	技 术 名 称	完 成 人	持 有 单 位
TZ2019015	岩石（砂砾料）冻融试验自动化系统关键技术	习晓红、邓伟杰、刘建磊、路新景、房后国、仝亮、杜卫长、张陌、耿轶君	黄河勘测规划设计研究院有限公司
TZ2019016	超疏水混凝土外加剂关键技术	张金良、李庆斌、景来红、毛文然、李清波、房后国、陈学理、杨林、胡昱	黄河勘测规划设计研究院有限公司
TZ2019017	复杂地质条件下生态环境保护工程勘测技术	高玉生、王志豪、赵吉祥、何灿高、段伟、刘栋臣、张美多、王杰、周振广	中水北方勘测设计研究有限责任公司
TZ2019018	软岩地区复杂洞室调压室塌方快速处理技术	席燕林、高玉生、王立成、高诚、宣贵金、周志博、刘双喜、赵健、李佳隆	中水北方勘测设计研究有限责任公司
TZ2019019	多级强化水体自净及水力调控的水处理工艺技术	吴华财、蒋翼、刘元勋、黎开志、肖许沐、赵微人、蒋任飞、庞远宇、何宝根	中水珠江规划勘测设计有限公司
TZ2019020	基于空天地多源信息同化的陆气耦合洪水预报技术	刘佳、王浩、李传哲、田济扬、于福亮、焦裕飞、徐静、刘思妤、王维	中国水利水电科学研究院
TZ2019021	面向生态保护修复的水资源效应评估系统软件 V1.0	王丽珍、翟家齐、朱永楠、赵勇、李海红、王庆明、姜珊、曹国亮、王凯	中国水利水电科学研究院
TZ2019022	水利工程三维地理信息平台 V1.0	杨爱明、白峰、严建国、周翔、马能武、张力、马瑞、范青松、杨坤	长江空间信息技术工程有限公司（武汉）
TZ2019023	钻孔声波测试技术	王吉亮、喻久康、杨静、张熊、周炳强、许琦、黄孝泉、魏雨军、郝文忠	长江三峡勘测研究院有限公司（武汉）
TZ2019024	基于工程地质调查的小型无人机三维影像获取技术	王吉亮、张熊、杨静、陈又华、李会中、黄孝泉、刘小飞、常勇	长江三峡勘测研究院有限公司（武汉）
TZ2019025	具有多级流速通道的生态鱼道	何贞俊、李勇、陈文龙、陈松滨、王盟、张金明、莫伟均、王建平、吕文斌	珠江水利委员会珠江水利科学研究院、中水珠江规划勘测设计有限公司
TZ2019026	采砂动态监管系统	陈军强、钟道清、文涛、黄志旺、高月明、郭瑜、宁楚湘、潘文俊、熊英	珠江水利委员会珠江水利科学研究院、广东华南水电高新技术开发有限公司
TZ2019027	微量有毒有机污染物在线监测技术	刘昕宇、吴世良、张荧、闻平、刘胜玉、王丽、李逸、魏立菲、梁永津	珠江水资源环境监测评价中心
TZ2019028	鱼巢式生态护岸	郑志伟、彭建华、丁庆秋、邹曦、胡莲、万成炎	水利部中国科学院水工程生态研究所

编号	技术名称	完成人	持有单位
TZ2019029	流域水循环系统模型（HEQM）	张永勇	中国科学院地理科学与资源研究所
TZ2019030	基于下垫面条件的旱情综合监测评估技术	吕娟、孙洪泉、苏志诚、屈艳萍、杨晓静、高辉、马苗苗、张学君、殷殷	中国水利水电科学研究院
TZ2019031	基于人与洪水共享城市空间的城市洪涝防治规划设计技术	丁相毅、邵薇薇、刘家宏、黄伟、陈向东、吴雷祥、赵晓辉、李昆、张盼伟	中国水利水电科学研究院
TZ2019032	区域降雨过程人工模拟技术	龚家国、王浩、张海涛、郝春沣、曾庆慧、张梦婕、王英、徐静、刘思妤	中国水利水电科学研究院、水利部发展研究中心
TZ2019033	ZFB系列泵注式施肥装置	严海军、王晶晶、蔡东玉、马开、马静	中国农业大学
TZ2019034	新型远射程测控一体化喷灌机（QP125-500Y）	谢崇宝、邱志鹏、张国华、彭涛、孙守廷、刘培勇、鲁少华	中国灌溉排水发展中心、江苏华源节水股份有限公司
TZ2019035	全息农业磁化水滴灌活性水肥一体化丰产技术	乔木、王洪波、罗浩、赵兴有、景少波、张敏、周生斌、闫曼曼、付伟	中国科学院新疆生态与地理研究所、新疆水利推广站
TZ2019036	岩土膨胀力自动化检测关键技术	习晓红、刘建磊、李振灵、高慧民、陈书丽、张晓英、巩立亮、张广禹、付子兵	黄河勘测规划设计研究院有限公司
TZ2019037	绿化混凝土渗透系数测定装置	张平仓、许文盛、张文杰、聂文婷、王一峰、孙佳佳、孙金伟、再丽娜·伊力哈木、邱颖	长江水利委员会长江科学院
TZ2019038	基于三维地理信息的典型山区洪水危险区图精准制作技术	申邵洪、李喆、谢齐、陈希炽、向大享、文雄飞、叶松、徐坚、王珺珂	长江水利委员会长江科学院、北京迪水科技有限责任公司
TZ2019039	基于管网路网河网耦合的城市内涝综合防治技术	赵庚润、刘新成、崔冬、杜小弢、李路、冯凌旋、韩非非、宋永港、李羽文	上海市水利工程设计研究院有限公司
TZ2019040	新型尼龙管线超长距吹砂施工技术	茆海峰、黄文兵、李闯、陶建、陈文明	上海市水利工程集团有限公司
TZ2019041	气举法管井降水施工技术	徐云飞、孙焱州、邵龙、李晓艳、皆祥	上海市水利工程集团有限公司
TZ2019042	低渗透高密实表层混凝土施工技术	朱炳喜、蔡一平、曾良家、高文达、章新苏、肖强、许旭东、刘华强、彭志芳	江苏省水利科学研究院、江苏省水利建设工程有限公司、南京市水利建筑工程有限公司
TZ2019043	走航式测流仪双向可调速牵引装置	杨斌、李振华	江苏省水利建设工程有限公司
TZ2019044	超级稻"控灌中蓄"增氧高效灌溉模式关键技术	李桂元、李易、张勇、胡春艳、郭文娟、李康勇	湖南省水利水电科学研究院

编 号	技 术 名 称	完 成 人	持 有 单 位
TZ2019045	大坝安全信息管理系统 V1.0	宋子龙、梁经纬、王祥、付仕余、姜楚、王在艾	湖南省水利水电科学研究院
TZ2019046	寒区水工砼纤维增强干粉修补砂浆	张恒、马金龙、马耀辉、张守杰、刘兴元、张祥敏、李向东	黑龙江省水利科学研究院
TZ2019047	仿生监测机器鱼系统	娄保东、陈达、廖迎娣、张研、欧阳峰、李沙罡、刘睿文、邓子铭、俞小彤	河海大学
TZ2019048	淤泥资源化及生态护坡构建技术	祝建中、苏梦、吴绍凯、邱旭东、高月香、徐菲菲、胡洁、汪存石、陆甜	河海大学、南通市水利工程管理站、环境保护部南京环境科学研究所、河海大学海洋与近海工程研究院
TZ2019049	山洪易发区水库致灾预警与减灾技术	何勇军、李宏恩、李铮、徐海峰、杨阳、牛志伟、刘晓青、黄海燕、周宁	南京水利科学研究院、河海大学、云南农业大学
TZ2019050	基于降雨格点预报数据的山洪灾害风险预警技术	郭良、李青、何秉顺、涂勇、刘荣华、李昌志、殷殷、凌永玉、姚秋玲	中国水利水电科学研究院
TZ2019051	城市洪涝模拟模型软件及洪涝预警调度技术	郑敬伟、臧文斌、胡昌伟、李敏、杜龙江、刘媛媛、刘业森、柴福鑫、张晓东	中国水利水电科学研究院
TZ2019052	戴克可拆卸式铝合金移动防洪墙	缪红、孔晓勇、周晓委、朱传璐、陈晓丽、王烨楠、郭子豪	江苏戴克防洪科技有限公司
TZ2019053	防汛抢险联合装袋机	刘树利、李怀前、王昊、申黎明、李凯、刘志潜、白桂艳、周跃峰、王铎	河南黄河河务局焦作黄河河务局
TZ2019054	防汛抢险长管袋充填机	刘树利、王昊、李怀前、李凯、刘志潜、白桂艳、周跃峰、王磊、许捷	河南黄河河务局焦作黄河河务局
TZ2019055	装配式防洪子堤连锁袋	姚秋玲、祁治、孙东亚、郑伯乐、丁留谦、张启义、李辉、刘颖、赵雪莹	中国水利水电科学研究院、北京岚和永汇科技有限公司
TZ2019056	防汛智能值班系统 V1.0	薛飞、钟剑飞	北京慧图科技股份有限公司
TZ2019057	东深防汛值班支持系统	郭华、张奕虹、陈柏芳、王楚龙、肖祥丰、潘嘉成	深圳市东深电子股份有限公司
TZ2019058	中国山洪水文模型系统 V1.0	郭良、翟晓燕、刘荣华、孙东亚、刘昌军、田济扬、王雅莉、徐永刚、曹岩	中国水利水电科学研究院、北京七兆科技有限公司
TZ2019059	山洪灾害分析评价软件 V1.0	刘荣华、刘启、王开、张晓蕾、张竞楠、刘颖、徐静、刘思妤、李想	中国水利水电科学研究院、北京七兆科技有限公司

编号	技 术 名 称	完 成 人	持 有 单 位
TZ2019060	地下水水位考核及预警应用系统 V1.0	柴成繁、李洋、霍列东、吴逊、沈强、肖航、佟旸、杨勇耀、刘宁	北京北科博研科技有限公司
TZ2019061	WS-601 简易雨量报警器	严建华	北京国信华源科技有限公司
TZ2019062	城市管网-河网耦合的实时洪涝预警预报系统 V1.0	章卫军、杨森、敖静、赵麟、张丽、卜京、邵文妍	宜水环境科技（上海）有限公司
TZ2019063	简易溃坝洪水分析系统	黄金池、姜晓明、丁留谦、何晓燕、赵丽平、陈胜、李启龙、张大伟、张忠波	中国水利水电科学研究院
TZ2019064	水资源配置通用软件系统 GWAS	桑学锋、王建华、翟正丽、王浩、赵勇、严子奇、周祖昊、胡鹏、尹婧	中国水利水电科学研究院
TZ2019065	国家水土保持重点工程移动检查验收系统 V1.0	许永利、赵永军、黄兆伟、丛佩娟、曹刚冯伟、李团宏、常丹东、雷章	北京地拓科技发展有限公司、水利部水土保持监测中心
TZ2019066	水利水电工程勘测三维可视化信息系统 V1.0	孙云志、郭麒麟、石林、冯明权、雷世兵、韩旭、徐俊、马丹璇、刘小飞	长江岩土工程总公司（武汉）
TZ2019067	金水河长制湖长制管理信息平台	肖凤林、杨春生、于庆、王晓辰、唐繁、李晓林、胡亚利、余娇娇、王圆圆	北京金水信息技术发展有限公司
TZ2019068	尚水海绵城市监测与调度管理系统 V1.0	曲兆松、郑钧、纪红军、任明轩	北京尚水信息技术股份有限公司
TZ2019069	尚水海绵城市运维绩效管理系统 V1.0	曲兆松、郑钧、纪红军、任明轩	北京尚水信息技术股份有限公司
TZ2019070	BSS-3 水电厂高精度多时钟源卫星统一对时系统	陶林、袁平路、郭超一、张子皿、张煦、姚维达、刘晓鹏	北京中水科水电科技开发有限公司
TZ2019071	四创河长制综合信息管理平台	单森华、林灿文、张火炬、封敏、庄文鹏	四创科技有限公司
TZ2019072	"微河长"全民参与智慧河长平台	徐颐、朱亮、张杭君、俞忠力、金少波、蔡飞、王圣哲、张又右、梁新强	浙江绿维环境股份有限公司、浙江大学环境污染防治研究所、杭州师范大学
TZ2019073	南大五维生态环境多源立体感知系统	潘巍松、李想、周婷婷、朱曦、韦余娟、魏冶、毛俊涛	江苏南大五维电子科技有限公司
TZ2019074	华控创为河长制河道监管智慧灯网系统	沈方红、史敬、潘兆军、胡紫龙、孙勇、蒋涛、薛海朋	北京华控创为南京信息技术有限公司
TZ2019075	雨量计智能防护系统	董学阳、王瑞恭、戚涛、刘培山、蒋亭、董国明、张鹏、李波、林慧	德州黄河建业工程有限责任公司
TZ2019076	EKL2000A 型水文缆道控制台	张亚、吴宁声、姚刚、宗军、陈玲、曹子聪、陈杰中、金喜来、唐培健	江苏南水水务科技有限公司

编号	技 术 名 称	完 成 人	持 有 单 位
TZ2019077	TAS9000 生态流量监测系统与云平台	汤敏、顾纪铭、沈伟、洪炜、景嵩、谷晓南、严茂强、张跃生、曲红磊	钛能科技股份有限公司
TZ2019078	水利物联网智能终端（FS-WNIT-G8-01/02）	张金勇、高存顺、丁继法、李焕杰、刘晓芳	山东锋士信息技术有限公司
TZ2019079	基于人工智能的物联网平台 V1.0	李虎、李记彪、郑文	北京慧图科技股份有限公司
TZ2019080	河渠冰情预报系统	郭新蕾、王涛、付辉、郭永鑫、霍世青、彭旭明、吴煜楠、李甲振、刘立鹏	中国水利水电科学研究院
TZ2019081	一体化雨水视频（图像）监测站	严建华	北京国信华源科技有限公司
TZ2019082	土壤墒情自动监测应用技术	张敬东、辛玉琛、姜波、范春旭、徐立萍、王洪义、杜清胜、徐加林、张鑫	吉林省墒情监测中心
TZ2019083	ADCP 数据后处理软件	陈建湘、张潮、张志恒、向翠陵、吴尧、罗倩	长江水利委员会水文局
TZ2019084	基于智能 SPD 监控下的综合防雷系统	李凯、张强、杜娟、马德辉、高学萍、赵晓光、王冬梅、侯晓燕、苏拥军	山东黄河河务局山东黄河信息中心
TZ2019085	NSY-RQ30 天然河道雷达水位流量在线监测系统	王少华、嵇海祥、刘伟、王明怀、牛智星、阮聪、李代华、钱光兴、付京城	水利部南京水利水文自动化研究所
TZ2019086	水利工程观测数据处理与整编系统	钱邦永、肖怀前、王山东、王俊、缪融融、翟福雷、蒯本轩、拾景胜、芦园园	南京宁图信息技术有限责任公司、江苏省淮沭新河管理处、江苏省通榆河蔷薇河送清水工程管理处
TZ2019087	水利工程建设与质量安全一体化监管平台 HO-iCQS V2.0	唐立霄、向泓屹、黄仁姝、伍信心、高建华、张伟、黄久珂、段练、黄仁国	四川华泰智胜工程项目管理有限公司
TZ2019088	鸿利智慧水利一体化应用服务平台	夏勇、邹明忠、肖亮、贡斌、王磊、徐小军	江苏鸿利智能科技有限公司
TZ2019089	水利工程标准化运行管理平台 V1.0	黄黎明、佘春勇、严云杰、徐庆华、吴阳锋、宋立松、张晔、李瑞星、章佳妮	杭州定川信息技术有限公司
TZ2019090	嵌入式高压软启动装置	侯西伦、张徐辉、王鹏、杨丹、姜兴梅、李宇航、潘路、李江运、杨挺	西安启功电气有限公司
TZ2019091	低速泵用大功率永磁同步电动机	顾国彪、张可程、张建华、王人培、娄国元、李改梅、连广坤、杨洪杰、裴然	日照东方电机有限公司

编 号	技 术 名 称	完 成 人	持 有 单 位
TZ2019092	节能电动机与发电机系列技术	王雪帆、朱泽堂、周敏、何国任、陈坚、周正祥、姚培干、尹德俊、唐伟松	湖北华博阳光电机有限公司
TZ2019093	PVP 系列光伏水泵	王世锋、朱俊峰、曹亮、李亮、侯诗文、王星天、刘文兵、查咏、李红	水利部牧区水利科学研究所
TZ2019094	蓝深大型潜水轴（混）流泵	陈斌、顾玉中、黄学军、张应正、董绵杰、余必升、许荣军、曹宏、刘彬琦	蓝深集团股份有限公司
TZ2019095	QGLN（S）系列叶轮内置式潜水贯流泵	金雷、王宁、宋天涯、荚小健、胡薇、舒雪辉、宋飞、汪小峰、张帅、叶卫宁	合肥恒大江海泵业股份有限公司
TZ2019096	导流式活塞控制阀	黄靖、刘浩、罗建群、欧立涛、袁亚男、颜梅星	株洲南方阀门股份有限公司
TZ2019097	万江智控一体化测控智能闸门	罗强、张杰、王新明	成都万江智控科技有限公司
TZ2019098	仿形多软轴遥控割草机	赵四新、黄结新、张国华、王大恒、陈淑娟、钟飞、夏军勇	湖北省汉江河道管理局天门汉江管理分局
TZ2019099	一种电动水文绞车	张志林、杜亚南、周才扬、钱峰、胡国栋、张美富、刘传杰、李保、万博	长江水利委员会水文局长江口水文水资源勘测局
TZ2019100	自适应与爆管防护解决方案	黄靖、徐秋红、罗建群、欧立涛、谢爱华、桂新春、刘浩	株洲南方阀门股份有限公司
TZ2019101	大型管道水力摩阻系数快速辨识技术	郭新蕾、李宁、郭永鑫、付辉、申勇、刘延学、王涛、李甲振、李华成	中国水利水电科学研究院、新兴铸管股份有限公司
TZ2019102	泥砾开挖料筑堤关键技术	高玉生、杜雷功、吴正桥、雷宇、车传金、许颜军、汤慧卿、王鹏程、何利华	中水北方勘测设计研究有限责任公司
TZ2019103	小型水库放水设施改造技术	高大水、卢建华、孔德树、尚斌、孙亮、严晶、朱和宇、胡小龙、牛利敏	长江勘测规划设计研究有限责任公司、重庆市水利工程管理总站
TZ2019104	水利水电工程浅层三维地震勘探技术	张建清、李鹏、熊永红、陆二男、林永燊、尹剑、李文忠、况碧波、严俊	长江地球物理探测（武汉）有限公司
TZ2019105	重力式现浇混凝土船闸施工关键技术	周学顺、赵吉生、张灏、王会军、贾海、贾士强、陈明文、巩瑞连、郭晓	山东黄河工程集团有限公司
TZ2019106	大直径顶管施工改进技术	南晓飞、张坚、胡杰、杨少英、梁宏磊、杨翠玲、王艳、姜艳芝、孔维龙	河南宏宇工程监理咨询有限公司

编　号	技　术　名　称	完　成　人	持　有　单　位
TZ2019107	河道（渠道）水力筛网多重分沙技术	李杲三、李虹瑾、陈顺礼	昌吉市通泽清淤场
TZ2019108	滨海电厂虹吸井消泡新技术	郭新蕾、付辉、王涛、纪平、郭永鑫、李甲振、葛小玲、刘召平、韩刚	中国水利水电科学研究院、国核电力规划设计研究院有限公司
TZ2019109	前支腿型钢防渗膜围堰技术	张建、郭建伟、温苏伟、邹书明、张斌斌、赵志峰、曹春艳、靳双双、王建冉	北京翔鲲水务建设有限公司
TZ2019110	大体积块石生产技术	冯普林、李茜、雷波、张琳琳、张军旗、刘涛、白少智、刘俊、詹牧	陕西省河流工程技术研究中心
TZ2019111	聚脲基复合防渗防护体系 SKJ 系列材料及 EP_DTEW 工法	李炳奇、汪小刚、张国新、刘毅、刘有志、刘小楠、李松辉、张磊、周秋景	中国水利水电科学研究院
TZ2019112	易晟元纳米胶—混凝土耐久性防护和修复技术	詹仰东、袁静、娄瑜、吴怀国、李霞、王少江、孟丽丽、张思佳、孙锁桩	北京易晟元环保工程有限公司
TZ2019113	水性石墨烯防腐涂料	赵青山	河北长瀛六元素石墨烯科技有限公司
TZ2019114	GCS-2 型混凝土防裂抗渗剂	林育强、李明霞、李家正、龚家玉、渠庚、李响、颉志强、高志扬、张建峰	长江水利委员会长江科学院、深圳市砼科院有限公司
TZ2019115	JS 高效除磷剂	黄苗、林莉、胡布平、金海洋、李青云、刘敏、胡园、陶晶祥、高菲	长江水利委员会长江科学院
TZ2019116	单组分（脂肪族）聚脲防水涂料	任银霞、曹登云、朱永斌、张艳霞	新疆科能新材料技术股份有限公司
TZ2019117	水工聚氨酯密封止水材料	曹登云、任银霞、朱永斌	新疆科能新材料技术股份有限公司
TZ2019118	水利工程专用食品级润滑脂	陈先月、曹树林、古小七、张小阳、胡木生、方超群、耿红磊、张怀仁、孔垂雨	水利部水工金属结构质量检验测试中心
TZ2019119	聚丙烯长丝针刺土工布	聂松林、姜瑞明、王畅、镇垒、李洪昌、孙丰华	天鼎丰聚丙烯材料技术有限公司
TZ2019120	大中型泵站水泵汽蚀修补新材料	张合朋、韩前才、施翔、冯杰、程淼、钱杭、王子荣	江苏省骆运水利工程管理处
TZ2019121	环保型白蚁诱饵包（剂）及趋避缓释带	郑玉花、戴青峰、戴建忠、李建仁、潘程远	杭州特麦生物技术有限公司
TZ2019122	堤坝白蚁防治综合技术	程文冲、李建秋、黄英杰	杭州新建白蚁防治有限公司
TZ2019123	一种防烧橡皮轴承自动给水装置	张前进、吴新民、周元斌、刘斌、马玉祥、蒋雯、张璇、刘剑	江苏省骆运水利工程管理处

编 号	技 术 名 称	完 成 人	持 有 单 位
TZ2019124	水电站厂房进水压力钢管固定结构	张忠辉、李永胜、彭小川、赫庆彬、鲁永华、李庆铁、王景涛、王立群、刘玉玺	中水北方勘测设计研究有限责任公司
TZ2019125	聚乙烯 PE100 给水管制备技术	王存奇、林真源、许建钦、陈光武、吴文振	福建恒杰塑业新材料有限公司
TZ2019126	防淤堵自振式水工闸门	陈祖煜、赵剑明、关志诚、刘启旺、杨正权、刘小生、杨玉生、郑飞、钟红	中国水利水电科学研究院
TZ2019127	澳科智能一体化闸门	王静、刘雪峰、Matt、王万春、吴玉东、董梅芳、张风、陈安康、陈大朋	澳科水利科技无锡有限公司
TZ2019128	多功能振动式桩井沉渣检测仪	满作武、孙冠军、陈又华、周昌栋、袁庆华、杨火平、向家菠、秦双乐、代明净	长江三峡勘测研究院有限公司（武汉）
TZ2019129	水景钢坝	陈文珠	扬州楚门机电设备制造有限公司
TZ2019130	新型智能覆盖式液压坝	肖浩、张开会、汪玉平、张火生、赵毅	芜湖市银鸿液压件有限公司
TZ2019131	长福水利设施防雷工程技术	上海长福信息技术有限公司	上海长福信息技术有限公司
TZ2019132	新型锁扣式钢管桩围堰	王孝军、贾海、周学顺、赵吉生、陈明文、陈兆东、周伟、魏开松、李毅谦	山东黄河工程集团有限公司
TZ2019133	模块化智能型浮坞泵站	丁永芝、匡再伟、李冬明、秦赛平、奚兰美、王亚建、袁斌、刘越峰	江苏河海给排水成套设备有限公司
TZ2019134	HNPS 一体化泵站	赖华煌、蓝风翔、张日光	华南泵业有限公司
TZ2019135	气动盾形闸门智能协同控制系统	杨峰、冯磊华、蔡周泽、张军、陈建	湖南江河机电自动化设备股份有限公司
TZ2019136	华亿新型环保组合式弹性水渠	田树成、田华	福建省华亿水处理工程技术有限公司
TZ2019137	华亿装配式硅塑水渠	田华、田树成	福建省华亿水处理工程技术有限公司
TZ2019138	灌溉用泵前高效无压滚筒过滤器	尹强、刘全力、刘湘岩、荆正昌、周莉薇、王玉洁	新疆惠利灌溉科技股份有限公司
TZ2019139	水盐离子分离灌溉技术	尹强、刘全力、刘湘岩、荆正昌、周莉薇、王玉洁	新疆惠利灌溉科技股份有限公司
TZ2019140	药筒内置式水、肥、药一体化卷盘喷灌机	虞志杰、严斌成、虞志斌、严正、曹广磊、庄云超、许建国、孙冬平、王志超	江苏金喷灌排设备有限公司

编号	技 术 名 称	完 成 人	持 有 单 位
TZ2019141	软体集雨水窖技术	陈爱军、武建强、陈华堂	国机亿龙（佛山）节能灌溉科技有限公司
TZ2019142	"润稼"系列自动控制地埋伸缩式喷水器	杨旗、刘志超、陈熙明、杨树林	河南及时雨节水灌溉设备有限公司
TZ2019143	一体化浮船明渠流量计	于树利、张喜、许卓宁、杨志涛、杨茂、钱谷、刘文、程志富	唐山现代工控技术有限公司
TZ2019144	雷达遥测水位计	于树利、张喜、许卓宁、杨志涛、杨茂、钱谷、刘文、程志富	唐山现代工控技术有限公司
TZ2019145	RTU－JDY 型机井灌溉控制器	李永、李建国、余晨、张俊莲、王迪虎、马凌志、吴海强	中兴长天信息技术（南昌）有限公司
TZ2019146	机井灌溉控制器（FS.SIC－02）	张金勇、李宁、李焕杰、李良、吴永继、陈振甫	山东锋士信息技术有限公司
TZ2019147	锋士互联网＋水肥一体化智能管理设备	孙启玉、杨骏、刘玉峰、李合营、褚德峰	山东锋士信息技术有限公司
TZ2019148	NB－IoT 智能水表终端	王文进、程华进、罗玉龙、郝军	京源中科科技股份有限公司
TZ2019149	ZGZK－01 型水肥一体化测控平台	蔡九茂、吕谋超、翟国亮、邓忠、冯俊杰、张文正、宗洁、李迎	水利部农田灌溉研究所
TZ2019150	灌区标准化管理监督和服务平台 V1.0	李江南、高厚辉、孟晓宇	亿水泰科（北京）信息技术有限公司
TZ2019151	金田农业水价改革智能控制系统	田中、刘刚、于晓龙、刘博、秦广云	山东金田水利科技有限公司
TZ2019152	BD－200A/300A 智能水肥一体灌溉管理技术系统	张坤、焦淑鑫	山东博大管业有限公司
TZ2019153	大数据 PLC 智能农业灌溉系统	孙春光、徐洋晨、胡蓉、王忠元、黄成军、张顺武、李涛、李超、马献林	湖北楚峰水电工程有限公司、湖北楚峰建科集团大疆科技有限公司
TZ2019154	测控一体闸及智慧灌区联动调水管理系统 V1.0	北京新水源景科技股份有限公司	北京新水源景科技股份有限公司
TZ2019155	灌区量测水管理 e－IDS.WM 系统	刘子亭、王建军、林波、徐鹏、吴艳学、吴学武	北京润华信通科技有限公司
TZ2019156	灌区信息采集处理 e－IDS.IA 系统	刘子亭、王建军、林波、徐鹏、吴艳学、吴学武	北京润华信通科技有限公司
TZ2019157	灌区灌溉水有效利用系数模拟分析系统软件 V1.0	朱永楠、翟家齐、王丽珍、赵勇、李海红、姜珊、张旭东、刘红伟、张淑云	中国水利水电科学研究院
TZ2019158	农村分散生活污水处理设施智慧运营管理平台	王春棉、王媛、孙玉良、张效苇、杨乐沛、杨元策、李扬、陈鹏云、蔡美营	北京清流技术股份有限公司

编号	技 术 名 称	完 成 人	持 有 单 位
TZ2019159	鑫源物联网＋水厂智能云管理系统 V3.0	孙振坤、李小飞、谭长宝、刘莉娜	青岛鑫源环保集团有限公司
TZ2019160	鑫源集成式一体化生态水厂	孙振坤、刘莉娜、骆传婷	青岛鑫源环保集团有限公司
TZ2019161	顺帆牌组合式净水设备	高振中、平彐鹏、陈浩、吴若冰、马建良、宋培昌	杭州临安环保装备技术工程有限公司
TZ2019162	农村饮用水安全管理系统	刘锋、徐庆华、胡正松、严云杰、邱志章、翁敏、陆乙君、洪侃、岑恩杰	杭州定川信息技术有限公司
TZ2019163	LH 型一体化净水设备	胡茜娜、章冬梅、王林峰	浙江亮华环保科技有限公司
TZ2019164	MagBR－MBBR 一体化磁性生物膜污水处理装置	孙竟、吴雷祥、高原、李成、刘来胜、王吉白、肖波、徐源、黄伟	中国水利水电科学研究院、环能科技股份有限公司
TZ2019165	中科绿洲水体原位微生物群落净水技术	张美、李艳平、施昭、阚凤玲	中科绿洲（北京）生态工程技术有限公司
TZ2019166	中科绿洲 BVW 强化水质提升技术	张美、赵洪斌、阚凤玲、李艳平	中科绿洲（北京）生态工程技术有限公司
TZ2019167	天然矿物剂原位水土修复技术	缪承桦、缪利伟、胡瑞荣、付天友、刘磊昌	山东广景环境科技有限公司
TZ2019168	新型薄膜扩散梯度（DGT）被动采样技术	丁士明、徐剑秋、钱宝、王燕、汪金成、陈沐松、张明波、肖潇、范献芳	长江水利委员会水文局、中国科学院南京地理与湖泊研究所、南京智感环境科技有限公司
TZ2019169	长江上游重大水利工程影响下鱼类保护关键技术	陈求稳、施文卿、林育青、王丽、陈诚、唐磊、莫康乐、王骏、程璐	南京水利科学研究院
TZ2019170	小流域生态治理技术	徐坚、仲秀娟、施伟、邹跃、刘元美、汪超、马鑫、陈庆玉、孙忠晓	江苏省连云港市赣榆区夹谷山水土保持试验站
TZ2019171	一体化陶瓷生物膜污水处理装备	沈敏、朱亮亮、陈浙墩、蒋建锋、蒋伟敏、颜晓飞、徐元、张亦含、刘芬芬	江苏美森环保科技有限公司、常州苏南水环境研究院有限公司、江苏沁美环境装备有限公司
TZ2019172	硅镁基纳米水处理技术	郑小刚、刘伟华、严建华、付孝锦、张金洋、刘妍、刘勇、黄忠良	湖南华佳纳米新材料科技有限公司、内江师范学院、湖南茫海洲生态农业技术研究所
TZ2019173	液气能水环境治理污水处理系统	翟爱民、淮路其、刘瑶、宋柏军、刘庆文、梁少楠、王涛	广州易能克科技有限公司、南和县森能科技有限公司、北京水创新能科技有限责任公司
TZ2019174	Phoslock® 水体深度除磷技术	刘廷善、Winks Andrew Eaton、杨玉忠、力志、廖苗、贾长清、刘军、张智渊	北京林泽圣泰环境科技发展有限公司

编号	技 术 名 称	完 成 人	持 有 单 位
TZ2019175	工程切挖创面植生基材配制技术	艾应伟、杨斯茜、艾小燕、汪莉	四川大学
TZ2019176	泥岩源基材客土喷附生态防护技术	艾应伟、蒋雪、刘家、艾小燕	四川大学
TZ2019177	高山亚高山工程扰动区植生混凝土生态防护技术	许文年、刘黎明、杨悦舒、夏振尧、周明涛、刘大翔、夏栋、许阳、肖海	三峡大学
TZ2019178	钙基膨润土改性剂及其应用技术	祝建中、徐迪、姚怀柱、孙勇、陈立、张允良、白王军、丁莹、杨雪	河海大学、江苏省农村水利科技发展中心、高邮市水务局、宿迁市宿豫区水务局、河海大学设计研究院有限公司
TZ2019179	基于底泥洗脱技术的内源治理暨生态恢复技术	吴敬东、余增亮、冯慧云、孙进、杜海明、周澳、董邦敏、许坤鹏	中国科学院合肥物质科学研究院、安徽雷克环境科技有限公司
TZ2019180	HP－XF－Ⅰ型预制混凝土生态箱笼式构件（砌块）	汤俊怀、薛念念、王军、余辉、屈定高、张浩	安徽城洁环境科技有限公司
TZ2019181	国基生态砌砖及砌砖墙体	张玉树	安徽国基通用技术有限公司
TZ2019182	立体连续框架式钢筋混凝土结构挡土墙	王恒国、朱春明、张东胜、张元平、雷俭、庄岗、吴传清、温晓骥、拓路	海南恒鑫土木工程建设有限公司
TZ2019183	久鼎现浇绿化混凝土护坡结构	李仁、王海鹏、景陈、顾冲、杨建贵、唐云清、蔡新、祁锋、周丹	上海久鼎绿化混凝土有限公司、南京瑞迪建设科技有限公司
TZ2019184	蜂格护坡系统 HGP3.1	乔支福	哈尔滨金蜂巢工程材料开发有限公司
TZ2019185	麦廊生态景观组合护岸	吴健、孙亮	江苏麦廊新材料科技有限公司
TZ2019186	万向预应力生态景观组合护岸	吴健、孙亮	江苏麦廊新材料科技有限公司
TZ2019187	装配式 L 型挡土墙护岸	张雁、毛由田、金忠良、陆立东、杨广超、陶永明、余涛、袁锋	建华建材（中国）有限公司
TZ2019188	预制装配式空箱护岸	张雁、毛由田、毛永平、姚栋、金忠良、陆立东、陶永明、余涛、袁锋	建华建材（中国）有限公司
TZ2019189	预制仿木桩生态护岸	张雁、毛由田、阳习胡、詹志生、金忠良、陶永明、余涛、袁锋	建华建材（中国）有限公司
TZ2019190	装配式绿色生态框护岸	张雁、毛由田、马海东、毛永平、金忠良、陆立东、杨广超、陶永明、袁锋	建华建材（中国）有限公司
TZ2019191	Enkamat 柔性生态护坡技术	张曙光、张亮亮、杨爱荣、徐明	厦门市仁祥投资有限公司

编号	技 术 名 称	完 成 人	持 有 单 位
TZ2019192	"息壤"生态多孔纤维棉	高宇、尹思赣、汤效飞、傅崚、傅晗、侯军、李永胜、高文龙、刘羽	天津沃佰艾斯科技有限公司
TZ2019193	高强度不褪色仿木板材	王忠平	广东神砼生态科技有限公司
TZ2019194	启鹏稳地生态绿化植生袋	王明同、莫保明、吉思超	福建启鹏生态科技有限公司
TZ2019195	HLBX-01型便携式径流泥沙自动测量仪	许晓鸿、崔海锋、刘健、齐小明、姜月忠、王大中、孙玥、杨献坤	长春合利水土保持科技有限公司、吉林省水土保持科学研究院
TZ2019196	一体化自清洁水生态环境监测仪（MagicSTICK）	王军、吴劼、王永刚、刘晋豪、王继斌、马磊、郭昌海、杨培兴	南京三万物联网科技有限公司
TZ2019197	双变坡侵蚀槽和壤中流测定仪	张平仓、谷金钰、程冬兵、黄金权、孙宝洋、任斐鹏、张冠华、沈盛彧、李昊	长江水利委员会长江科学院
TZ2019198	CK-ADM阵列式位移计	李端有、黄跃文、周芳芳、毛索颖、甘孝清、张启灵、何苗、张乾、曹浩	长江水利委员会长江科学院
TZ2019199	CK-ZX-1手持式振弦差阻读数仪	李端有、甘孝清、胡超、胡蕾、宁晶、秦朋、马琨、张乾、易华	长江水利委员会长江科学院
TZ2019200	HSST-SYH型跟踪式智能渗压遥测仪	燕永存、董孝忠、戚振宇、杨元军、王永、段菲菲、朱琳	济南和一汇盛科技发展有限责任公司
TZ2019201	便携式自动化水文测验系统	张曦明、李晓宇、孙章顺、牛茂苍、李向阳、郑雁芬、郭银、李福军、李建平	黄河水利委员会河南水文水资源局
TZ2019202	便携式电动测速支架	尚俊生、赵艳军、李德峰、武广军、庞进、陈立强、付作民、丁丹丹、孙婕	黄河水利委员会济南勘测局
TZ2019203	微距背投-水利大数据监控大屏	胡顿迪	北京环宇蓝博科技有限公司
TZ2019204	RTU-DXS03型遥测浮子式水位计	李永、李建国、余晨、王迪虎、马凌志、吴海强	中兴长天信息技术（南昌）有限公司
TZ2019205	WSY-1S型一体化超声波遥测水位计	高军、周亚平、谈晓珊、英小勇、任庆海、刘平义、郝斌、高杰、张新宇	水利部南京水利水文自动化研究所、江苏南水科技有限公司
TZ2019206	H5110-DY型一体化压力式水位计	周志明、王涛	深圳市宏电技术股份有限公司
TZ2019207	EWLG-01型激光水位计	吴礼福、刘文涛、巩怀永、赵莉丽、李腾、刘学志、刘震、唐磊、吴学侃	亿水泰科（北京）信息技术有限公司
TZ2019208	RL系列智能雷达水位计	吴玉晓、李海增、娄瑜、李献、高霏、王建东、曹召飞	北京奥特美克科技股份有限公司

编号	技术名称	完成人	持有单位
TZ2019209	高寒型 JEZ 系列雨雪量计	陈杰中、张建海、郦四俊、蒋东进、李林兴、李薇、姚刚、宗军、唐培健	江苏南水水务科技有限公司
TZ2019210	HytwFlow550 声学多普勒流量计	卢朋川、崔渭龙、张鹏、郑为国	北京华宇天威科技有限公司
TZ2019211	EWTT-01 遥测终端机	巩怀永、李腾、刘学志	亿水泰科（北京）信息技术有限公司
TZ2019212	CK-MCU 自动化数据采集单元	李端有、黄跃文、周芳芳、毛索颖、杨胜梅、韩贤权、牛广利、何亮、何苗	长江水利委员会长江科学院
TZ2019213	SUMMIT-W1000 型水文水资源测控终端机	西安山脉科技股份有限公司	西安山脉科技股份有限公司
TZ2019214	具有人工智能的 PAS678 遥测终端机	花思洋、吉拥平、顾纪铭、张晓华、印小军、王海兵、卢兴、高学林、邢述春	钛能科技股份有限公司
TZ2019215	遥测终端机 RTUF9164	陈淑武、唐仕斌	厦门四信通信科技有限公司
TZ2019216	用于水利业务管理的多波束等声学测量技术	刘春建、么斌	南京鼎盛合力水利技术有限公司
TZ2019217	多参数水质自动监测装置 V1.0	郝赤、钱云、杨志、庞官丰、邹天胜、潘洪宇、隋家庆	吉林市盟友科技开发有限责任公司
*TZ2019218	禹贡水库协同管理平台软件 V1.0	张仁贡、黄林根、赵克华、周国民、李锐、汪建宏	浙江禹贡信息科技有限公司
*TZ2019219	禹贡洪水预报系统 V1.0	张仁贡、黄林根、赵克华、周国民、李锐、汪建宏	浙江禹贡信息科技有限公司
*TZ2019220	禹贡水利工程建设项目管理平台 V1.0	张仁贡、黄林根、赵克华、周国民、李锐、汪建宏	浙江禹贡信息科技有限公司
*TZ2019221	华晟牌一体化净水设备（三级模块式）	章佳琰、叶开良、胡茜娜、杨赟、陈莹、章春水	浙江华晨环保有限公司
*TZ2019222	超声波遥测水位计	于树利、张喜、许卓宁、杨志涛、杨茂、钱谷、刘文、程志富	唐山现代工控技术有限公司
*TZ2019223	雷达波遥测明渠流量计	于树利、张喜、龙海游、许卓宁、杨志涛、杨茂、钱谷、刘文、程志富	唐山现代工控技术有限公司
*TZ2019224	东深取水户智能化监测与管理系统	郭华、张奕虹、林占东、邓娟、李超文、魏吉海、刘正坤、郑玉、武爱平	深圳市东深电子股份有限公司
*TZ2019225	东深闸站群联合调度监控系统	郭华、林占东、张奕虹、陈柏芳、邓娟、魏吉海、李超文、刘正坤	深圳市东深电子股份有限公司

编　号	技　术　名　称	完　成　人	持　有　单　位
＊TZ2019226	灌区信息监测与管理系统	郭华、张奕虹、林占东、刘正坤、陈柏芳、刘江啸、郑玉、徐继华、武爱平	深圳市东深电子股份有限公司
＊TZ2019227	LDM－51智能化明渠测量系统（非满管流量计）	马腾蛟、靳永锋	开封开流仪表有限公司
＊TZ2019228	MGG/KL－CC插入式电磁流量计	马腾蛟、靳永锋	开封开流仪表有限公司
＊TZ2019229	稻田全自动化智能灌溉系统	陈子润、曹福田、陈志良	江苏冠甲水利科技有限公司
＊TZ2019230	痕量灌溉技术	诸钧、张卫民	北京普泉科技有限公司
＊TZ2019231	LXMZ智能磁电式水表	吴玉晓、李海增、曹召飞、吴超、芦侃、郑君日、董文波	北京奥特美克科技股份有限公司
＊TZ2019232	AM－SCKK水文水资源测控终端机	吴玉晓、李海增、吴超、付红民、程博、董文波、王建东、胡秀珍	北京奥特美克科技股份有限公司
＊TZ2019233	测控一体化闸门	吴玉晓、李海增、镇方勇、吴超、曹召飞、齐景星、宋晓辉	北京奥特美克科技股份有限公司

注　带有"＊"的为列入历年目录的技术，到期后经复审，列入《2019年水利先进实用技术重点推广指导目录》。

目　录

1 基于全景微结构定量分析的大坝混凝土健康诊断技术

持有单位

中国水利水电科学研究院、北京中水科海利工程技术有限公司

技术简介

1. 技术来源

自主研发，被列为 2016 年国家科技进步二等奖"高混凝土坝结构安全关键技术研究与实践"创新成果之一。

2. 技术原理

大坝混凝土的健康状态与其内部微结构密切相关。该技术基于中国水利水电科学研究院自主研制开发的大范围全自动全景荧光显微成像系统，首先获取能真实反映大坝混凝土芯样/试块切片内部全景微结构（包括微裂纹/气孔等）的荧光显微图像，接着采用自开发的全景微结构量化分析软件获取图像中混凝土微裂纹/气孔的结构特征参数，进而对混凝土的健康状态/损伤程度进行定量评估。

3. 技术特点

（1）该技术由混凝土微观分析切片制备系统（切割、磨平、浸渍设备等）、大范围全自动全景荧光显微成像系统和全景微结构量化分析系统组成。

（2）可实现 20cm×20cm 大范围混凝土芯样/试块切片内部微结构全景图像的获取。

（3）软件系统可实现全景图像中微裂纹结构、气泡结构的识别、提取和量化分析，可获取微裂纹结构的长度、宽度、面积、密度等信息，以及孔径分布、孔含量、气泡间距系数等。

技术指标

（1）识别的最小裂纹宽度/最小孔径：$2\mu m$。

（2）最大扫描范围：20cm×20cm。

（3）扫描形状：矩形和圆形。

（4）最大拼接图像数：20000 张。

（5）单张全景图像最大存储空间：80GB。

（6）扫描时间小于 3h（20cm×20cm 切片）。

（7）定量分析指标：微裂纹长度、宽度、面积、倾角、密度等；气孔直径、孔径分布、间距系数等。

技术持有单位介绍

中国水利水电科学研究院隶属中华人民共和国水利部，是从事水利水电科学研究的公益性研究机构。历经几十年的发展，已建设成为人才优势明显、学科门类齐全的国家级综合性水利水电科学研究和技术开发中心。全院在职职工 1370 人，其中包括院士 6 人、硕士以上学历 919 人（博士 523 人）、副高级以上职称 846 人（教授级高工 350 人），是科技部"创新人才培养示范基地"。现有 13 个非营利研究所、4 个科技企业、1 个综合事业和 1 个后勤企业，拥有 4 个国家级研究中心、9 个部级研究中心、1 个国家重点实验室、2 个部级重点实验室。多年来，该院主持承担了一大批国家级重大科技攻关项目和省部级重点科研项目，承担了国内几乎所有重大水利水电工程关键技术问题的研究任务，还在国内外开展了一系列的工程技术咨询、评估和技术服务等科研工作。截至 2018 年底，该院共获得省部级以上科技进步奖励 798 项，其中国家级奖励 103 项，主编或参编国家和行业标准 409 项。

应用范围及前景

适用于混凝土结构受损/老化混凝土的老化评估、安全鉴定等。

混凝土的老化损伤过程伴随着内部微裂纹的萌生和扩展，因此对微裂纹定量分析是对混凝土的健康状态、老化状态进行定量评估的正确途径。而混凝土是典型的非均质复合材料，由于其骨料尺寸可达 40mm（两级配）甚至 150mm（四级配），因此欲真实准确地对混凝土微裂纹进行直接量化分析，量化表征设备既要有足够高的精度（微米量级）、又要有足够大的观察视野（5cm、10cm、20cm 以上）。开发的混凝土全景微裂纹定量分析系统，微裂纹、气孔分辨精度可达 $2\mu m$，全景显微成像设备扫描范围可达 20cm×20cm，可以满足混凝土微裂纹定量表征的要求，进而实现了混凝土健康状态的诊断和损伤程度/老化状态的定量评估。

该技术已用于云南漫湾大坝、吉林丰满老坝、乌东德大坝等工程混凝土的老化损伤定量评估。解决了混凝土微裂纹无法定量分析的难题，为混凝土坝的老化评估提供了技术支撑，经济社会效益显著。

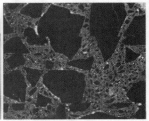

■漫湾大坝下游边墩处混凝土切片及
全景显微图像（10cm²）

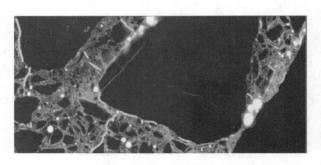

■漫湾大坝下游边墩处混凝土切片内微裂纹分布

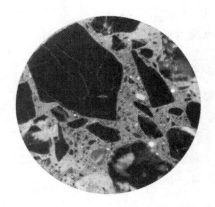

■乌东德大坝典型芯样全景微结构（直径 12cm）

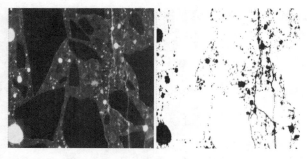

■承受 90％峰值荷载的混凝土全景图像（识别前后）

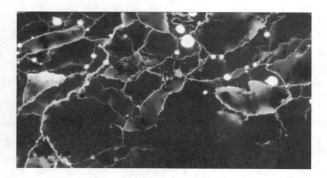

■经受 500 次冻融循环后的混凝土内部微裂纹分布

技术名称：	基于全景微结构定量分析的大坝混凝土健康诊断技术
持有单位：	中国水利水电科学研究院、北京中水科海利工程技术有限公司
联 系 人：	李曙光
地　　址：	北京市海淀区复兴路甲 1 号
电　　话：	010 - 68781415
手　　机：	13810103274
传　　真：	010 - 68529680
E - mail：	lisg@iwhr.com

2 水文气象序列非一致性诊断技术

持有单位

中国水利水电科学研究院

技术简介

1. 技术来源

自主研发,获得两项发明专利授权:一种流域尺度的水文非一致性诊断方法,一种基于分类的水文序列非一致性诊断方法。

2. 技术原理

该技术从水文气象序列包含确定性趋势和随机性趋势这一基本特征出发,提出水文气象序列的趋势非一致性诊断方法与差分非一致诊断方法,并通过构建多要素、多时间序列的指标体系,提出了适应多尺度的水文气象序列非一致性诊断方法。具体包括四项内容:根据诊断对象构建指标体系;开展水文气象单序列非一致性诊断,即采用 ADF 检验对随机性趋势进行检验,确定其方差是否发生显著变化,然后采用 Kendall 秩次相关法对确定性趋势进行检验,确定其均值是否发生显著变化;水文气象多序列非一致性诊断;通过流域综合非一致度指标进行表征和诊断流域分区水文气象序列非一致性。

3. 技术特点

该技术方法从序列样本趋势和方差两方面入手,充分考虑水文要素指标在时间和空间上的多尺度特征,为解析水文气象序列非一致性特征提供了新的思路和技术方案,为服务工程规划、设计、运营管理等提供了基础科技支撑。

技术指标

(1)指标序列的非一致度。分为均值非一致性或方差非一致性,并计算指标的非一致度,综合均值和方差的非一致性检验结果得到指标序列的非一致度,以此判别指标序列的非一致性特征。

(2)要素序列非一致度。基于同一要素下的各指标序列非一致度检测结果,按照均值和趋势分别进行累加求和得到要素序列的非一致度值,即可判别该要素的非一致性特征以及属性。

(3)多尺度非一致度。根据研究的尺度范围,计算并统计该范围内的要素序列非一致度,既可以研究某一要素在不同尺度上的非一致性变化分布,还可以研究多要素在不同尺度上的非一致性变化情况,进而综合判断目标区域的水文气象序列非一致状态。

技术持有单位介绍

中国水利水电科学研究院隶属中华人民共和国水利部,是从事水利水电科学研究的公益性研究机构。历经几十年的发展,已建设成为人才优势明显、学科门类齐全的国家级综合性水利水电科学研究和技术开发中心。全院在职职工 1370 人,其中包括院士 6 人、硕士以上学历 919 人(博士 523 人)、副高级以上职称 846 人(教授级高工 350 人),是科技部"创新人才培养示范基地"。现有 13 个非营利研究所、4 个科技企业、1 个综合事业和 1 个后勤企业,拥有 4 个国家级研究中心、9 个部级研究中心,1 个国家重点实验室、2 个部级重点实验室。多年来,该院主持承担了一大批国家级重大科技攻关项目和省部级重点科研项目,承担了国内几乎所有重大水利水电工程关键技术问题的研究任务,还在国内外开展了一系列的工程技术咨询、评估和技术服务等科研工作。截至 2018 年底,该院共获得省部级以上科技进步奖励 798 项,其中国家级奖励 103 项,主编或参编国家和行业标准 409 项。

应用范围及前景

适用于气象要素变化诊断、水资源要素变化诊断、水库调度、水利工程设计、防洪抗旱等领域。

气候变化和人类活动影响下，传统水文气象序列的一致性假设条件已不能满足，且忽略了样本方差的变化所带来的样本离散度的改变，导致可能会低估极值事件风险，给资源规划、工程设计及水安全保障实践提出了新的挑战。该技术将代表多种水文气象过程各项发展特征的指标序列，并依照指标-要素-目标的层次进行分类组合，整体上判断序列究竟是趋势变异，还是跳跃变异，对单一指标序列的非一致性诊断后，再对各项指标进行综合非一致性诊断，实现了对水文气象要素在多个时间尺度上的非一致性变化程度的量化和比较，以及对多个站点的非一致性变异程度的量化和比较，实现了更加系统、全面、准确地辨识水文气象序列的非一致性状况，弥补了现有技术在这方面的不足。对多项指标以同一标准进行非一致性判断，可以为水利、气象、农业等多要素序列变化诊断应用提供理论方法支撑。

典型应用案例：

河北省水资源论证技术审查信息系统、宁夏回族自治区第三次水资源评价、于桥水库调度管理、黄河关键断面径流变化诊断等项目。

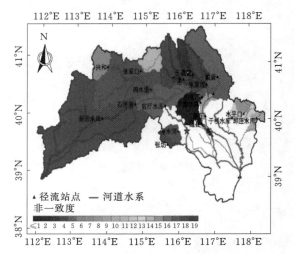

■案例——河北永定河流域径流趋势非一致度诊断

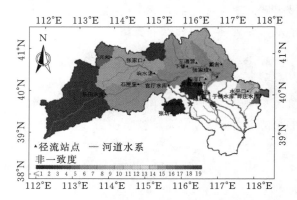

■案例——河北永定河流域径流差分非一致度诊断

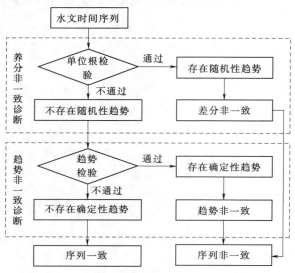

■单一序列非一致度诊断流程示意图

技术名称：水文气象序列非一致性诊断技术
持有单位：中国水利水电科学研究院
联系人：吕烨
地　　址：北京市海淀区复兴路甲 1 号
电　　话：010 - 68781072
手　　机：13811913118
传　　真：010 - 68456006
E - mail：lvye@iwhr.com

9 ZJ.LDSWJ－01 型雷达水位计

持有单位

珠江水利委员会珠江水利科学研究院

技术简介

1. 技术来源

基于水位自动化监测的技术要求，结合单位业务需求特点，在掌握多普勒雷达测距技术的基础上，自主研发了 ZJ.LDSWJ－01 型雷达水位计。

2. 技术原理

ZJ.LDSWJ－01 型雷达水位计是一款 24G 平面雷达非接触式水位测量设备，采用线性调频连续波（LFMCW）调制方式，雷达模块在扫频周期内发射频率变化的连续雷达波，雷达波被水面反射后的回波与该时刻的发射波有一定的频率差，通过测量频率差即可获得雷达传感器距离水面的距离，从而实现水位测量。

3. 技术特点

（1）产品可全天稳定工作，灵敏度高，抗干扰能力强，测量结果稳定。

（2）内置了多种滤波算法，可根据不同应用场景进行选择，能够有效消除水面及水体波动影响；内置有姿态传感器，可消除因设备自身抖动及安装角度偏差导致的测量误差。

（3）采用非接触测量方式，不受水质、含沙量、水生物等不利因素影响。

（4）产品采用工业级嵌入式处理器开发设计，具有可靠性好、实用性强、先进性高等特点。

技术指标

（1）测量原理：雷达。

（2）测距范围：1.5～10m。

（3）发射频率：24.005～24.245GHz。

（4）发射波束角：11°×11°。

（5）测距精度：±1cm。

（6）分辨率：1mm。

（7）数据接口 RS485，MODBUS 协议。

（8）工作电压：12V。

（10）绝缘电阻：>100MΩ。

技术持有单位介绍

珠江水利委员会珠江水利科学研究院是经国务院批准随水利部珠江水利委员会一起成立的国家级科研机构。主要从事基础研究、应用基础研究，承担珠江流域重大水利科技问题、难点问题及水利行业中关键应用技术问题的研究任务，为国家水利事业、珠江流域治理、开发与保护提供科学技术支撑，同时面向国民经济建设相关行业，以水利水电科研为主，提供技术服务，开展水利科技产品研发。珠科院坚持"以市场为导向，以人才为基础，以发展经济为中心"的发展战略，组织开展重大水利科技问题研究和产品研发，建立起以基础研究和应用技术研发为主的综合科学研究专业体系，已成为华南地区与珠江流域最大的综合性水利研究机构。

应用范围及前景

主要应用于河道、渠道、水库、水源地、排污口以及城市内涝等需要进行水位测量的场合，可在灌区信息化、山洪灾害非工程措施、水资源监控、水雨情测报、水库监测以及城市内涝监测等项目中进行应用。

典型应用案例：

ZJ.LDSWJ－01 型雷达水位计已在海南省

2016 年度山洪灾害防治、珠江地区村镇小流域山洪灾害防御关键技术研究与工程应用、2017 年海南省昌化江下游（宝桥水文站至出海口）江河特征值复核等项目中得到应用，累计用量 10 余套，为小流域防洪调度、洪水演进研究、山洪灾害预报、预警指标复核等工作提供了数据支撑。

■雷达水位计用于水文监测

■ZJ.LDSWJ-01 型雷达水位计

■雷达水位计用于湖库治理

■雷达水位计站房式安装

■雷达水位计用于山洪灾害防治

技术名称：	ZJ.LDSWJ-01 型雷达水位计
持有单位：	珠江水利委员会珠江水利科学研究院
联系人：	刘晋
地　址：	广东省广州市天河区天寿路 80 号
电　话：	020-87117188
手　机：	13560030408
传　真：	020-87117512
E-mail：	68300710@qq.com

10 水位流速流量监测一体化装置

持有单位

珠江水利委员会珠江水利科学研究院

技术简介

1. 技术来源

雷达式流量测量装置是一种新型的非接触式流量测量设备,结合单位业务需求特点,在掌握多普勒雷达技术的基础上,自主研发了水位流速流量监测一体化装置。

2. 技术原理

水位流速流量监测一体化装置是一种基于雷达波的非接触式水位、流速、流量综合在线监测设备,该设备由水位测量模块、流速测量模块以及流量计算模块三部分组成。其中水位测量模块基于调频连续波雷达(FMCW)原理设计,通过测量频率差即可获得雷达传感器距离水面的距离,从而实现水位测量;流速测量模块利用多普勒效应设计,雷达模块通过计算频率变化即可得到水体的表面流速,并转化为断面平均流速;流量计算模块将实测的水位、表面流速数据,结合断面的形态、糙率、坡降等相关参数即可实时得到流量数据,最终实现对流量的在线监测。

3. 技术特点

(1)产品采用一体化设计,体积小、功能强,安装一套装置即可实现水位、流速、流量3种参数的在线监测。

(2)产品利用雷达波实现水位、流速的非接触测量,具有稳定性好,不易受到环境影响等特点,在不破坏水的流态前提下,保证了测量数据的准确性。

(3)该监测装置避免了水质、含沙量、漂浮物对测流的影响,特别适用于流速快、含沙量高

的高危险测流环境。

技术指标

(1)测速范围:0.25~15m/s。

(2)测速精度:±0.02m/s。

(3)雷达波频率:24GHz。

(4)测距范围:1.5~10m。

(5)测距精度:±1cm。

(6)姿态角:自动补偿。

(7)数据接口 RS485,MODBUS 协议。

(8)工作电压:12V。

技术持有单位介绍

珠江水利委员会珠江水利科学研究院是经国务院批准随水利部珠江水利委员会一起成立的国家级科研机构。主要从事基础研究、应用基础研究,承担珠江流域重大水利科技问题、难点问题及水利行业中关键应用技术问题的研究任务,为国家水利事业、珠江流域治理、开发与保护提供科学技术支撑,同时面向国民经济建设相关行业,以水利水电科研为主,提供技术服务,开展水利科技产品研发。珠科院坚持"以市场为导向,以人才为基础,以发展经济为中心"的发展战略,组织开展重大水利科技问题研究和产品研发,建立起以基础研究和应用技术研发为主的综合科学研究专业体系,已成为华南地区与珠江流域最大的综合性水利研究机构。

应用范围及前景

主要应用于灌区流量监测、中小河流流量监测、山洪灾害监测、城市内涝监测以及水库泄洪、水库来水、水库下游生态流量监测等领域。产品利用非接触雷达测距、测速技术,结合水动

力模型，解决了明渠流量在线监测的难题，与传统的接触式流量监测技术相比具有安全性高、不受泥沙漂浮物等影响、稳定性好等优点。

典型应用案例：

目前产品已在多个不同地区的项目中进行应用。珠江地区村镇小流域山洪灾害防御关键技术研究与工程应用、广州市流溪河灌区用水信息管理系统、海南省 2016 年度山洪灾害防治等项目，累计用量已达 30 余套，为水资源管理、防汛抗旱提供了重要的数据支撑。

■装置用于灌区渠道流量实时监测

■水位流速流量监测一体化装置

■装置用于山洪灾害防治中的水位流量监测

■装置用于带护坡河道水位流量在线监测

■装置用于天然河道水位流量在线监测

技术名称：水位流速流量监测一体化装置
持有单位：珠江水利委员会珠江水利科学研究院
联 系 人：刘晋
地　　址：广州市天河区天寿路 80 号
电　　话：020 - 87117188
手　　机：13560030408
传　　真：020 - 87117512
E - mail：68300710@qq.com

11 农村水电站生态流量泄放与监控技术

持有单位

水利部农村电气化研究所

技术简介

1. 技术来源

自主研发。

2. 技术原理

基于生态安全理论，提出农村水电站生态流量泄放与调控技术，把农村水电站减脱水河段各关键断面的目标流量、最小流量等调控流量与梯级河道实际流量进行动态比对，自动计算差值，给出各下泄设施的建议下泄流量值，实现梯级水电站的生态调度。结合箱式生态小水电技术和基于图像识别技术的生态流量监测技术，合理利用生态下泄流量，采集生态流量泄放图像，建立泄放设施的"下泄流量 Q -图像特征值 P"关系模型，对监测设备采集的图像进行智能识别，换算为下泄流量值，通过远程传输，实现生态流量实时监控。

3. 技术特点

（1）利用箱式机组体积小、结构紧凑、运行稳定等特点，在水电站工程条件允许情况下合理布置利用生态下泄流量发电的生态箱式小水电机组，在梯级小水电系统中应用基于图像识别技术的生态流量监测技术，实现生态下泄流量的实时监测，兼顾梯级小水电（群）生态安全与发电收益，保障梯级小流域生态系统的可持续健康发展。

（2）通过规范管理和科学调度，利用生态机组运行产生的下泄流量，为下游河段提供生态基流，保证了下游河段生态用水需求，确保河段常年水清、岸绿、景美。

技术指标

（1）单机容量 630kW 以下，设计水头 600m 以下，转速 1500r/min 以下。

（2）输出电压波动值≤±10％，频率波动值≤±5Hz，额定水头下机组出力满足额定出力。

（3）图像数据为 5 帧/s，分辨率为 1280×1024 像素。

技术持有单位介绍

水利部农村电气化研究所是我国唯一的全国性农村水电和电气化科研机构，主要负责农村水电行业技术研究，承担农村水电行业发展规划编制，组织农村水电行业技术标准制修订及宣贯，开展小水电技术信息交流，进行小水电工程质量检测，为发展中国家提供小水电援外技术培训。完成包括国家重点研发项目、国际科技合作计划项目、国家科技支撑计划项目等在内的国家及省部级科研项目百余项，在农村水电方针政策研究，新技术、新产品研究开发等领域取得了一大批重要成果，其中 24 项成果获省部级以上奖励，获得国家发明和实用新型专利 50 项，其中发明专利 18 项。主持编制完成了农村水电技术方面的国家级或部级规范规程 40 余部，在编标准 9 部。

应用范围及前景

适用于单个农村水电站或梯级开发的农村水电（群）的生态流量泄放与监控，解决已建引水式农村水电站下游河段减脱水问题。

技术已在全国农村水电增效扩容改造专项工程，以及浙江九峰、安地、横锦、歌山、富山等电站得到有效应用，还成功应用于土耳其等多个国家，经济和社会效益可观，具有广阔的推广应

用前景。

　　农村水电站生态流量泄放与监控技术，可有效实施和监控农村水电站生态流量泄放，并利用该部分流量通过箱式生态机组发电产生经济效益，既满足了农村水电站所在河流生态需水要求，又提高了电站经济收益，可实现农村水电站经济效益和生态效益的双赢。

■横锦电站生态机组出水口

■九峰水库电站生态机组

■富山三级水电站生态机组

■九峰水库电站生态机组下泄流量

■九峰水库电站下游河道涵养

■富山三级水电站监控系统

技　术　名　称：农村水电站生态流量泄放与监控技术
持　有　单　位：水利部农村电气化研究所
联　系　人：舒静
地　　　　址：浙江省杭州市学院路 122 号
电　　　　话：0571 - 56729267
手　　　　机：13606649529
传　　　　真：0571 - 88800580
E - mail：jshu@hrcshp.org

12　金属结构设备实时在线监测及运行安全管理系统（MOMS）

持有单位

水利部水工金属结构质量检验测试中心

技术简介

1. 技术来源

自 2013 年，质检中心与昆明院合作，联合承担了中国电建科技项目《金属结构设备实时在线监测及运行安全管理系统（MOMS）研究》，研究开发了金属结构设备实时在线监测及运行安全管理系统。

2. 技术原理

该系统由应变、振动、倾角、涡流、脉动压力、流速、温度、湿度、水位、视频等传感器和数据采集系统、主控系统、现地终端、云端服务器、远程终端和移动终端等部分组成。采用各类先进的传感器采集水利水电工程闸门和启闭机主要构件的结构应力、动力响应、闸门运行姿态、扭矩、位移、压力、水流速度、运行环境温度、湿度、水位和现场视频等关键性参数，结合成熟的数值分析技术、传感技术、通信技术、网络技术和"互联网＋"与实践相结合建立的安全评价体系和决策系统，实现对水工金属结构设备的实时在线监测与运行安全管理。

3. 技术特点

该系统架构灵活，运行稳定可靠，可维护性和兼容性高，可实现自动化、智能化、科学化的实时在线监测与安全预警和可靠性综合评估，开启了水工金属结构安全运行的大数据云服务，填补了水工金属结构实时在线监测领域的空白，达到了国际先进水平，是防止水利水电工程闸门和启闭机失效、避免事故的有效方法。

技术指标

（1）系统业务架构设计明晰。金属结构设备实时在线监测及运行安全管理系统根据水利水电工程管理的实际需求，建立相关的层次管理体系和关联结构，对金属结构设备进行实时在线监测与数据显示和运行安全管理评估；还能兼顾运行和维修状态，实现定期检修计划制定、定检记录查询、故障记录、故障查询等全生命周期管理。

（2）系统控制软件程序分为 4 个层次，即系统支撑层、基础服务层、工具层和应用层；系统结构分为采集端子系统、服务器端子系统和客户端子系统。

（3）系统硬件整体防护等级 IP68，测试示值误差不大于 0.5%FS，长期稳定性不低于年最大±0.1%FS，采样速率定制；现地存储 1T 以上容量，10/100/1000Mbit/s 光纤以太网络连接云端服务器。

技术持有单位介绍

水利部水工金属结构质量检验测试中心是隶属于水利部的科学研究试验的事业单位。质检中心建有郑州市院士工作站、河南省院士工作站和郑州市水工金属结构检测重点实验室，主编国家标准和行业标准 22 项，主编和参编书籍 4 部，拥有专利 20 余项，多次获得水利部大禹奖、综合事业局昆仑奖和水力发电科学技术奖等奖项。质检中心以行业需求为导向，以解决技术难题为目标，率先开展了先进检测技术的研究、引进、推广和应用工作，主要有金属结构设备实时在线监测及运行安全管理系统研究、闸门原型观测试验技术研究、水利工程专用食品级润滑脂研究开发、振动时效消应和残余应力测试技术方法研究、大尺寸高精度测量技术研究、声发射应用技术研究等。

应用范围及前景

　　金属结构实时在线监测与安全管理系统广泛适用于水利水电工程闸门和启闭机的实时在线监测与安全管理。

　　典型应用案例：

　　已应用于云南德宏州大盈江二级水电站、华能澜沧江公司黄登水电站、大藤峡船闸枢纽工程、金沙水电站、汉江雅口航运枢纽工程等相关工作闸门的实时在线监测与安全管理，取得了显著的经济效益和社会效益。

■新技术对闸门上各传感器及电缆进行防水保护

■实现了闸门在线监测中各个传感器真正的防水

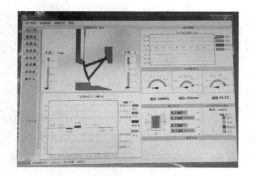

■现地显示界面简洁明快易于查询操作

■闸门在线监测现地柜

■闸门在线监测现地柜

技术名称：金属结构设备实时在线监测及运行安全管理系统（MOMS）

持有单位：水利部水工金属结构质量检验测试中心

联 系 人：孔垂雨

地　　址：河南省郑州市惠济区迎宾路 34 号

电　　话：0371 - 65591878

手　　机：13526445396

传　　真：0371 - 67711090

E - mail：kongchuiyu@chinatesting.org

13　漂浮式水面光伏关键技术

持有单位

长江勘测规划设计研究有限责任公司

技术简介

1. 技术来源

自主研发。水面漂浮式光伏电站利用漂浮物将光伏组件支撑起一定角度后漂浮在水面上实现发电功能，如何在保证浮体功能的情况下简化结构形式是需要解决的问题。

2. 技术原理

漂浮式水面光伏关键技术提出一种"倾角可调插拔式水面光伏发电系统"，利用"插拔式"浮体实现组件安装可靠、壁厚均匀的优势技术特征的同时不断进行技术改进，利用中间踏板形式提升了水面光伏产品的环境友好性能，所有通道均满足通行、运维要求，更利于绿色、生态的水面光伏电站推广建设。

3. 技术特点

（1）无包胶工艺：避免了不同材料间兼容性差的问题，保证了浮体产品的质量和寿命。

（2）壁厚均匀易控制：设计专门的支架浮体，以插拔的形式安装固定在组件支撑浮体上，可保证组件支撑浮体的厚度均匀、易加工成型。

（3）稳定性好：组件支撑浮体间不仅通过走道浮体连接，前后还通过踏板进行连接，方阵的网状结构加强了浮体的局部稳定性，提高了兆瓦级浮体方阵的整体稳定性，间接提高了发电量。

（4）亲水性好，发电量高：连接浮体上下大通孔设计，增加光伏组件背板的亲水面积，有效降低光伏组件的运行温度，提高发电量。

（5）倾角可调：采用专门的支架浮体支撑光伏组件，仅需通过改变支架浮体的高度就可满足不同的倾角需求。

技术指标

漂浮式水面光伏关键技术中浮体使用高密度聚乙烯（HDPE）作为主材，符合国家对高密度聚乙烯材料制定的相关规范要求。

材料的力学、环保、阻燃、老化、卫生等性能已通过国家太阳能光伏产品质量监督检验中心、上海翎钧检测技术有限公司、青岛科标检测研究院有限公司等国内权威检测机构的 30 余项测试，测试项目包括浮体气密性、表面落锤试验、浮体跌落试验、浮体拉力试验等。

测试结果显示，浮体材质满足国家对高密度聚乙烯材料制定的相关规范要求，卫生性能满足国家生活饮用水输配水设备及防护材料安全性评价标准，耐候性及力学性能满足技术产品的使用需求。

浮体产品荣获 TÜV 认证证书。

技术持有单位介绍

长江勘测规划设计研究有限责任公司隶属于水利部长江水利委员会，是从事工程勘察、规划、设计、科研、咨询、建设监理及管理和总承包业务的科技型企业，综合实力一直位于全国勘察设计单位百强，具有国家工程设计综合甲级资质、工程勘察综合甲级、对外承包工程资格等高等级资质证书，是国家高新技术企业。六十余年以来，长江设计公司完成了以长江流域综合规划为代表的大量河流湖泊综合规划和专业规划，承担了以三峡工程、南水北调中线工程为代表的数以百计的工程勘察设计，足迹遍布国内和全球 45 个国家和地区。

应用范围及前景

　　漂浮式水面光伏关键技术可应用于湖泊、水库、采煤沉陷区、河流、近海等水面区域内的光伏电站中，极大拓宽了光伏电站的可建设区域，可充分利用闲置的水面资源，避免占用宝贵的耕地林地等土地资源。

　　漂浮式水面光伏关键技术相比同类产品，成本降低约 0.02 元/W，按照 30MW 电站估算，可节约初始投资约 60 万元。由于浮体横平竖直，可提高浮体的生产效率，相比同类产品，日产量可提高约 20 套，30MW 电站可节约浮体生产时间 5d。

　　典型应用案例：

　　安徽省两淮采矿沉陷区国家先进技术光伏示范基地淮南潘集潘一矿 150MW 水面光伏电站工程、三峡新能源微山小卜湾 50MW 光伏电站工程、山东省济宁市晶科欢城 100MW 光伏发电项目、襄阳市熊河水库 1.2MW 水光互补分布式光伏电站试点项目、印度 22MW 漂浮式水面光伏电站（Chennai，India）等项目。

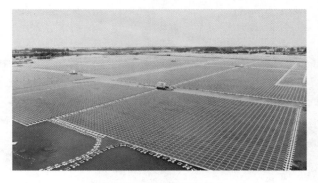

■漂浮式水面光伏案例 3

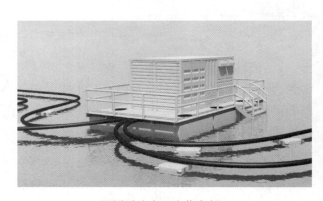

■漂浮式水面光伏案例 4

■漂浮式水面光伏案例 1

■漂浮式水面光伏案例 5

■漂浮式水面光伏案例 2

技术名称：漂浮式水面光伏关键技术
持有单位：长江勘测规划设计研究有限责任公司
联 系 人：袁博
地　　址：湖北省武汉市解放大道 1863 号
电　　话：027 - 82820149
手　　机：18627900412
传　　真：027 - 82829202
E - mail：yuanbo@cjwsjy.com.cn

14 大型引调水工程及流域水量统一调度技术

持有单位

长江勘测规划设计研究有限责任公司

技术简介

1. 技术来源

汉江、嘉陵江、乌江流域及南水北调中线一期工程水量调度方案、年度水量调度计划等相关项目。获计算机软件著作权两项：大型引调水工程多水库联合调度软件V1.0、汉江流域水资源调度配置软件V1.0。

2. 技术原理

大型引调水工程及流域水量统一调度技术包括两部分。第一部分，基于流域水量统一调度的大型引调水工程可调水量计算：以流域来水、水库蓄水情况及供水调度规则为计算条件，考虑水库防洪、供水、发电等综合利用任务，统筹协调流域内用水及大型引调水工程调水，开展大型引调水工程可调水量计算。第二部分，流域分河段水库群-引调水工程-区域水量联合调度：在水库及流域各河段用水约束条件下，开展干支流控制性水利工程调度及分河段水资源调度配置，实现水库群-引调水工程-区域水量联合调度。

3. 技术特点

（1）充分考虑流域水量统一调度，统筹协调流域内用水、大型引调水工程调水及水利工程防洪、供水、发电等综合利用任务。

（2）将干支流控制性水利工程调度与分河段水资源调度配置通过水量平衡关系进行耦合。

（3）集成了最严格水资源管理制度中用水总量控制指标体系和水量分配方案等约束，在水量调度中体现水资源管理需求。

（4）以控制断面为基础，实现流域分河段、分区域水资源调度配置目标。

（5）采用模块化思想，开发各功能模块，形成完整的水量调度管理系统，信息化程度高。

技术指标

大型引调水工程及流域水量统一调度技术集成了基于GIS的信息服务模块、引调水工程可调水量计算模块、分河段水资源调度配置模块，具有引调水工程可调水量计算，流域控制性水库群调节计算，分区域、分河段水资源调度配置功能，可适应长系列或中、短期水量调度计算。

该技术可为大型引调水工程可调水量计算及流域水量调度方案、年度水量调度计划计算提供支撑。根据来水，各区域用水、控制性水利工程调度等计算条件，确定各区域水资源调度方案、水利工程的水量调度、主要控制断面下泄流量过程等调度内容。

技术持有单位介绍

长江勘测规划设计研究有限责任公司拥有工程设计综合甲级、工程勘察综合甲级等一批高等级资质，是国家级高新技术企业。现有各类专业技术人员2000余人，其中中国工程院院士3人，全国工程勘察设计大师5人，教授级高级工程师263人。多年来，长江勘测规划设计研究有限责任公司完成了以长江流域综合规划为代表的大量河流湖泊综合利用规划，承担了三峡工程、南水北调中线工程等数以千计的工程勘察设计，业务涵盖水利、电力、市政、交通、建筑、生态环保、新能源等领域的勘察、规划、设计、科研、咨询、建设监理及管理和总承包等。长江勘测规划设计研究有限责任公司共获得国家技术发明奖、科技进步奖、优秀工程奖等奖项400余项，

拥有国家专利 450 余项。

应用范围及前景

适用于引调水工程。

典型应用案例：

南水北调中线一期工程水量调度、汉江干流梯级及跨流域调水工程联合调度、大型引调水工程多水库联合调度、汉江流域水资源调度配置、嘉陵江流域水量调度、乌江流域水量调度、南水北调中线一期工程、汉江流域年度（2014 年、2015 年、2016 年、2017 年、2018 年）水量调度计划及嘉陵江流域 2019 年度水量调度计划编制等项目。

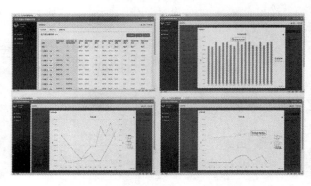

■汉江流域水量调度系统-可调水量计算

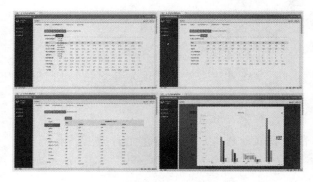

■汉江流域水量调度系统-水量调度计划计算

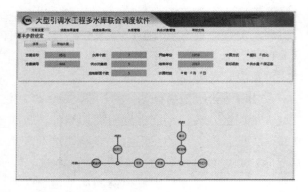

■大型引调水工程多水库联合调度软件-主界面

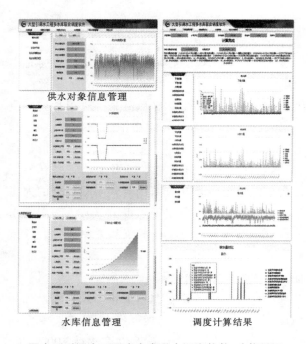

供水对象信息管理　　水库信息管理　　调度计算结果

■大型引调水工程多水库联合调度软件-功能界面

技术名称：大型引调水工程及流域水量统一调度技术
持有单位：长江勘测规划设计研究有限责任公司
联系人：马立亚
地　　址：湖北省武汉市解放大道 1863 号
电　　话：18502778368
手　　机：18502778368
传　　真：027 - 82829202
E - mail：maliya@cjwsjy.com.cn

15 岩石（砂砾料）冻融试验自动化系统关键技术

持有单位

黄河勘测规划设计研究院有限公司

技术简介

1. 技术来源

自主研发，授权专利："自清洁式岩石冻融自动化试验装置""自动化双恒温空间的岩石冻融试验系统"。近些年在西部高寒地区开展的水利工程较多，而西部昼夜温差和季节性温差带来的岩石（砂砾料）冻融问题尤为突出，水资源高效开发利用"高寒区长距离供水工程能力提升与安全保障技术"中对多场耦合条件下冻融试验进行了深入研究，该技术成果是研究内容之一。

2. 技术原理

岩石冻融是研究岩石性能指标的其中一项重要指标，按照 SL 264—2001《水利水电工程岩石试验规程》要求，岩石冻融的试验需在 20℃±2℃和−20℃±2℃的环境中进行，两种温度条件下试件保持 4h 后交替。该技术对冻结过程、融解过程进行原理分析，运用恒温控制技术、冻融高速转换技术和冻融自动控制技术等 3 项技术，形成一套岩石冻融试验自动化技术方案，研制出了一套岩石冻融试验自动化设备，用温度检测传感器、数据采集传输模块和 PLC 控制技术结合先进的软件开发平台，由高效制冷装置和恒温加热装置作为执行装置。

3. 技术特点

（1）技术装置实现了冻融试验的自动化运转，保证冻结过程中温度保持在−20℃±2℃（可调），溶解过程中温度保持在 20℃±2℃（可调），冻融过程转化实现自动转换，解决了岩石冻融试验过程中传统方法存在的问题。

（2）试验过程自动控制，冻融条件满足规范要求，结构合理，控制装置设计人性化，便于检测人员的操作。在使用中冻融转换装置灵活，冻融空间温度稳定。设备在运行中噪声小，试验用水可以长期使用，减少试验人员的工作强度。

（3）试验过程自动化运转平稳，可以按照规范中规定的冻融温度和冻融时间及循环次数要求工作，能够进行数据的查询和试验状态的记录，智能化程度高，工艺技术成熟。

技术指标

依据 JJF 1101—2003《环境试验设备温度、湿度校准规范》的要求，经过校准部门检测的技术指标为：温度分辨率为 0.1℃；冻结温度为−20℃±2℃（可调），控制误差为−0.10℃；融解温度为 20℃±2℃（可调），控制误差为−0.07℃；温度波动度分别为±0.05℃/30min（融解）、±0.28℃/30min（冻结）。

按照岩石试验规程 SL 264—2001 的要求，测试指标为：冻结保持时间为 4h（可调）、融解保持时间为 4h（可调）。采用自动方式，冻融转换时间不高于 30min；时间显示精度为 min；冻融循环次数＜999 次（可调）；冻融转化模式为自动控制；输入总功率为 4500W/380V。

技术持有单位介绍

黄河勘测规划设计研究院有限公司是集流域和区域规划、工程勘察、设计、科研、咨询、监理、项目管理、工程总承包及投资运营业务于一体的综合性勘察设计企业，有国家工程勘察设计综合甲级等十余项高等级资质证书，是国家高新技术企业，国家级企业技术中心。先后完成了以黄河流域综合规划为代表的上百项黄河干支流治

理开发的综合规划和专项规划，承担了一大批具有国内外影响力的大型工程勘察设计任务。黄河设计院拥有一支高素质的人才队伍，在泥沙设计及工程应用、水沙调控技术、水资源综合利用、水库群联合调度、高坝大库勘察设计、高边坡加固及处理、金属结构与启闭机设计、复杂岩土地基处理、堤防隐患探测、水利信息化等领域具有行业领先的技术优势。

应用范围及前景

该技术属于岩石性能研究的范围，可应用于水利水电工程中岩石冻融性能的试验研究，也可开展特殊冻融条件的岩石冻融特性研究和非标准方法的材料冻融特性研究。

典型应用案例：

该技术已在古贤水利枢纽工程、东庄水利枢纽工程、陕西省引汉济渭工程、黑河黄藏寺水利枢纽工程和黄河研究院承担的科研项目"超疏水混凝土外加剂的研究"中得到应用。能够按照规程要求的循环周期和次数自动运转，冻结温度和溶解温度满足规程中的要求范围，可根据研究内容自行设置冻融条件，设备结构合理，控制装置设计人性化，便于检测人员的操作，解决了试验过程耗费人力资源的问题，也具有节约能耗的优势。

■自清洁式砂砾石冻融自动化试验装置

■岩石冻融试验系统稳定性试验

■智能化岩石冻融自动化试验装置

技术名称：岩石（砂砾料）冻融试验自动化系统关键技术

持有单位：黄河勘测规划设计研究院有限公司

联 系 人：邓伟杰

地　　址：河南省郑州市金水区金水路109号

电　　话：0371 - 66023683

手　　机：13938424244

传　　真：0371 - 66021598

E - mail：namedwj@163.com

16　超疏水混凝土外加剂关键技术

持有单位

黄河勘测规划设计研究院有限公司

技术简介

1. 技术来源

超疏水混凝土外加剂是针对混凝土的养护、开裂和耐久性问题而自主研发的新型外加剂，相关技术已获得专利授权。

2. 技术原理

水分的传输和迁移是混凝土开裂和耐久性问题的核心。混凝土水分散失是早期收缩产生的主要原因，而对水分的吸收是服役期耐久性劣化的必要条件。基于水分的传输在混凝土养护、开裂、腐蚀等劣化过程中起到的重要作用，该外加剂将阻碍混凝土内外部水分迁移作为解决耐久性和开裂问题的关键。该核心技术为混凝土全生命周期内外间水分迁移抑制技术，技术的载体为研发的具有锁水和超疏水双重功效的新型超疏水混凝土外加剂。通过优选超疏水材料载体，科学调控载体的粒度、形状，进行高分子-无机界面优化、复合改性剂选择、复合工艺及疏水性能评测等关键技术研究，制备出优化改性处理的粉体。通过复配其他功能组分，得到成品。超疏水外加剂颗粒在微观状态下为憎水薄片结构，可对内外部水分迁移形成有效的屏障阻尼作用。

3. 技术特点

（1）混凝土的耐久性本质上都与水相关，该产品从"水"入手，深入分析混凝土耐久性问题发生条件，研发出一种新型混凝土超疏水外加剂，有力提高混凝土的耐久性，降低干缩开裂。

（2）超疏水外加剂独特的结构和设计实现了锁水和超疏水两大作用的统一，通过对混凝土在塑性、硬化和服役期水分迁移的有效控制，提高混凝土的抗裂性能，使混凝土可免养护或简化养护，改善混凝土的综合耐久性能，显著延长混凝土的健康服役寿命。

技术指标

（1）主要技术指标：细度（80μm 方孔筛筛余）≤15%，泌水率比≤50%，凝结时间差初凝≥−90min，抗压强度比 7d≥110%，28d≥100%，早期裂缝降低率≥30%，收缩率比≤110%，吸水量比≤65%。

（2）效果对比：采用试验组与空白组直接对比的方法，进行了混凝土的抗冻、抗裂、吸水率、抗侵蚀等试验，结果证明，与空白组相比，超疏水外加剂混凝土抗冻融次数由 100 次提高到 200 次，单位面积上开裂面积降低 30%，吸水率由 2.4% 降至 1.9%，14d 龄期干缩率降低 32.5%，抗硫酸盐侵蚀提高 60 个等级，温度应力试验抗裂性能提高 40%。其他指标如抗冻、抗酸类侵蚀等均具有明显提高。

技术持有单位介绍

黄河勘测规划设计研究院有限公司是集流域和区域规划、工程勘察、设计、科研、咨询、监理、项目管理、工程总承包及投资运营业务于一体的综合性勘察设计企业，有国家工程勘察设计综合甲级等十余项高等级资质证书，是国家高新技术企业，国家级企业技术中心。先后完成了以黄河流域综合规划为代表的上百项黄河干支流治理开发的综合规划和专项规划，承担了一大批具有国内外影响力的大型工程勘察设计任务。黄河设计院拥有一支高素质的人才队伍，在泥沙设计及工程应用、水沙调控技术、水资源综合利用、

水库群联合调度、高坝大库勘察设计、高边坡加固及处理、金属结构与启闭机设计、复杂岩土地基处理、堤防隐患探测、水利信息化等领域具有行业领先的技术优势。

应用范围及前景

该技术可用于提高混凝土在干燥条件下的自养护性能和抗裂性能、恶劣条件下的综合耐久性能，延长混凝土安全服役寿命，可用于改善水利工程、民用工程、交通工程、港口工程中常规技术难以解决的混凝土开裂、侵蚀、劣化等问题。

典型应用案例：

成果已应用于黑河黄藏寺水利枢纽工程、国家高海拔宇宙线观测站工程、中国科学院江门中微子实验站工程、昆明柴石滩水库灌区工程、天池抽水蓄能工程等大中型工程中，有力地保障了工程质量，降低了维护成本。该技术旨在解决长期困扰混凝土技术发展的养护、抗裂、抗侵蚀等技术瓶颈，为提升混凝土结构安全性和耐久性提供技术支持。

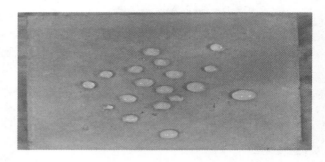

■混凝土超疏水效果

■抗硫酸盐侵蚀对比

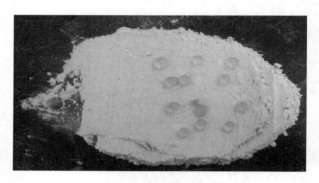

■外加剂外观与憎水效果

■柴石滩水库灌区工程水池工程应用

■超疏水外加剂砂浆与聚合物防水砂浆防水对比

技术名称：超疏水混凝土外加剂关键技术

持有单位：黄河勘测规划设计研究院有限公司

联 系 人：杨林

地　　址：河南省郑州市金水区金水路 109 号

电　　话：0371 - 66023793

手　　机：13674986365

传　　真：0371 - 66021598

E - mail：1072911677@qq.com

19　多级强化水体自净及水力调控的水处理工艺技术

持有单位

中水珠江规划勘测设计有限公司

技术简介

1. 技术来源

自主研发。

2. 技术原理

该技术针对河道水体输入的目标污染物的特点，通过净化工艺的优化调整及功能分区布局设置，完成强化水体自净过程。建立目标污染物和水动力学条件的相关关系，结合水动力条件优化，构建污染物降解去除的不同功能区，进一步改善河道水体水质。

3. 技术特点

（1）强化水体自净技术。针对受地表径流面源污染输入和雨季合流制溢流（Combined Sewer Overflows，CSO）影响为主的典型城区河道水的水质特点，进行污染负荷计算分析，找出影响水质的关键因素及目标污染物。研究利用现有水利工程设施，在不新建传统的水处理构筑物的工况下，采用就地水质净化处理工艺并结合河道水动力学条件的优化，实现城区河道水质的改善目标。

（2）水力调控技术。通过建立水体中目标污染物和水动力学条件的相关关系，利用区域内已建的节制闸联调，调控水位，改善水动力学条件，实现进一步提高河道水环境容量、提高水体自净能力的目的。

技术指标

（1）工程技术在不需额外增加占地的实施工况下，经过强化水体自净及水力调控技术处理后，末端水闸处出水透明度超过 1m，SS 和浊度去除率超过 95%，TP 的去除率超过 90%，水体溶解氧含量明显提高。

（2）河道各支流通过水力调控及功能分区设置的智能调控，河道水动力学条件明显得到改善，水体中有机物及氮、磷等污染物进一步降低，水质能得到长时间的保持。

（3）该项技术在工程实际应用中视来水水质情况，处理成本会所浮动，水质处理成本约0.05～0.15 元/m^3。

技术持有单位介绍

中水珠江规划勘测设计有限公司（原水利部珠江水利委员会勘测设计研究院）是国务院确定的 178 家大型勘测设计单位之一，是珠江委控股的国有高新技术企业，是珠江委的技术支撑单位。公司技术力量雄厚、专业配套齐全，工程设计从业人员 968 人。公司业务领域包括水利水电工程（航电工程）、水环境治理、新能源、市政交通和建筑等工程勘察、咨询和设计业务。2015 年，为响应国家"水生态文明"战略需求和积极践行珠江委"维护河流健康，建设绿色珠江"的工作要求，珠江委整合水环境和水文水资源等业务部门，成立水利部珠江水利委员会水生态工程中心（以下简称"水生态工程中心"）。水生态工程中心依托中水珠江规划勘测设计有限公司，主要为创建珠江水生态文明和绿色珠江建设提供技术支撑平台。水生态工程中心在水环境治理领域先后承担了多项工程项目，并取得了一系列科研成果。

应用范围及前景

适用于城区河道的水质改善，结合现有水利

工程设施调控运行，可有效解决河道汇水范围内的地表径流面源污染输入、截污不彻底造成的点源污染输入和上游来水中污染物迁移的影响，有效改善河道水质。

典型应用案例：

已在杭州市钱江世纪城 G20 核心区块水质提升工程、杭州市滨江区浦沿排灌站清水入城工程、杭州市西湖区富春江引水清水入城工程等项目中应用，工程经济效益和环境效益显著。

■后解放河工程实施后河道水质

■钱塘江外江水和 G20 核心区内河道利民河水质

■利民河工程实施前河道水质

■工程运行期间 G20 核心区内河道先锋河水质

■利民河工程实施后河道水质

■后解放河工程实施前河道水质

技术名称：多级强化水体自净及水力调控的水处理工艺技术

持有单位：中水珠江规划勘测设计有限公司

联 系 人：吴华财

地　　址：广州市天河区沾益直街 19 号中水珠江设计大厦

电　　话：020 - 87117638

手　　机：15920520042

传　　真：020 - 38810724

E - mail：Wuhuacai_gz@foxmail.com

20 基于空天地多源信息同化的陆气耦合洪水预报技术

持有单位

中国水利水电科学研究院

技术简介

1. 技术来源

河北省水利科技项目"基于空天地多源信息同化的陆气耦合洪水预报研究与应用"、国家自然科学基金项目"北方中小尺度流域基于数据同化的陆气耦合实时洪水预报研究"。

2. 技术原理

以预报降雨为纽带，耦合数值大气模式与网格型半分布式水文模型，构建基于空天地多源信息同化的陆气耦合洪水预报系统，形成从大气到陆面水文的完整"预报链"。依托数值大气模式可获得具有一定预见期的高分辨率降雨预报，以此作为网格型半分布式水文模型的输入，获得洪水预报结果，达到延长洪水预见期的目的。引入空天地多源信息同化技术，提高数值大气模式预报降雨的精度；结合实测径流资料并采用实时校正技术，进一步提升水文模型的洪水预报效果。

3. 技术特点

（1）提出了数值大气模式降雨的时空二维评价指标体系。

（2）建立了多模式多方案下的数值降雨集合预报方法，构建了适用于我国北方半湿润半干旱地区的数值降雨集合预报框架。

（3）提出了适用于研究区的多源信息组合的高效同化模式，充分保证了数值大气模式在时间和空间尺度上的降雨预报精度。

（4）构建了基于可变网格尺度的半分布式河北模型。

（5）构建了基于多源信息同化的陆气耦合实时洪水预报系统。

技术指标

运行效率：①通过并行计算提升计算能力，在 30min 内完成数值大气模式与分布式水文模型的计算，实现以 1h 为时间步长的降雨-径流实时连续模拟；②60s 内实现空天地多源气象信息数据、降雨地面站数据、水文站与河道站数据的处理，得到系统可用的数据格式；③底图平移和缩放小于 0.3s，多图形包含、重叠、相交计算小于 3s，数据名称查询、定位查询小于 1s。

运行效果：相比传统的洪水预报技术，本技术使洪水预报的预见期延长 3~6h，预报精度提升至 70%。

技术持有单位介绍

中国水利水电科学研究院隶属中华人民共和国水利部，是从事水利水电科学研究的公益性研究机构。历经几十年的发展，已建设成为人才优势明显、学科门类齐全的国家级综合性水利水电科学研究和技术开发中心。全院在职职工 1370 人，其中包括院士 6 人、硕士以上学历 919 人（博士 523 人）、副高级以上职称 846 人（教授级高工 350 人），是科技部"创新人才培养示范基地"。现有 13 个非营利研究所、4 个科技企业、1 个综合事业和 1 个后勤企业，拥有 4 个国家级研究中心、9 个部级研究中心，1 个国家重点实验室、2 个部级重点实验室。多年来，该院主持承担了一大批国家级重大科技攻关项目和省部级重点科研项目，承担了国内几乎所有重大水利水电工程关键技术问题的研究任务，还在国内外开展了一系列的工程技术咨询、评估和技术服务等科研工作。截至 2018 年底，该院共获得省部级以

上科技进步奖励 798 项，其中国家级奖励 103 项，主编或参编国家和行业标准 409 项。

应用范围及前景

可用于洪水预报、降雨预报、山洪预警、水库调度、水文模拟等方面，可使洪水预报的预见期延长 3～6h，精度提升至 70％。

典型应用案例：

河北省水文水资源勘测局的陆气耦合实时洪水预报关键技术研究、水利部海河水利委员会科技咨询中心的产汇流模式研究及主要易涝区除涝模数修订、浙江省水利厅规划计划处的中小流域防洪规划等项目。

■预报系统登录界面

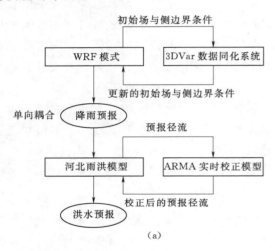

（a）

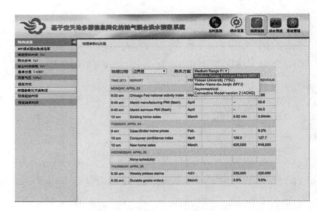

■数值大气模式的基本设置

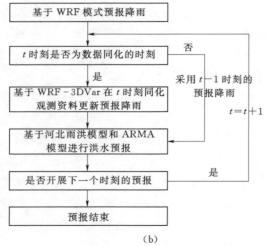

（b）

■技术框架与预报流程

■系统管理

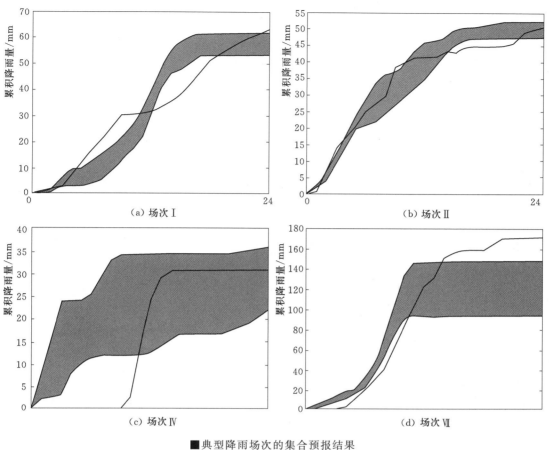

（a）场次Ⅰ　　　　　（b）场次Ⅱ

（c）场次Ⅳ　　　　　（d）场次Ⅶ

■典型降雨场次的集合预报结果

技术名称：	基于空天地多源信息同化的陆气耦合洪水预报技术
持有单位：	中国水利水电科学研究院
联 系 人：	李传哲
地　　址：	北京市海淀区复兴路甲 1 号
电　　话：	010 - 68781934
手　　机：	13811846230
传　　真：	010 - 68483367
E - mail：	azhe051@163.com

21 面向生态保护修复的水资源效应评估系统软件 V1.0

持有单位

中国水利水电科学研究院

技术简介

1. 技术来源

自主研发。

2. 技术原理

面向生态保护修复的水资源效应评估系统软件可以输出研究区各个水文站不同生态保护措施下的水源涵养量、泥沙含量、径流量等信息，为研究掌握研究区水循环演变特征、定量研究生态保护措施优劣提供数据支撑。在此基础上，还能够结合管理和应用需求，面向未来发展趋势设置不同气候变化模式及生态保护措施，模拟分析水资源演变规律，从而为制定适应地区管理发展需求的政策、措施提供定量化的技术支撑。

3. 技术特点

（1）通过该技术得到可到不同的生态保护情景下，水利枢纽生态环境效益变化，为制定适应水利枢纽管理发展需求的政策、措施提供定量化的技术支撑。

（2）该评估系统软件可在区域水资源承载能力评价报告编制等工作中得到应用，通过此技术得到不同生态保护情景下，规划水平年的水资源承载能力变化，为定量研究水生态保护措施提供技术支撑。

（3）基于"面向生态保护修复的水资源效应评估系统软件"技术，该技术能为其他水利平台中的模块如"重点河流水资源多维调度"模块、"地下水位动态监测和预报决策支持"模块等提供定量化的技术支撑。

技术指标

（1）在适应性方面，软件系统可避免原型观

测难以区分和定量评估保护措施带来的水资源效应，可有效节约经费和成本。

（2）在系统性能方面，可与其他水资源模块进行交互，即使在多人同时在线的情况下系统能快速响应，软件界面工具齐全，操作方便。

（3）在可靠性方面，运行稳定可靠，在出现问题时能迅速定位解决。

（4）在可维护性方面，软件的设计能适应可维护性要求。

技术持有单位介绍

中国水利水电科学研究院隶属中华人民共和国水利部，是从事水利水电科学研究的公益性研究机构。历经几十年的发展，已建设成为人才优势明显、学科门类齐全的国家级综合性水利水电科学研究和技术开发中心。全院在职职工 1370 人，其中包括院士 6 人、硕士以上学历 919 人（博士 523 人）、副高级以上职称 846 人（教授级高工 350 人），是科技部"创新人才培养示范基地"。现有 13 个非营利研究所、4 个科技企业、1 个综合事业和 1 个后勤企业，拥有 4 个国家级研究中心、9 个部级研究中心，1 个国家重点实验室、2 个部级重点实验室。多年来，该院主持承担了一大批国家级重大科技攻关项目和省部级重点科研项目，承担了国内几乎所有重大水利水电工程关键技术问题的研究任务，还在国内外开展了一系列的工程技术咨询、评估和技术服务等科研工作。截至 2018 年底，该院共获得省部级以上科技进步奖励 798 项，其中国家级奖励 103 项，主编或参编国家和行业标准 409 项。

应用范围及前景

适用于水资源管理信息平台水资源生态效益

评估水土保持评价等方面。面向生态保护修复的水资源效应评估系统软件可模拟不同生态保护措施中的多种情景方案，对比分析不同保护措施情景下的水资源要素变化，从而给出能够反映区域生态保护措施水资源效果的客观结论，为生态保护规划及生态补偿机制研究提供技术支撑。

典型应用案例：

该软件已在小浪底水利枢纽生态环境效益评估、宁夏水资源承载能力评价和河北省水资源管理信息平台等多个项目中成功推广应用，均获得用户好评。

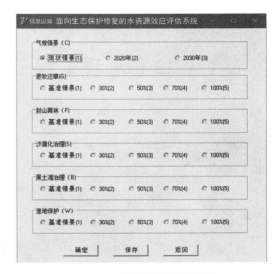

■V1.0 系统情景设置界面

■V1.0 系统主界面

■V1.0 系统输出数据界面

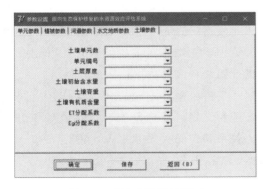

■V1.0 系统参数设置界面

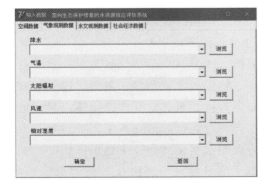

■V1.0 系统输入数据界面

技术名称：面向生态保护修复的水资源效应评估系统软件 V1.0
持有单位：中国水利水电科学研究院
联 系 人：吕烨
地　　址：北京市海淀区复兴路甲 1 号
电　　话：010 - 68781072
手　　机：13811913118
传　　真：010 - 68456006
E - mail：lvye@iwhr.com

22 水利工程三维地理信息平台 V1.0

持有单位

长江空间信息技术工程有限公司（武汉）

技术简介

1. 技术来源

鉴于现有国内外主流商业三维地理信息平台在水利水电行业应用存在局限的现状，长江空间公司励精图治，历时近十年，自主完成了水利工程三维地理信息平台方舟（3DGIS‑Ark）的开发，2015 年获国家版权局软件著作权。

2. 技术原理

水利工程三维地理信息平台是依托长江空间公司多年的技术积累，紧密贴合流域水行政管理、水利水电工程建设及运行管理的实际需求，经过持续研发而形成的具有自主知识产权的行业三维地理信息平台。它以开源 OpenGL 图形库和 WebGL 网络三维渲染库为基础，未采用任何其他三维地理信息应用平台。该信息平台从下往上封装了三维封装层 ArkOSG 三维数据访问层 ArkDATA 控件与服务层 ArkWND 以及业务应用表现层，并通过良好的接口层设计使得各层逻辑保持高内聚低耦合。

3. 技术特点

（1）平台有效解决水利行业多源、海量、多专业数据集成，能有效解决三维地形模型和三维建筑物模型的无缝镶嵌，三维地形模型与 BIM 模型及地质三维模型的集成，平台实现了水利行业专业分析计算模型与三维平台的深度集成，实现了水利多专业成果的统一汇集、展示和分析，能辅助多专业信息协同。

（2）平台突破了传统的流域和水工程分散管理模式，实现了基于统一三维平台的多业务的一体化协同管理，定制开发了水利水电专业应用组件，可服务于流域管理及水利水电工程规划、设计、施工及运维管理全过程。

（3）"3DGIS‑Ark 方舟"的水利水电站三维地理信息平台解决了 GIS 与 BIM 的融合、地形模型与专业模型融合、平台与多专业融合、三维模型智能编辑、可视化增强表达等一系列技术问题。

技术指标

（1）支持格式：模型格式＞46 类；图片格式＞22 类；其他格式＞7 类。

（2）数据支持量：＞2.0TB；启动时间：＜6s；内存占用：＜700MB；渲染帧率：＞60fps。

（3）支持：海量数据集成及平滑操作，室内外一体化漫游，地形镶嵌，GIS 分析，三维模型编辑和管理，三维飞行编辑和管理，录制视频和生成场景图片，多种数据格式的转换。

（4）支持：平移缩放旋转等操作，空间图形属性管理和编辑，纹理操作，空间量算和土方量计算，关系和空间关系数据库，网络发布三维地理数据，二次开发。

技术持有单位介绍

长江空间信息技术工程有限公司（武汉）于 2005 年登记注册，主要从事大地测量：全球卫星定位系统、水准、三角、导线测量；航空摄影测量与遥感测绘；工程测量、隧道、建筑工程、桥梁测量；管网、水下、海洋、线路测量；地籍测绘；房产测绘；地理信息系统工程技术开发；地图与专题图数字化制作；专题地图编制；工程安全监测；测量监理；测绘技术咨询及信息服务。于 2016 年成立专门部门负责水利工程三维地理

信息平台升级、维护和应用项目研发。2016 年成立了"湖北省水利信息感知与大数据工程技术研究中心",该中心以水利时空信息感知技术、三维时空信息云平台和信息挖掘与利用为主要研究方向,中心的启动和运行,为水利工程三维地理信息平台技术开发与实践项目注入了新的引擎。近 5 年来,公司在以三维地理信息平台为核心的空间信息研发方面的投入年均超过 1500 万元,包括水利空间信息采集、处理软硬件设备、三维地理信息平台升级改造和行业应用项目实施等。

应用范围及前景

适用于水利工程三维地理信息构建,响应了水利水电大量应用场景,平台定制开发的水利水电专业应用组件,可服务于流域管理及水利水电工程规划、设计、施工及运维管理全过程。该平台也可延伸到市政交通、环境保护、城市管理、国土资源等众多领域。

已完成应用项目:以三峡为核心的水库群投运后防洪形势展示系统建设、兰州大学地下管线信息管理系统、小浪底工程库区及枢纽区管理三维地理信息系统、大数据驱动的流域水资源管理动态仿真与智能决策(业主单位长江勘测规划设计研究有限责任公司)、水利三维地理信息服务平台开发与示范应用(业主单位长江勘测规划设计研究有限责任公司)等。基于水利三维地理信息平台,已经开展了几十项水利水电行业及其他行业应用,完成的几十个信息化工程项目合同额超 3 亿元,为业主单位创造经济效益 730 万元。

典型应用案例:

案例 1:以三峡为核心的水库群投运后防洪形势展示系统建设。以三维地理信息平台与数字沙盘为基础,开发构建防洪形势展示系统。基于三维地理信息平台(方舟 3DGIS－Ark),该系统可在三维交互式的环境中直观地展现长江流域地形地貌、水系等基础地理信息与重点水利工程、水雨情等水利专题信息,还可通过开发的多个互动演示功能模块来展现长江防洪体系的历史、现状与未来发展,切实增强长江流域洪水应急反应能力与提高风险管理水平。系统的建设遵循实用

性、先进性与开放性等原则,充分考虑数据内容及功能的可扩展性,以满足中国长江三峡集团公司后续建设需求。基于该项目建设成果,完成了 1954 年、1998 年长江流域洪水推演展示,实现了流域水情雨情、水利工程、水资源等多领域多专题信息集成,能动态接入水雨情等各类数据,实现了一维、二维水文、水动力学模型的深度融合。目前该系统已部署在三峡集团公司流域枢纽运行管理局,为流域防洪调度起到了较好的辅助决策支持作用。

案例 2:小浪底工程库区及枢纽区管理三维地理信息系统。项目的主要工作目标是,在补充获取枢纽管理区重点部位的三维空间信息和背景区域的卫星遥感影像和数字高程模型基础上,基于三维信息平台,建设以库区土地管理、库区水体管理、库区滑坡体管理、库区泥沙淤积分析、水库周边地震信息管理和大坝安全监测信息三维展示为核心业务的系统数据库;基于"3S"集成的理论和技术,充分利用三维可视化技术,结合虚拟现实、网络通信和数据库等现代高新技术,构建三维地理信息基础平台,实现对海量数据的集成和管理。在二维、三维交互式数字地图环境中直观地展现全区地形、地貌、水系、道路等基础信息,立体地展示监测成果,使管理者准确掌握枢纽工程状况,满足小浪底水利枢纽运行管理及库区管理需求。

技术名称:水利工程三维地理信息平台 V1.0
持有单位:长江空间信息技术工程有限公司(武汉)
联 系 人:马瑞
地　　址:湖北省武汉市江岸区解放大道 1863 号
电　　话:027－82829580
手　　机:18871880260
E－mail:marui@cjwsjy.com.cn

23　钻孔声波测试技术

持有单位

长江三峡勘测研究院有限公司（武汉）

技术简介

1. 技术来源

钻孔声波测试是岩土工程质量检测常用的方法，其测试结果一般能够代表整个测试范围内岩土体的整体质量。钻孔声波测试需要水作为耦合剂，但是有大量的钻孔由于岩体破碎、溶蚀等原因渗漏量大，向孔内灌水后水通过渗漏通道漏失而导致声波测试无法正常进行。然而工程勘察中这种破碎岩土地段更需要取得声波成果来辅助地质分析。因此，迫切需要一种结构简单，操作简便的止水装置以适应在渗漏地段辅助完成声波测试。该专利技术结构简单、操作简便、故障率低，可广泛推广应用于工程实践中。

2. 技术原理

钻孔声波测试装置由止水塞、束紧皮带、进排气管、充放气泵组成。装置中一个柔性橡胶材质的止水塞为主要部件，测试时止水塞套装于声波探头顶部，套装后用束紧皮带束紧，止水塞通过进、排气管与地面进、排气泵相连，工作时通过向止水塞内充气使其膨胀紧贴孔壁以达到封隔测试段从而完成渗漏段声波测试的目的。

3. 技术特点

装置在测试前为收缩状态，套装于声波探头后用束紧皮带束紧，利用声波探头将其移动至测试位置，通过进排气泵充气使止水塞膨胀后紧贴孔壁封隔测试段，然后向封隔的测试孔段灌水进行声波测试，测试完成后通过进排气泵放气使止水塞泄压收缩，本次循环完成。此时将声波探头移动至下一测试段重复上述步骤完成全孔测试。

技术指标

（1）止水塞：为橡胶材质，呈球状，直径为50mm，一端为开口，松弛状态下直径约35mm，可紧固于钻孔声波测试仪端部，充气后膨胀，可承受 0.5MPa 压力，与进、排气管连接。

（2）束紧皮带：为牛皮材质，长 20cm，宽2cm，开孔，将止水塞束紧于声波测试仪端部。

（3）进、排气管：为硬质 PU 材质，外径15mm，长度灵活配置，可承受 1.0MPa 压力。

（4）充、放气泵：为金属材质，尺寸 35cm×28cm×20cm（长×宽×高），功率 480W，充气压力最大 1.18MPa。

技术持有单位介绍

长江三峡勘测研究院有限公司（武汉）（简称"三峡院"）隶属长江勘测规划设计研究院，是从事工程勘察、岩土工程设计、地震研究与监测、科研、咨询、岩土施工、地质灾害评估和治理、地下水资源评估及开发等业务的科技型企业。三峡院独立承担了长江三峡、葛洲坝、清江隔河岩、高坝洲、水布垭、大龙潭、金沙江乌东德等水利枢纽工程的地质勘测和科研任务，完成了长江中下游堤防隐蔽工程 1000 余 km 堤段的地质勘察，还完成了 14 座长江公路大桥等工程的勘测设计等工作。三峡院还开展了大量科研工作，形成了一系列具有自主知识产权的企业核心技术，截至目前，共获得国家发明专利 13 项，实用新型专利 20 项，计算机软件著作权 24 项，获得省、部级以上奖励 100 余项。

应用范围及前景

该专利技术属于工程无损检测设备制造领域。为钻孔声波检测时的辅助设备，具体为钻孔

声波测试止水装置。

在由于岩体破碎、溶蚀等多种原因导致的渗漏量大，常规测试方法无法完成声波测试的岩层，采用本专利配合声波探头使用，可以在声波测试中封闭测试孔段，以达到向测试孔段内灌水而不漏失，从而实现在破碎及渗漏地层中完成声波测试。

典型应用案例：

乌东德水电站在施工阶段补充勘察过程中，应用了该装置，实现了对溶蚀渗漏岩体的声波检测，检测数据为准确判别岩体质量，优化治理方案提供了基础依据。滇中引水工程，应用了该装置，完成了破碎渗漏岩体的声波检测，检测数据为提高勘察成果质量提供了保障。

■滇中引水钻孔声波测试

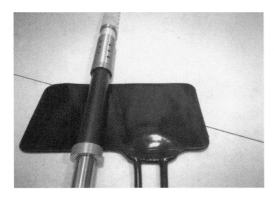

■钻孔声波测试装置

■乌东德水电站地下厂房

■滇中引水工程香炉山隧洞 5 号施工支洞

■乌东德水电站钻孔声波测试

技术名称：钻孔声波测试技术
持有单位：长江三峡勘测研究院有限公司（武汉）
联 系 人：王吉亮
地　　址：湖北省武汉市东湖新技术开发区光谷创业街 99 号
电　　话：027 - 87571962
手　　机：18971584581
传　　真：027 - 87531520
E - mail：39128518@qq.com

24 基于工程地质调查的小型无人机三维影像获取技术

持有单位

长江三峡勘测研究院有限公司（武汉）

技术简介

1. 技术来源

自主研发，"一种工程地质调查中基于小型无人机录像的三维影像获取技术"获发明专利。

2. 技术原理

该技术属于工程地质勘察领域，是基于数字影像和摄影测量的基本原理运用录像获取三维影像的方法。以航测无人机作为数字影像采集工具。按相机画幅与旁向航线上重叠率不小于60%的要求规划无人机航线，相机根据飞行路径连续采集测区的高清录像。导出无人机录像数据，根据飞行速度与相机镜头距离坡面距离计算提取单帧画面间隔时间后进行提取处理。单帧数字影像提取完成后，使用三维实景重建软件导入提取的录像单帧数字影像，定义像控点坐标进行三维影像重建。

3. 技术特点

（1）机载相机在无人机按航线飞行过程中不进行定时或定距曝光采集数字照片，而采用连续曝光采集数字录像，按重叠率需求计算数字录像帧与帧之间的间隔时间提取某一帧的静态数字影像作为三维影像建模数据，避免因重叠率不足而导致产生航摄漏洞。

（2）单帧静态数字影像数据量小，三维影像重建时间短、效率高，现场即可用便携计算机进行建模检查，作业效率高。

（3）可在无导航定位无法规划路径自主飞行条件下进行手动飞行作业，弥补传统方法缺点。

技术指标

（1）本技术不采用无人机相机定点、定距、定时曝光的常规方法进行数字影像采集，而运用基于无人机相机录像提取单帧数字影像重建三维影像。

（2）录像提取的单帧数字影像尺寸可达宽度3840像素×2160像素，水平、垂直分辨率96dpi，位深度24。

（3）重建的三维影像可有效识别5mm级岩石或混凝土裂缝，可有效识别 $\phi \geqslant 6.5mm$ 钢筋。

技术持有单位介绍

长江三峡勘测研究院有限公司（武汉）隶属长江勘测规划设计研究院，是从事工程勘察、岩土工程设计、地震研究与监测、科研、咨询、岩土施工、地质灾害评估和治理、地下水资源评估及开发等业务的科技型企业。独立承担了长江三峡、葛洲坝、清江隔河岩、高坝洲、水布垭、大龙潭、金沙江乌东德等水利枢纽工程的地质勘测和科研任务，具有承担世界级超大型工程勘察的能力，拥有在各种复杂地质条件下进行水利水电工程勘察的手段和技术水平。1999年首批获得国家ISO 9001质量体系认证，2013年成功申报高新技术企业。已获得国家发明专利13项，实用新型专利20项，计算机软件著作权24项，获得省、部级以上奖励100余项。

应用范围及前景

可应用于作业范围大、线路长、地形复杂、作业周期要求短的地质勘测、地灾调查、边坡工程、堤防巡检、国土调查等工作中，其采用连续曝光采集数字录像提取单帧静态数字影像建模的特点有效避免出现重叠率不足产生航摄漏洞，建

模成功率极高，快速重建三维影像模型后，可根据三维影像模型快速进行识别、查证、测量、点云数据提取利用、演示及诊断工作。

已在金沙江乌东德水电站、云南省滇中引水工程、金沙江乌东德水电站高位边坡治理等项目中成功应用。

典型应用案例：

金沙江乌东德水电站。在编录过程中采用该技术解决了在单级开挖梯度较高这一特定环境下肉眼视角受限的问题；一级 10m 开挖梯段编录可一次完成，不需垫渣或分两次开挖；在确保了编录信息全面准确，地质缺陷识别无遗漏的前提下，将单级边坡两次识别变为一次完成。最终通过该技术中 16000 张数字影像建立了大坝拱肩槽整体三维影像，为建基面覆盖之后再深度研究创造了有利工作基础。

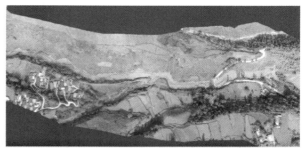

■滇中引水芹河泥石流沟三维实景模型

■无人机作业准备

■金沙江乌东德水电站坝址区全景

■滇中引水-石鼓水源地

技术名称：	基于工程地质调查的小型无人机三维影像获取技术
持有单位：	长江三峡勘测研究院有限公司（武汉）
联系人：	王吉亮
地　　址：	湖北省武汉市东湖新技术开发区光谷创业街 99 号
电　　话：	027-87531526
手　　机：	18971584581
传　　真：	027-87531526
E-mail：	39128518@qq.com

25　具有多级流速通道的生态鱼道

持有单位

珠江水利委员会珠江水利科学研究院

中水珠江规划勘测设计有限公司

技术简介

1. 技术来源

该技术主要来源于解决鱼道过鱼通道流速单一，过鱼种类和数量稀少问题的工程实践中。

2. 技术原理

该技术利用天然石材作为隔墙，并将鱼道鱼池分割成若干个鱼池单元，且相邻的鱼池单元之间形成有水位差；每个隔墙上开设有多个不同宽度的过鱼孔，每个隔墙上的开孔位置相一致，各孔前后分别布置有不同数量和大小的漂石，通过漂石调整沿程阻力，最终在沿水流依次贯穿的同一开孔位置上形成低流速过鱼通道、中流速过鱼通道或高流速过鱼通道。

3. 技术特点

（1）该生态鱼道的低、中、高流速通道如同"乡村路、国道和高速路"概念，游泳能力强的鱼类可以通过"高速路洄游"，游泳能力弱的鱼类可以通过"乡村路"洄游。

（2）在低流速过鱼通道中流速过鱼通道和高流速过鱼通道的延伸方向上分别布置有不同数量和大小的漂石，漂石的沿程阻力可以调整。

（3）每条通道上的流速可以通过调整鱼道流量、相邻鱼池单元间的水位差、过鱼孔大小、漂石大小和数量等，参数可通过常规的水工模型试验来确定。

（4）各级流速过鱼通道沿水流方向可以布置成直线型或者曲线型。

（5）隔墙材料可采用块石搭接或砌筑，亦可采用钢筋石笼、混凝土等其他材料，取材方便。

技术指标

以海南省海口市南渡江引水工程鱼道为例：布置典型蛮石断面呈现三区四通道，三区指 3 个蛮石阻水区，四通道包括 2 个高流速过鱼通道、1 个中流速过鱼通道和 1 个低流速过鱼通道，高、中、低流速过鱼通道内形成的流速范围依次为 0.8～1.0m/s、1.0～1.2m/s 和 1.2～1.5m/s。

技术持有单位介绍

珠江水利委员会珠江水利科学研究院始建于 1979 年，原名珠江水利委员会科学研究所，是经国务院批准随水利部珠江水利委员会一起成立的中央级科研机构。珠科院下设办公室、人事处、科技计划处和财务处 4 个职能处室，设有河流海岸工程、资源与环境、水利工程技术、信息化与自动化、遥感与地理信息工程 5 个专业研究所。

中水珠江规划勘测设计有限公司是国务院确定的 178 家大型勘测设计单位之一，是珠江委控股的国有高新技术企业，是广州市首批认定总部企业。公司在水利枢纽、灯泡贯流式电站、航电枢纽、城市供水、城市防洪排涝、无基坑筑坝、生态调度、水生态修复、水土保持、出海口门治理、风资源评估等领域积累了众多领先优势。

应用范围及前景

主要用于解决鱼类过坝问题，特别适用于使用鱼道技术手段沟通洄游性鱼类洄游通道技术领域。目前，我国对生态保护的政策提到了前所未有的高度，生态补偿在所有工程建设中是一项必须完善的工作，该技术主要运用于涉水工程鱼类生态补偿领域，鱼类是所有水生态环境保护中最

为敏感的物种,因此具有广阔的运用前景。

　　该技术已成功运用于海南省海口市南渡江引水工程鱼道建设中,工程布置在海南省海口市南渡江引水工程右岸,紧邻溢流坝段,呈"S"设计,鱼道进口位于溢流坝段下,依靠下泄水流吸引鱼类至鱼道进口附近,鱼道有两个出口,分别配置了控制闸门,鱼道运行效果较好,为本河段80%的鱼类提供了洄游或连通通道。此外,在海南省海口市南渡江龙塘水闸枢纽工程鱼道建设中,该技术方案也得到了推荐。

■具有多级流速通道的生态鱼道典型断面图

■具有多级流速通道的生态鱼道俯视图

■具有多级流速通道的生态鱼道下游俯视图

■具有多级流速通道的生态鱼道出口俯视图

■具有多级流速通道的生态鱼道进口俯视图

技术名称:具有多级流速通道的生态鱼道
持有单位:珠江水利委员会珠江水利科学研究院
　　　　　中水珠江规划勘测设计有限公司
联 系 人:刘晋
地　　址:广州市天河区天寿路 80 号
电　　话:020 - 87117188
手　　机:13560030408
传　　真:020 - 87117512
E - mail:68300710@qq.com

26 采砂动态监管系统

持有单位

珠江水利委员会珠江水利科学研究院
广东华南水电高新技术开发有限公司

技术简介

1. 技术来源

自主研发。"采砂动态监控装置"于 2015 年荣获中国专利优秀奖。

2. 技术原理

通过对可采区采砂船只进行监控，采集采砂船现场图像、定位位置、采砂实时状况等信息，加密后实时动态地传输到管理部门，经解密校验后由采砂动态监管系统对数据进行管理。能确认采砂船在是否在许可的范围和许可的时间内正常运营，达到限区、限时、限量等"三限"管理。

3. 技术特点

（1）采砂动态监管系统采用了先进的全球定位系统（GPS）、传感器、无线传输（GPRS）、数码摄像（DC）、地理信息（GIS）等技术，通过对采砂船只进行精确的 GPS 定位、实时图像拍摄采集现场图像、现场监控获取采砂状态信息等手段，实现采砂范围及采砂量的有效控制、达到河道采砂的远程动态监视和管理的目的。

（2）以较低的成本实现了采砂现场信息的实时采集、传输、存储和管理，实现了采砂范围及采砂量的远程动态监视、预警和控制，实现了河道采砂的动态化监管手段的创新突破。

（3）快速提供违法采砂的现场实时照片和视频，有效地解决了违法采砂执法难、取证难的问题。

（4）在采砂管理部门和采砂船主之间建立了信息沟通渠道，实现了河道采砂招投标、采砂现场的公开透明监管。

技术指标

（1）智能主控机：采用蓄电池，断电后可用半个月；采用固态存储，无法连接网络时自动存储相关数据。通过 GPRS、3G、4G 无线网络把所采集到的数据发送到管理服务器，可对主控机进行相关的设置。可将语音信息传输到报警扬声器、报警扬声器闪烁灯光，播放传输过来的语音信息。

（2）GPS 定位仪及天线：接收灵敏度 $\geq$ -168dBW；定位精度 $\leq$ 10m；差分精度 $<$ 5m。GPS 定位仪可与多达 10 个卫星进行参照、计算、确定经纬度、海拔高度。GPS 定位精确度达到 10m 以内，GPS 定位速度达到秒级。

（3）电子震动感应装置：仪器分辨力 0.25V/g；测量频率范围 50～260kHz。电子感应器是安装在采砂电机上的设备，检测电机启动停止信息，通过线缆传到 GPRS 收发器。

技术持有单位介绍

广东华南水电高新技术开发有限公司成立于 1993 年，是国内最早提出并倡导"数字水利"理念的 IT 研究开发机构之一。公司注册资金人民币 3000 万元，拥有信息系统集成企业（二级）、软件企业认定、高新技术企业认定等 8 项资质。公司提供水利信息化服务、解决方案及相关软硬件产品。专业领域涵盖水库移民、水资源、防汛抗旱、农村水利、水土保持、水政执法、水利政务、水利工程建设管理、水利规划计划管理、咨询设计等。公司拥有自主研发的软硬件产品 10 余个，专利技术多项。

珠江水利委员会珠江水利科学研究院建于 1979 年，原名珠江水利委员会科学研究所，是经国务院批准随水利部珠江水利委员会一起成立的

中央级科研机构。主要从事基础研究、应用基础研究，承担流域重大问题、难点问题及水利行业中关键应用技术问题的研究任务。

应用范围及前景

　　适用于水域采砂动态监管。具有自动拍照、GPS 定位、GPRS 数据传输、振动传感、语音警示等功能。截至 2018 年底，采砂动态监控系统累计产量为 800 多套，累计销售额 3000 多万元。产品已覆盖广东省东江、西江、北江和韩江干流以及绥江流域，并推广应用到四川、江苏等省份。该产品的全面实施和使用，有效解决了采砂管理技术手段不足，管理人力严重缺乏，违法采砂难以取证的问题。为监控部门提供准确、及时的采砂数据，得到用户的好评。

■中国优秀专利奖（采砂动态监管装置）

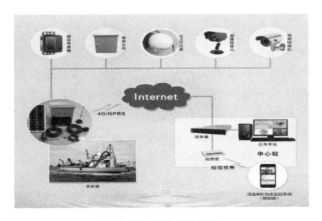

■采砂监控设备及原理

■采砂船图像及采砂状态监控

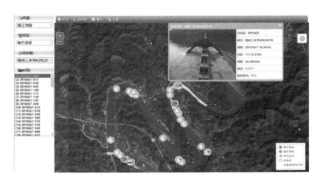

■采砂船轨迹监控

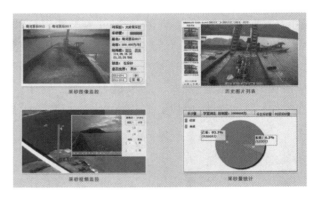

■视频监控和采砂量估算分析

技术名称：采砂动态监管系统
持有单位：珠江水利委员会珠江水利科学研究院
　　　　　广东华南水电高新技术开发有限公司
联 系 人：刘晋
地　　址：广州市天河区天寿路 105 号天寿大厦 9－10 楼
电　　话：020－87117188
手　　机：13829708384
传　　真：02087117249
E - mail：68300710@qq.com

29 流域水循环系统模型（HEQM）

持有单位

中国科学院地理科学与资源研究所

技术简介

1. 技术来源

自主研发。

2. 技术原理

该技术针对流域模型缺乏考虑水循环及其伴随过程相互作用、营养源循环过程以及人类活动影响过程描述不够等问题，以水-营养物循环为联系水循环相关过程的纽带，耦合生物地球化学模型对植被生理生态、土壤水和营养源垂向运移过程的精细刻画，水文模型对流域降水-径流关系和坡面-水系运移过程的数学描述，采用模块式开发思路，构建了流域水循环系统模型（HEQM），包括水文循环模块、土壤生物地球化学模块、作物生长模块、土壤侵蚀模块、物质运移模块、水体水质模块、闸坝调度模块和参数分析工具。

3. 技术特点

（1）提出了适于中国闸坝调度规则的水量水质调控方法，具有一定的普适性，解决了缺资料地区水量水质调控模拟问题。

（2）构建了精细刻画水-营养源在植被-土壤间运移的生物地球化学模型，包括 7 种有机氮库、3 种无机氮库、6 种磷库和碳库间的相互作用过程，以及作物耕种、灌溉、施肥、收割等管理方式的影响。

（3）提出了水循环多过程多要素的均衡率定方法，显著提高了水质模拟精度，解决了流域水量水质耦合模拟精度低、参数率定慢的问题。该技术为流域洪水及水质预警预报、水土流失和面源污染核算、城市雨洪模拟、水库防汛调度和水质管理等提供了技术支撑。

技术指标

HEQM 具有水文循环、土壤生物地球化学、作物生长、土壤侵蚀、物质运移、水体水质、闸坝调度模拟以及参数分析等功能。

已用于全国不同气候和土地利用条件下 214 个流域 1960—2015 年日径流和泥沙模拟，流域面积为 $1.70 \times 10^2 \sim 1.70 \times 10^6 \, km^2$，涉及 4997 个子流域和 26673 个最小计算单元。共有 70% 以上站点的日径流和泥沙模拟效果符合水量水质模拟精度要求，即：76% 的站点日径流模拟的偏差系数在 ±25% 以内，相关系数在 0.75 以上，效率系数在 0.50 以上；其中 58% 以上站点的模拟精度很好（即：偏差系数在 ±15% 以内，相关系数在 0.80 以上，效率系数在 0.60 以上）。72.5% 的站点日泥沙模拟的偏差系数在 ±50% 以内，相关系数在 0.60 以上；其中 34% 以上站点的模拟精度很好（即偏差系数在 ±30% 以内，相关系数在 0.80 以上）。

技术持有单位介绍

中国科学院地理科学与资源研究所于 1999 年 9 月经中国科学院批准，以解决关系国家全局和制约长远发展的资源环境领域的重大公益性科技问题为着力点，以持续提升研究所自主创新能力和可持续发展能力为主线，建设成为服务、引领和支撑我国区域可持续发展的资源环境研究战略科技力量；是专门从事陆地表层过程、区域可持续发展、资源环境安全、生态系统及地理信息系统等核心科学与技术研究的综合性机构。研究所共有五大科技平台，囊括了自然界水、土、

气、生等核心过程和要素的野外观测、室内实验和测试、数据共享以及模型仿真等，拥有国内一流的软、硬件资源，包括高性能集群服务器系统、大型数据存储系统、大型软件系统。

应用范围及前景

在水利、环保、城建、农业等行业应用广泛，可用于流域洪水及水质预警预报、水土流失和面源污染核算、城市雨洪模拟、水库防汛调度和水质管理、水资源评价、环境保护、农业生产等，提高了我国流域径流、泥沙、氮磷等营养物质、作物产量模拟的可靠性和效率。该技术实现了闸坝调度规则与流域水量水质过程的耦合、流域水循环多过程多要素系统模拟、水循环多过程多要素的均衡自动优化等。

作为现代流域水循环系统模型的代表，该技术用于全国重点流域水质预报预警系统建设和面源污染核算等，已在广东、云南、湖南、北京等地以及水利、环境主管部门进行了水资源和水环境质量预测预警规模化应用。

典型应用案例：

全国入河系数算法研究及水文产品数据库建设、2016 年全国年入河系数算法研究及数据库建设、2017 年全国年入河系数算法研究及数据库建设、北京市基于遥感技术的海绵城市建设生态效益参数识别与水质水量耦合模拟、重点流域（白洋淀流域和官厅水库流域）水质预报预警系统等项目。

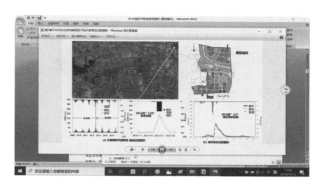

■基于 HEQM 北京市典型区不同尺度雨洪过程模拟

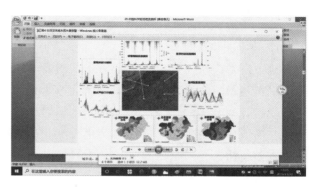

■白洋淀流域水质水量预警

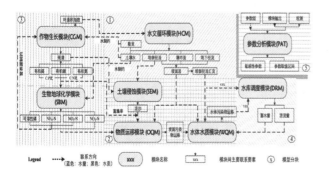

■HEQM 模型框架与模块关系

技术名称：流域水循环系统模型（HEQM）
持有单位：中国科学院地理科学与资源研究所
联 系 人：张永勇
地　　址：北京市朝阳区大屯路甲 11 号
电　　话：010 - 64889011
手　　机：13693055939
传　　真：010 - 64889011
E - mail：zhangyy003@igsnrr.ac.cn

30　基于下垫面条件的旱情综合监测评估技术

持有单位

中国水利水电科学研究院

技术简介

1. 技术来源

自主研发。研究成果可为干旱形成过程、干旱致灾机理、旱情快速反馈及干旱监测预警提供科学依据，在定性干旱程度、定量干旱影响范围、基于下垫面变化性特征的多类别干旱识别方面具有创新性。

2. 技术原理

以"监测—分析—预警—应用"为主线，依托自主研发的多源数据融合技术、基于网格的分布式旱情评估技术、多指标旱情综合评估技术，进行实时旱情监测、分析及研判，提供旱情综合监测评估"一张图"。

3. 技术特点

（1）融合多源数据。利用气象、水文、农业、遥感等多源数据，集成土地利用、土壤类型、作物分布、作物生育期、灌溉情况等下垫面信息，进行综合旱情评估。

（2）面向不同对象。构建了面向不同区域、不同对象（农、林、草、生态）、不同时期（季节、生育阶段）、不同耕作管理（灌溉、非灌溉）的旱情监测评估模型。

（3）构建完整技术体系。构建了一套规范化旱情综合监测评估技术体系，实现数据融合、分析评估、应用展示的全过程。

（4）产品类型丰富。提供旱情综合监测评估"一张图"，以及气象、水文、农业、遥感等多类别、多指标干旱监测产品。

技术指标

（1）从 4 大类 50 余个指标中遴选出针对百余种不同下垫面条件的干旱指标集，并逐一构建旱情评估规则，实现灌溉农业、非灌溉农业、林地、草地、生态湿地等的旱情综合评估。

（2）实现高时（逐日）空（1km 网格）分辨率的旱情评估。

（3）提供多类别（气象、水文、农业、综合）、多指标（多达 50 余个）、多种形式（分布图、对比图、面积统计等）的旱情评估产品。

技术持有单位介绍

中国水利水电科学研究院隶属中华人民共和国水利部，是从事水利水电科学研究的公益性研究机构。历经几十年的发展，已建设成为人才优势明显、学科门类齐全的国家级综合性水利水电科学研究和技术开发中心。全院在职职工 1370 人，其中包括院士 6 人、硕士以上学历 919 人（博士 523 人）、副高级以上职称 846 人（教授级高工 350 人），是科技部"创新人才培养示范基地"。现有 13 个非营利研究所、4 个科技企业、1 个综合事业和 1 个后勤企业，拥有 4 个国家级研究中心、9 个部级研究中心，1 个国家重点实验室、2 个部级重点实验室。多年来，该院主持承担了一大批国家级重大科技攻关项目和省部级重点科研项目，承担了国内几乎所有重大水利水电工程关键技术问题的研究任务，还在国内外开展了一系列的工程技术咨询、评估和技术服务等科研工作。截至 2018 年底，该院共获得省部级以上科技进步奖励 798 项，其中国家级奖励 103 项，主编或参编国家和行业标准 409 项。

应用范围及前景

适用于干旱监测、干旱预警、旱情研判、抗旱决策等多个领域应用。该技术已应用于全国旱情监测预警综合平台建设实施方案编制、部分地区旱情监测预警综合平台开发等项目。已推广应用该技术的单位包括：湖北省水利厅、河南省水利厅、安徽省水利厅、陕西省水利厅、耒阳市防汛抗旱指挥部办公室、安仁县水利局、洞口县水利局、湘潭县水务局及攸县水利局等。

典型应用案例：

湖南省抗旱管理业务系统建设、河南省旱情监测预警系统建设、陕西省旱情监测预警综合平台建设、安徽省旱情监测预警综合平台建设等项目。

■全国干旱预测预警综合平台

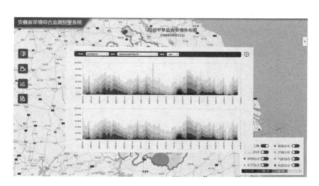

■安徽省旱情综合监测预警系统

技术名称：	基于下垫面条件的旱情综合监测评估技术
持有单位：	中国水利水电科学研究院
联 系 人：	苏志诚
地　　址：	北京市海淀区复兴路甲 1 号
电　　话：	010 - 68781847
手　　机：	18911790396
传　　真：	010 - 68536927
E - mail：	suzhc@iwhr.com

31 基于人与洪水共享城市空间的城市洪涝防治规划设计技术

持有单位

中国水利水电科学研究院

技术简介

1. 技术来源

基于该技术完成的《吕梁市新城两山防洪工程可行性研究》项目已获得 2014 年度北京市优秀工程咨询成果一等奖；基于该技术完成的《城市洪涝形成机理与防治关键技术研究及示范》成果已获得 2015 年度大禹水利科学技术奖二等奖。

2. 技术原理

现代城市建设对防洪排涝标准提出了更高要求，但是高标准的城市防洪排涝设施不仅前期投资大，而且挤占宝贵的城市空间，其主要是针对小概率极端洪水事件，利用概率往往很低。该技术基于风险管理理论和人与洪水共享城市空间的新理念，提出了具有缓洪滞涝功能的海绵型社区设计、综合考虑交通通达和防洪需求的三维道路设计、考虑地下空间多重功能利用的行洪通道设计等城市规划设计技术，有效解决了现有城市防洪工程规划技术与城市发展规划相互脱节的问题，实现了城市防洪排涝设施的防洪功能与经济社会功能的有机结合。

3. 技术特点

该技术能够应用于城市防洪治涝工程规划设计、城市排水系统设计、城市防汛应急管理等领域。初步应用结果表明，该技术在我国大中城市具有较好的适用性。

技术指标

（1）该技术中的城市洪涝仿真模拟模型，目前已在哈尔滨、佳木斯、齐齐哈尔、沈阳、北京、天津、济南、上海、嘉兴、福州、广州、佛山、深圳等国内数十个城市得到应用，经过北京 20040710、济南 20070718、上海 20080825、麦莎台风（2005 年）、派比安台风（2001 年）、菲特台风（2013 年）、嘉兴（1999 年和 2007 年暴雨）、佛山 20120427 等暴雨、台风实测积水数据的检验，模拟的积水范围精度大于 80%，80% 以上的积水点水深误差在 10cm 以内。

（2）该技术中的城市洪涝预警预报系统对积水的有效预见期可以达到 3h，可以和 6min 一次的 1km×1km 雷达定量降雨预报数据实时对接，实现快速滚动计算。

（3）该技术已经在吕梁市新城区得到具体应用，增加了城市空间利用面积约 1.54 万 m²。

技术持有单位介绍

中国水利水电科学研究院隶属中华人民共和国水利部，是从事水利水电科学研究的公益性研究机构、国家级综合性水利水电科学研究和技术开发中心。截至 2018 年底，全院在职职工 1370 人，其中包括院士 6 人、硕士以上学历 919 人（博士 523 人）、副高级以上职称 846 人（教授级高工 350 人），是科技部"创新人才培养示范基地"。现有 13 个非营利研究所、4 个科技企业、1 个综合事业和 1 个后勤企业，拥有 4 个国家级研究中心、9 个部级研究中心，1 个国家重点实验室、2 个部级重点实验室。研究领域涵盖 18 个学科、93 个专业方向。截至 2018 年底，全院共获得省部级以上科技进步奖励 798 项，其中国家级奖励 103 项；主编或参编国家和行业标准 409 项。

应用范围及前景

适用于城市洪涝防治规划设计。该技术将城市洪涝防治工程设计与工程日常应用有机结合，兼顾了城市防洪、排涝安全、市政竖向规划的要求，包括具有缓洪滞涝功能的海绵型社区设计、综合考虑交通通达和防洪需求的三维道路设计、考虑地下空间多功能利用的行洪通道设计等技术，目前已在水利部水利水电规划设计总院、山西省水利厅、吕梁市、延安市、庆阳市等部门和城市的中小河流综合规划、城市防洪治涝工程规划设计、城市总体规划中的竖向规划等进行了推广应用。

典型应用案例：

针对吕梁市黄土高原丘陵沟壑区城市地形坡度陡、支沟纵坡降大、城市防洪排涝的竖向高程受控于河道水面线标高的特点，采用非均匀流模型计算河道水面线和岸线高程，并基于计算结果优化城市路网、桥梁、用地、排水工程设计，同时兼顾了城市防洪、排涝安全和市政竖向规划的要求。为了应对短历时、高强度的降雨而产生的洪水，在新城西侧边山设置了截洪沟，采用分散式布置保护设施的迎水侧，以便收集雨水，就近将洪水导入边山支沟中。经统计，截洪沟共分为14段，总长度为16.32km。

■海绵型社区构建示意图

■海绵道路设计示意图

■吕梁新城西侧边山截洪沟布设示意图

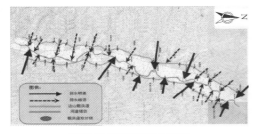

■防洪排涝暗涵示意图

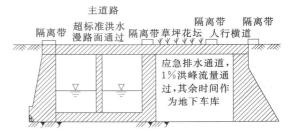

■多功能暗涵示意图

技术名称：基于人与洪水共享城市空间的城市洪涝防治规划设计技术

持有单位：中国水利水电科学研究院

联 系 人：吕烨

地 址：北京市海淀区复兴路甲1号

电 话：010-68781072

手 机：13811913118

传 真：010-68456006

E-mail：lvye@iwhr.com

32　区域降雨过程人工模拟技术

持有单位

中国水利水电科学研究院

水利部发展研究中心

技术简介

1. 技术来源

自主研发。获得国家发明专利 1 项："一种区域降雨过程的模拟系统和方法"；获得软件著作权 2 项："区域水文过程数值模拟系统软件 V1.0""区域人工降雨过程自动生成系统软件 V1.0"。

2. 技术原理

该技术由 4 个技术步骤组成：①根据要求在区域气候模型数据库中选择研究区域的气候模型，或者在站点资料数据库中查找所述研究区域的站点气候资料；②根据研究区域的气候模型和站点的降雨资料，构建过去或未来某一时段的降雨过程模型，或者构建正在进行的降雨过程模型；③将准确模拟降雨过程初步方案中所述研究区域的真实尺度转换为物理模型的模拟区域尺度；④降雨控制子系统根据物理模型模拟区域尺度的模拟降雨过程准确控制喷洒单元进行作业。

3. 技术特点

（1）可以根据要求在区域气候模型数据库中选择适合研究区域的气候模型，在气候数据库的驱动下，也可以依托雨量站、水文站、气象站等自然环境观测站点的数据，实现对过去、现在以及未来的降雨过程的模拟。

（2）降雨过程可以由手动控制、计算机监控状态下的手动操作和计算机自动控制 3 种方式，以满足不同的控制需要。能够实现每个喷洒单元所覆盖的实验模型的小区中的降雨过程曲线实时动态绘制与现实及降雨历史数据的实时动态显

示，并能实现历史数据的存储与下载。中央控制中心可以实时动态显示降雨模拟过程，并能实现历史数据的存储与下载，自动动态测量并记录降雨过程的雨滴谱和雨能。

技术指标

（1）区域降雨过程人工模拟技术是在总结多处现有大型模拟降雨系统的基础上，考虑自然降雨时空分布不均一等特点，通过集成水文气象数据库、降雨过程生成系统、降雨过程控制系统和多个模拟降雨单元，实现对指定区域内过去、现在和未来的降雨过程的生成和模拟。

（2）可通过尺度转换，模拟和实现过去或设定情景下不同尺度的区域降雨过程。其雨强连续变化范围为 $10\sim200\,mm/h$；不同雨强间转换时间小于 $6\,min$；恒定雨强降雨均匀度大于 0.8；雨滴谱中雨滴直径变化范围为 $0.5\sim4.3\,mm$。

技术持有单位介绍

中国水利水电科学研究院中国水利水电科学研究院隶属中华人民共和国水利部，是从事水利水电科学研究的国家级社会公益性科研机构，全院在职职工 1370 人。多年来，主持承担了一大批国家级重大科技攻关项目和省部级重点科研项目，承担了国内几乎所有重大水利水电工程关键技术问题的研究任务，还在国内外开展了一系列的工程技术咨询、评估和技术服务等科研工作。全院科研事业稳步发展，研究取得了一大批原创性、突破性科研成果。截至 2018 年底，全院共获得省部级以上科技进步奖励 798 项，其中国家级奖励 103 项；主编或参编国家和行业标准 409 项。

水利部发展研究中心是水利部直属的政策研

究和决策咨询机构，中心现有在职职工 130 余人。主要职责是负责水利发展战略、政策法规经济等全局性、综合性重大问题的研究和决策咨询，组织承担水利部及水利行业各部门委托的水利软科学研究项目，面向社会开展水利软科学及工程建设等咨询服务，为水利改革与发展提供对策支撑。中心结合水利改革和发展的实际，全方位地开展了 1000 余项课题研究，研究领域涉及水利发展战略、水利建设与管理体制、水利立法前期、水资源管理与保护、水利投融资、水权水价水市场等方面，成果得到部领导和有关方面的充分肯定，有些领域形成了研究优势。

■系统泵房

应用范围及前景

适用于大中小区域的人工降雨模拟过程，可广泛应用于水文水资源、水土保持、农田水利、防害减灾、城市水务、航空航天、铁路运输设计等多学科的基础科学研究、工程应用模拟、创新发明与技术的检测调试等多种工作中。

目前技术已经在中国水利水电科学研究院水资源与水土保持工程技术综合试验大厅、中科院水利部水土保持研究所等机构应用。采用该技术，可以精准控制设定区域的降雨时空变化过程，实现对过去、现在和未来设定区域气象条件下降雨过程的准确模拟，对流域产汇流过程、雨水侵蚀与坡面产沙过程、极端气候灾害研究、海绵城市优化等诸多领域的试验探究及工程应用提供有力的技术支撑，共计支撑包括"973"、国家重点研发计划、省部级科研等项目 20 余项。

■分布式降雨区

■分布式降雨实验（局部）

■分布式降雨实验（全部）

■控制台操控降雨系统

技术名称：区域降雨过程人工模拟技术
持有单位：中国水利水电科学研究院
　　　　　水利部发展研究中心
联 系 人：龚家国
地　　址：北京市海淀区复兴路甲 1 号
电　　话：010 - 68781939
手　　机：15811068163
传　　真：010 - 68483367
E - mail：gongjg@iwhr.com

45

33 ZFB 系列泵注式施肥装置

持有单位

中国农业大学

技术简介

1. 技术来源

自主研发。

2. 技术原理

ZFB 系列泵注式施肥装置的核心部件是柱塞泵，其技术原理是借助柱塞在缸体内的往复运动使工作腔容积产生周期性变化来实现液体的抽送。共有 6 种产品规格，包括 ZFB－150、ZFB－300、ZFB－500、ZFB－150×2、ZFB－300×2、ZFB－500×2。

3. 技术特点

（1）运行平稳，能耗低，噪声小，操作简便。

（2）工作效率高，水头损失极低，不会造成灌溉管道产生水头损失。

（3）流量稳定，受灌溉管道压力波动的影响很小。流量调节方便，可通过改变柱塞行程和电源频率实现流量的调节。

（4）工作压力大，注入灌溉管道最大工作压力可达 1MPa，可广泛应用于微灌和喷灌工程，尤其适合于圆形喷灌机、平移式喷灌机、卷盘式喷灌机等行喷式机组进行灌溉施肥。

（5）流量工作范围广，每种规格的施肥装置均可通过改变柱塞行程实现 10％～100％流量调节，因此 6 种不同规格施肥装置的覆盖流量范围 10～1000L/h，能够满足不同灌溉方式、不同地块地形、不同作物类型的施肥需求。

技术指标

泵注式施肥装置三种规格 ZFB－150×2、ZFB－300×2、ZFB－500×2 通过国家农机具质量监督检验中心检验：

（1）在行程 100％情况下，ZFB－150×2 额定流量为 300L/h，最大工作压力 1MPa，当出口压力 0 时，实测流量为 309L/h，泵行程在 10％～100％范围内可调，流量误差低于 1％。

（2）在行程 100％情况下，ZFB－300×2 额定流量为 600L/h，最大工作压力 1MPa，当出口压力 0 时，实测流量为 623L/h，泵行程在 10％～100％范围内可调，流量误差低于 1％。

（3）在行程 100％情况下，ZFB－500×2 额定流量为 1000L/h，最大工作压力 1MPa，当出口压力 0 时，实测流量为 1063L/h，泵行程在 10％～100％范围内可调，流量误差低于 1％。

（4）根据国家农机具质量监督检验中心的检验结果，ZFB－150、ZFB－300、ZFB－500 三种规格的泵注式施肥装置的工作流量分别是 ZFB－150×2、ZFB－300×2 和 ZFB－500×2 的一半，其余指标相同。

技术持有单位介绍

中国农业大学起源于 1905 年成立的京师大学堂农科大学，是首批国家"211 工程""985 工程"、一流大学建设（A 类）高水平研究高校。水利与土木工程学院建有作物高效用水理论与技术、节水灌溉技术与产品、农业水资源与水环境、水动力学与水力机械、动物健康养殖环境工程、设施园艺环境工程等特色鲜明、优势互补的研究方向。近年来学院承担国家级重点课题 200 余项。主（参）编学术著作和教材 62 部，发表学术论文 1700 余篇，其中 SCI、EI 收录 1000 余篇。获 ICID 国际节水技术奖 1 项，国家科技进步一等奖 1 项、二等奖 6 项，国家自然科学二等奖 1 项，国家教学成果二等奖 2 项，中国学位与

研究生教育学会研究生教育成果特等奖 1 项，共50 多项。

应用范围及前景

ZFB 系列泵注式施肥装置适用于精准农业水肥一体化技术应用，适用于粮食作物、经济作物、蔬菜、果树的微灌、喷灌水肥一体化作业，施肥精准均匀。6 种规格施肥装置可以满足不同灌溉方式、不同地块地形、不同作物类型的施肥流量需求。

泵注式施肥装置分别在中国农业大学涿州教学科研基地、中国农业大学通州实验站、北京市顺义区赵全营镇万亩方示范基地、京蓝科技智慧农业精准扶贫示范工程、北京"两田一园"高效节水工程、黑龙江省齐齐哈尔市克山县 707 部队马铃薯生产基地等得到了成功应用，销售数量超过 200 台（套），应用效果良好。

■ 圆形喷灌机的成套施肥装置

■ 卷盘式喷灌机的成套施肥装置

■ 柱塞泵

■ 成套施肥装置

■ 圆形喷灌机的成套施肥装置

■ 滴灌系统的成套施肥装置

技术名称：ZFB 系列泵注式施肥装置
持有单位：中国农业大学
联 系 人：严海军
地　　址：北京市海淀区清华东路 17 号
电　　话：010 - 62737196
手　　机：13651365864
传　　真：010 - 62737796
E - mail：yanhj@cau.edu.cn

34 新型远射程测控一体化喷灌机（QP125－500Y）

持有单位

中国灌溉排水发展中心

江苏华源节水股份有限公司

技术简介

1. 技术来源

联合开发研制的适合渠道、机井、池塘等供水的灌溉设备，已通过水利部新产品鉴定。

2. 技术原理

通过自带的供水机构高压给水泵从渠道、河道或水库内直接取水，进而向卷管供水，并由远射喷头喷洒，实现对作业地块的灌溉。喷水行车带动喷头在田间道路或耕作道路上由远及近行走，实现对道路两侧的农田进行喷灌。当喷洒半径和卷管长度达到一定范围时，不仅能够有效取代田间渠道，而且灌溉效率也会大幅度提高。液压驱动机构驱动卷盘转动时，能够使平铺于农田的卷管收回，进而拉动喷水行车向卷盘的方向行走，实现边行走边将灌溉水喷洒在作业地块的所有耕作区。设备自带的水量测量流量计，精确记录灌溉喷洒水量。

3. 技术特点

（1）研制新型远射程测控一体化喷灌机集成了水泵、动力机、大流量远射程喷枪等，可以直接从渠道中取水，能够替代灌区末级渠系，从而节约耕作，提高灌水效率。

（2）研制出基于智能控制的喷头车行走速度调节装置，提高了喷洒均匀性；优化了喷射仰角、喷头主喷管长度及导流片结构，研制出远射程喷头，增大了喷头射程。

（3）集成了多种规格喷嘴、喷射仰角及液压驱动系统，形成了多系列优化模式，提高了装置效率，拓宽了使用范围。

技术指标

经国家灌排及节水设备产品质量监督检测中心检测，设备符合标准 GB/T 19797—2012。

（1）PE 管直径 125mm；PE 管长度 500m；最大喷洒长度 550m。

（2）工作压力：喷灌机入机压力覆盖范围 0.72～1.25MPa。

（3）喷嘴直径：喷灌机的喷嘴直径范围在 28～36mm。

（4）喷头工作压力：喷灌机在入机压力为 0.72～1.25MPa 下运行时，喷头的实际工作压力在 0.5～0.8MPa 范围内。

（5）喷头流量：68.4～130.3m³/h；有效喷洒幅宽：95～124m。

（6）控制行走速度：10～80m/h；一次灌溉面积：5.2～6.8hm²；一小时灌溉面积：0.095～0.992hm²。

技术持有单位介绍

中国灌溉排水发展中心（水利部农村饮水安全中心）为水利部直属事业单位，成立于1985年7月，现拥有 8 个处室，4 个临时工作机构，4 个所属单位及 1 个节水灌溉示范基地。主要职责是承担农村水利有关规划、重大问题研究、技术规范编制以及重点项目的管理服务工作，负责灌溉排水、农村饮水技术开发、推广、培训、工程项目咨询评估，为全国灌溉排水、农村饮水、农业综合开发水利建设、农业水价综合改革等提供技术支撑和服务。近年来，中心组织研发了以地埋式喷滴灌设备为代表的并获得水利部新产品鉴定的新产品 18 项，取得专利 50 项，解决了高效

节水灌溉发展中的重大关键技术问题，取得了显著的社会效益和经济效益。

江苏华源节水股份有限公司创建于 2007 年，总部位于徐州，占地面积 10.3 万 m²，旗下拥有 4 家子公司，是集研发、生产、销售、服务于一体的节水灌溉设备集成生产商，智慧灌溉综合服务商。公司主要生产新型远射程测控一体化喷灌机、JP 系列卷盘式喷灌机、CP 型移管喷灌机、微喷、滴灌系列、潜水泵系列、聚乙烯（PE）管材等。广泛应用于农林灌溉、城市园林、工业、建筑业、给排水系统、喷泉及大中小型泵站建设等各个领域。

应用范围及前景

主要适用于灌区大面积灌溉作业，可满足小麦、玉米、牧草等作物的喷灌用水需求，同时也可以满足料场降尘、环保降温等场所应用需要。

研制出新型远射程测控一体化喷灌机，集流量测量、自动化控制于一体，具有喷洒射程大、机械化程度高、操作灵活简便等特点，通过斗渠对其进行直接供水，实现渠道供水，从而灌区渠系无需建设或保留临时灌水渠道，不仅节约了耕地，而且也有利于农田机械化作业。

典型应用案例：

五常市 2016 年第二批整合资金"节水增粮行动"项目、安达市 2015 年田间工程第二批建设项目、五常市 2018 年度高效节灌溉项目、安达市 2018 年度高效节水灌溉项目喷灌设备、黑龙江省依兰县"节水增粮行动"等项目等得到了成功应用，销售数量超过 100 余台，应用效果良好。

■长春市喷灌机发放仪式

■新型远射程测控一体化喷灌机现场演示

■新型远射程测控一体化喷灌机新产品发布会现场

■黑龙江省新型远射程测控一体化喷灌机喷洒效果

技术名称：新型远射程测控一体化喷灌机（QP125 - 500Y）

持有单位：中国灌溉排水发展中心
江苏华源节水股份有限公司

联 系 人：邱志鹏

地　　　址：江苏省徐州市铜山新区银山路 7 号

电　　　话：0516 - 85150566

手　　　机：13815300666

传　　　真：0516 - 85150599

E - mail：492292988@qq.com

36 岩土膨胀力自动化检测关键技术

持有单位

黄河勘测规划设计研究院有限公司

技术简介

1. 技术来源

自主研发。膨胀岩土因特殊性质每年带来数以亿计的经济损失，而备受国内外岩土工程界的关注。膨胀力是膨胀岩土重要的力学特性指标之一，对膨胀岩（土）地基及膨胀岩（土）地区的工程的设计、施工都有重要指导意义。

2. 技术原理

国际岩石力学学会及国家标准中对膨胀力指标的建议测试方法为平衡加压法，即在一定直径的金属环内，放置与内径接近的试样，试样通过透水板可以透水，通过加压装置进行预压，改变压力大小使整个试验过程轴向变形保持不变，测得的稳定压力即为膨胀力。结合行业规程要求，自动化岩土膨胀力测试关键技术的设计基于三个原理，即恒体积结构、高精度检测和自动化技术。

该技术采用高精度 S 形压力传感器检测膨胀力，由位移检测器配合微型电机保持刚性框架系统的恒体积结构，通过 PLC 控制开展全自动智能化测试，可拓展多通道技术实现多组试验同步开展，实现膨胀力自动化检测。

3. 技术特点

通过工程应用表明，该技术解决了膨胀力测试大量耗费人力成本的问题，自动化系统检测结果平行度好，基本不受测试人员的影响，可记录土样膨胀发展的全过程，能够高效、精准地反映岩土膨胀力特性发展过程，为膨胀岩土地区的工程勘察和设计提供基础试验数据支撑。

技术指标

依据 JJG 475—2008《电子式万能试验机》的要求，经过授权部门对本技术的指标进行检定，多通道岩土膨胀力自动化测试系统的等级为 1.0 级。其具体指标为：① 测试量程为 2kN；② 测量分度值为 1N；③ 力输出灵敏度为 2.000mV/V。

通过系统运行测试，额定功率为 750W，工作电压为 220V/50Hz，数据采集间隔，最快可调 0.1s，采集软件通道数最大 64 通道，技术指标满足 SL 264—2001《水利水电工程岩石试验规程》和 SL 237—1999《土工试验规程》对岩土膨胀力试验设备性能的要求。

技术持有单位介绍

黄河勘测规划设计研究院有限公司是集流域和区域规划、工程勘察、设计、科研、咨询、监理、项目管理、工程总承包及投资运营业务于一体的综合性勘察设计企业，有国家工程勘察设计综合甲级等十余项高等级资质证书，是国家高新技术企业，国家级企业技术中心。先后完成了以黄河流域综合规划为代表的上百项黄河干支流治理开发的综合规划和专项规划，承担了一大批具有国内外影响力的大型工程勘察设计。黄河设计院拥有一支高素质的人才队伍，在泥沙设计及工程应用、水沙调控技术、水资源综合利用、水库群联合调度、高坝大库勘察设计、高边坡加固及处理、金属结构与启闭机设计、复杂岩土地基处理、堤防隐患探测、水利信息化等领域具有行业领先的技术优势。

应用范围及前景

可用于水利水电工程、交通工程和建筑工程

等岩土膨胀力的试验研究，多通道技术可同时完成大批量生产任务。

我国膨胀岩土分布比较广泛，遍布西南地区、华东地区，以及华北地区、东北三省、西北地区的一部分领域，涉及全国 20 多个省（自治区、直辖市）。近年来，由膨胀岩土引起的岩土工程问题日益严重，引起国内外岩土工程界的关注。其中，膨胀力是膨胀岩土重要的力学特性指标之一，对膨胀岩土地基及膨胀岩土地区的工程的设计、施工都有重要指导意义。

典型应用案例：

该技术在南水北调中线工程膨润土段、郑州至西峡高速公路工程、凉山州大桥水库引调水工程和黄河古贤水利枢纽工程等项目中开展了膨胀力的试验研究与应用。

质量检测机构、科研院所在开展岩土膨胀力测试时，均可以采用和借鉴该研制的自动化岩土膨胀力检测系统，该技术具有较大的推广价值。

■岩土膨胀力自动化检测系统主机

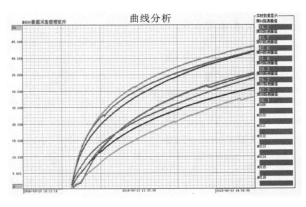

■岩土膨胀力自动化检测系统采集曲线

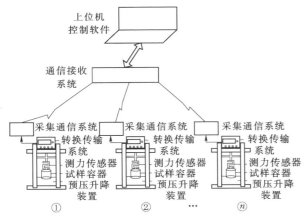

■岩土膨胀力自动化检测系统框图

■南水北调中线工程

■岩土膨胀力自动化检测系统

技术名称：岩土膨胀力自动化检测关键技术
持有单位：黄河勘测规划设计研究院有限公司
联 系 人：习晓红
地　　址：河南省郑州市金水路 109 号
电　　话：0371－66021574
手　　机：13783516306
传　　真：0371－66021598
E － mail：278284505@qq.com

39 基于管网路网河网耦合的城市内涝综合防治技术

持有单位

上海市水利工程设计研究院有限公司

技术简介

1. 技术来源

自主研发。

2. 技术原理

城市内涝已成为影响大型城市安全运行的重要灾害之一。该管网路网河网三网耦合的城市内涝综合防治技术，是以源头到末端的全过程、小水和大水互为连通的全水域系统治理内涝理念为基础，将城市雨水排水系统（以雨水管网为代表）、地面调蓄系统（以路网为代表）和区域行洪除涝系统（以河网为代表）三网动态耦合模拟，进行城市内涝防治的规划设计、运行管理和预警预报的综合防灾减灾技术。

3. 技术特点

（1）使用该技术进行城市内涝模拟时，二维地面路网模型中的水可以通过雨水口进入一维雨水排水管网模型，并通过管网模型的泵或排水口进入一维区域河网；当雨水管网和区域河网超出负荷时，水会从雨水口或河岸低洼处涌至地面。即水可以在三个模型中实现交互流动，同时自动模拟分析管道溢流、地表漫流和退水、洼地积水等现象，从而最大化覆盖整个雨水径流和排放的物理过程，具有精度高和可靠性的特点。

（2）结合城市内涝防治系统的范围，实现了对整个雨水收集、传输、调蓄、行泄、管理系统的全覆盖；突破了传统雨水排水系统和区域行洪除涝系统相互独立计算的限制；可广泛应用于雄安地区城市内涝防治系统的规划、设计、运行管理和应对突发灾害等方面，具有覆盖面全、精确度高、适用范围广等特点。

技术指标

案例验证了基于管网路网河网耦合的城市内涝综合防治技术是先进实用的。

"绍兴市柯桥区城市排水（雨水）防涝综合规划"案例中，运用基于管网路网河网耦合的城市内涝综合防治技术，搭建了柯桥地区城市内涝模型，该模型经过 2012 年"海葵"台风和 2013 年"菲特"台风期间河道水位站点和道路积水点率定验证，具有很高的精准度。

"上海化学工业区排水（雨水）防涝系统排水能力复核与评估"案例中，提出的雨水系统提标改造方案，避免了化工区雨水系统全面拆除重建，仅需改造现状 63km 雨水管线中的 5.5km，即可实现化工区雨水系统的整体提标，大大减少了工程投资，受到了业主的全面肯定。

"上海中心城区易涝点内涝防治技术研究"科技项目中，研究提出了重要城市中心城区地下空间内涝防治标准。

技术持有单位介绍

上海市水利工程设计研究院有限公司隶属于华东建筑集团股份有限公司，是集"水利、供水、排水"三位一体，覆盖水务全领域的甲级设计院，拥有甲级水利行业设计、市政公用行业设计、工程总承包等资质，连续两次被认定为"上海市高新技术企业"。该公司在城市防洪、滩涂整治、灌溉排涝及引调水、河道及水环境整治、供排水等领域形成了鲜明的专业特色和技术优势，完成苏州河吴淞路闸桥工程、太湖流域防洪控制工程、苏州河环境综合治理工程等 800 余项重大工程。近十年来获得国家、市部级各类科技进步奖、勘察

设计奖、咨询奖等奖项 100 余项；获"全国文明单位""全国水利行业文明单位""全国水利系统优秀企业"等市部级以上综合荣誉 30 多项。

应用范围及前景

可广泛应用于城市内涝防治系统的规划、设计、运行管理和应对突发灾害等方面，既可以运用于建设期间整个地区城市内涝防治系统的规划设计以及现有内涝防治系统的提标改造，又可以在建成后结合城市气象系统，实现暴雨前城市内涝的预警预报以及城市内涝防治系统的管理养护。技术已成功应用于"上海市中心城区应对内涝技术研究与工程示范""城市雨水排涝模型与区域水系河网模型耦合关键技术及应用"等上海市科委相关课题以及绍兴市柯桥区、上海化工区等地区的雨水排水系统规划或提标项目，在不同区域城市内涝防治系统规划设计、现有城市内涝防治系统提标改造和超大型城市地下空间防灾减灾等方面发挥了重要作用。

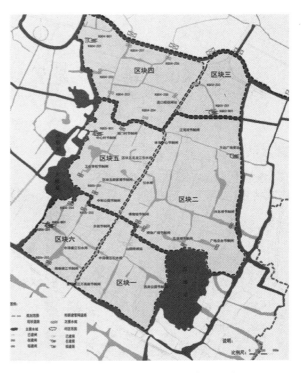

■推荐的柯桥区中心城区分区建圩排水格局

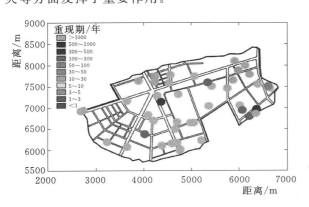

■上海五角场区域民防站点内涝风险图

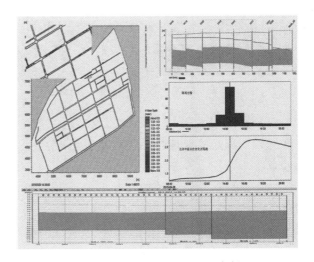

■上海市化学工业区的运用案例

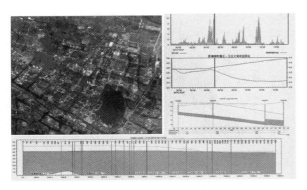

■绍兴市柯桥区管网路网河网耦合模型

技术名称：基于管网路网河网耦合的城市内涝综合防治技术
持有单位：上海市水利工程设计研究院有限公司
联 系 人：赵庚润
地　　址：上海市普陀区华池路 58 弄 3 号楼
电　　话：021 - 32553182
手　　机：13795436101
传　　真：021 - 32558100
E - mail：zhaogengrun@163.com

40 新型尼龙管线超长距吹砂施工技术

持有单位

上海市水利工程集团有限公司

技术简介

1. 技术来源

自主研发。为解决施工区域沿线滩地较高或者受风浪、潮水等自然条件影响运输船舶无法运砂至现场的难题。

2. 技术原理

新型尼龙管线超长距吹砂施工工艺利用高压水枪使原本为固态的砂土变为流态的泥浆（造浆过程），再利用泥浆泵（大型泰安泵）叶轮吸入到泵壳中，经多台接力泵的共同施工，将泥浆输送到施工现场进行灌袋施工。

3. 技术特点

（1）新型尼龙管具有很好的地形适应能力，管线铺设、拆除的速度快，能机动灵活改变现场供砂点。

（2）新型尼龙管线的铺设和拆除速度是等直径高密管线的 2 倍以上。

（3）采用多次接力施工，输砂距离可根据现场实际需要随意增减，覆盖的面积大。

（4）管线布置在围区内侧，避免了潮汛的影响，降低了输砂管线被风浪破坏的风险，提高施工生产的安全性。

（5）新型尼龙管相比于高密管体积小，重量轻，便于运输、安装、更换，降低生产成本，有更高的施工效率。

（6）新型尼龙管质地紧密，强度大，耐久性强，承压性高，管线内压力稳定，吹砂效果好，效率高。

技术指标

上海市水利工程集团有限公司完成的"新型尼龙管线超长距吹砂施工技术"，已通过水利部科技推广中心的成果评价。

该技术针对施工区域沿线滩地地形起伏多变，及受风浪、潮水等影响，运输船舶无法抵达现场，无法采用成熟的"吸运吹"施工工艺的难题，利用大直径中 350 新型尼龙管适应复杂地形环境的特点，创新性地实施了超长距离吹砂施工工艺，节省了施工材料、降低了施工成本。

以上海崇明东滩鸟类国家级自然保护区互花米草生态控制与鸟类栖息地优化工程 2 标为例，新建顺堤、北侧堤的临时围堰吹砂量共计 996955m³，采用新型尼龙管线系统进行吹填施工，对充填砂料进行的各项检测均符合设计及规范要求。

技术持有单位介绍

上海市水利工程集团有限公司是一家主营水利工程，拥有水利水电施工总承包壹级资质，业务定位为大中型、高技术含量的水利、市政项目的大型建筑施工企业。集团公司 2010 年就已通过了质量、环境、职业健康安全管理体系"三标一体"认证。目前，集团下属 9 家子公司，14 家分公司，拥有房屋建筑总承包一级资质、市政公用工程施工总承包一级资质、监理甲级资质、设计甲级资质等数十项资质，并具备代建、检测等资格，是上海水利行业唯一具备完整产业链，满足参与全行业水利工程建设条件的高新技术企业。近年来，集团公司铸就了一大批精品工程，先后荣获中国水利工程优质（大禹）奖、中国建设工程鲁班奖（国家优质工程）及"改革开放35年百项经典暨精品工程"等众多奖项。

应用范围及前景

　　该技术适用于中、长、超长排距吹砂灌袋筑堤施工，同时距离越远，越能突出其成本低、效率高、便于管理、可反复利用、地形适用性强、各项技术经济指标优越等特点。

　　典型应用案例：

　　崇明东滩鸟类国家级自然保护区互花米草生态控制与鸟类栖息地优化工程 2 标工程、崇明岛东风西沙水库及取输水泵闸工程、崇明东滩鸟类国家级自然保护区互花米草生态控制与鸟类栖息地优化工程 4 标等工程。

■砂袋充填

■冲砂

■输砂管线节点联结

■吸砂

■长距离吹砂

技术名称：新型尼龙管线超长距吹砂施工技术
持有单位：上海市水利工程集团有限公司
联 系 人：赵敏华
地　　址：上海市松江区莘砖公路 518 号 19 幢
电　　话：13761992787
手　　机：13761992787
传　　真：021 - 54301279
E - mail：zhaominhua@shs1gc.com

41 气举法管井降水施工技术

持有单位

上海市水利工程集团有限公司

技术简介

1. 技术来源
自主研发。

2. 技术原理
主要利用空压机的压缩空气，通过进气管送至排水管内，高压气与管内水混合，在排水管内形成一种水气混合物，同时向上高速运动，带走排水管内的空气，在排水管内形成一定程度的真空，地下水在大气压力和水压力的作用下被压进排水管，与进气管内的高速气流混合向上流动，形成流速、流量极大的排水通道，将地下水排出管井。

3. 技术特点
（1）空压机降水装置制作简单、快捷，主要材料、设备易于采购。

（2）降低真空降水设备对于完全密封的高要求，对环境的适应性强。

（3）该技术增加备用气管和安全回路，在管井中水位较低或无水情况下，也可正常运行。

（4）增加1个安全回路和单向闭气阀，无爆管、烧泵等风险。

（5）运行成本低，无需专人看护，能耗低，1台空压机最多可带动6口管井。

（6）拆除方便，回收利用率高，除管井外，均可回收利用。

技术指标

上海市水利工程集团有限公司完成的"气举法管井降水施工方法"，已通过水利部科技推广中心的成果评价。

该技术针对真空管井降水施工工艺复杂、运营维护成本高的特点，利用喷射泵原理和气举机理，自主研制了新型降水装置，采用空压机进行管井降水施工，具有运行维护方便、成本低、降水效果好等优势。

该技术适用于淤泥质粉质黏土、粉土、砂土，尤其适用于渗透系数大、地下水丰富的土层、砂层和挖深大于5m的基坑降水工程。

技术持有单位介绍

上海市水利工程集团有限公司是一家主营水利工程，拥有水利水电施工总承包壹级资质，业务定位为大中型、高技术含量的水利、市政项目的大型建筑施工企业。集团公司2010年就已通过了质量、环境、职业健康安全管理体系"三标一体"认证。目前，集团下属9家子公司，14家分公司，拥有房屋建筑总承包一级资质、市政公用工程施工总承包一级资质、监理甲级资质、设计甲级资质等数十项资质，并具备代建、检测等资格，是上海水利行业唯一具备完整产业链，满足参与全行业水利工程建设条件的高新技术企业。近年来，集团公司铸就了一大批精品工程，先后荣获中国水利工程优质（大禹）奖、中国建设工程鲁班奖（国家优质工程）及"改革开放35年百项经典暨精品工程"等众多奖项。

应用范围及前景

广泛适用于以粉土、砂土为主的深基坑降水工程，尤其适用于渗透系数大、地下水丰富的土层、砂层。

典型应用案例：

上海市南汇区芦潮港水闸外移工程1标、上

海市闵行区淀东水利枢纽泵闸改扩建工程、上海市徐汇区凌云街道 S05－07 地块动迁安置房工程、上海市青浦区张马泵站等工程。

■空压机排气管分流构造

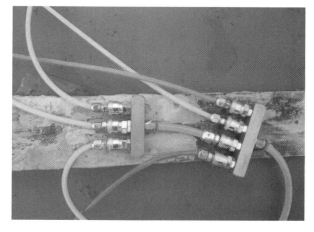

■气管分流连接

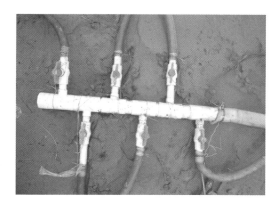

■排水管汇流连接

■降水运行实例

■井盖端部连接构造

技术名称：	气举法管井降水施工技术
持有单位：	上海市水利工程集团有限公司
联 系 人：	赵敏华
地　　址：	上海市松江区莘砖公路 518 号 19 幢
电　　话：	13761992787
手　　机：	13761992787
传　　真：	021－54301279
E－mail：	zhaominhua@shs1gc.com

42　低渗透高密实表层混凝土施工技术

持有单位

江苏省水利科学研究院

江苏省水利建设工程有限公司

南京市水利建筑工程有限公司

技术简介

1. 技术来源

自主研发，解决常规施工表层混凝土抗碳化、抗氯离子侵蚀能力不足以及表面易产生微裂缝等施工缺陷。

2. 技术原理

针对表层混凝土易形成有害孔结构、易开裂、易形成外观缺陷，外界腐蚀介质（二氧化碳和氯离子等）易向混凝土渗透扩散，该技术通过原材料优选、配合比优化设计，降低混凝土用水量和水胶比、延长混凝土带模养护时间，必要时使用透水模板布等措施，提高表层混凝土密实性，降低表层混凝土空隙率和有害孔的数量，降低二氧化碳和氯离子等腐蚀介质向混凝土内渗透扩散速率，从而提高混凝土的耐久性能。

3. 技术特点

（1）配合比采用"一优四掺一中二低"配制技术，优选混凝土组成材料，使用优质水泥，复合掺入粉煤灰和矿渣粉，掺入抗裂纤维、高性能减水剂、优化骨料颗粒级配；严重腐蚀环境掺入超细矿渣粉、硅粉等；混凝土采用低用水量、低水胶比、中等乃至大掺量复合矿物掺合料配制技术，以较低用水量、较低水化热、较低收缩性能为目标配制有较高密实度的混凝土。

（2）处于严酷环境的混凝土，在常用模板内侧粘贴透水模板布，浇筑过程中将表层混凝土的水和气泡排出，降低表层混凝土的水胶比和实际用水量，进一步提高表层混凝土的密实性。

（3）强化混凝土养护，混凝土带模养护时间宜达到 10～14d 以上。

技术指标

C30～C40 混凝土在水胶比≤0.40、用水量≤140kg/m³ 的情况下，28d 碳化深度＜10mm，56d 电通量＜1000C，84d 氯离子扩散系数＜3.5×10^{-12} m²/s，抗渗＞W12，抗冻＞F200（含气量 3%～4%）。现场实体混凝土 720d 自然碳化深度＜4mm。

C30～C40 混凝土采用透水模板布，实体表层混凝土抗压强度＞55MPa，表层强度提高 15MPa 以上，现场实体混凝土 720d 自然碳化深度平均为 0.05mm。

混凝土抗碳化能力和抗氯离子侵蚀能力能够满足 100 年的技术要求，混凝土寿命延长 50 年以上。

技术持有单位介绍

江苏省水利科学研究院成立于 1958 年，为省属公益型科研机构，在职人员 103 人。在水利规划、水利工程施工质量提升、混凝土施工技术、在役工程安全鉴定、农田水利、节水灌溉、湖泊规划、水利信息化、河湖生态健康诊断与评估等领域开展科研、技术咨询、检测评估，积极参与工程建设，引领行业技术发展。先后承担市厅级以上科研项目 200 余项，获得市厅级以上科技进步奖 80 余项，授权专利 50 余项，累计发表论文 600 余篇，出版专著 5 部，主参编 4 部省地方标准、2 项省级施工工法，获得水利部大禹优质工程奖 15 项。

江苏省水利建设工程有限公司拥有"水利水

电工程施工总承包一级"资质,现有专业技术与管理人员 500 余名。建设了 600 多项体量大、技术复杂、施工难度高的大中型工程项目。公司承建的项目中江都水利枢纽工程获国家质量奖金奖,淮河入海水道近期工程获国家优质工程奖和中国土木工程詹天佑奖,获得省部级优质工程项目 10 多项,6 项科技成果获省部级科技成果奖,获得国家级工法 1 项,省级工法 4 项,专利 10 余项。

南京市水利建筑工程有限公司拥有"水利水电工程施工总承包壹级"资质,有高中级职称人员 118 人,一、二级建造师近 100 人。近年来,公司承建了国内外数百项水利水电工程、市政公用工程、港口航道工程、电力工程、桥梁工程、建筑工程。数个工程项目获鲁班奖、江苏省扬子杯、中国市政工程金杯示范工程、交通部优质工程。

■如东县刘埠水闸案例

■闸墩胶合板模板内衬透水模板布

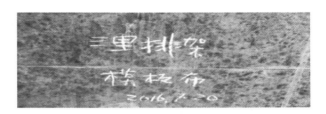

■三里闸排架 105d 自然碳化深度为 0

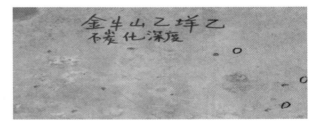

■金牛山水库泄洪闸下游右岸翼墙表层
致密化混凝土 1 年碳化深度为 0

应用范围及前景

适用于水工、水运、海港、交通、建设和铁路等建设工程提高表层混凝土密实性、配合比参数选择、施工质量控制、实体混凝土质量评价等。

典型应用案例:

江苏如东县刘埠一级渔港刘埠水闸、盐城市大丰区三里闸拆建工程、南京市九乡河闸站工程、南京市六合区金牛山水库除险加固等工程。多个工程应用表明,该技术可提高表层混凝土的强度和密实性,混凝土寿命至少延长 30～50 年,折合年投资仅为对比混凝土的 40%～55%。

■南京市九乡河闸站工程（左）
大丰三里闸拆建工程（右）

技术名称:低渗透高密实表层混凝土施工技术
持有单位:江苏省水利科学研究院
　　　　　江苏省水利建设工程有限公司
　　　　　南京市水利建筑工程有限公司
联系人:朱炳喜
地　址:扬州市盐阜东路工人二村 150 号
电　话:0514-87361903
手　机:13951435276
传　真:0514-87361903
E-mail:1146513595@qq.com

46　寒区水工砼纤维增强干粉修补砂浆

持有单位

黑龙江省水利科学研究院

技术简介

1. 技术来源

自主研发。提出了适合寒冷地区水工混凝土修补用的纤维干粉砂浆复合配制成套技术，开发研制了混凝土新旧界面处理剂，提出了适合纤维增强干粉修补砂浆寒区水工建筑物修补用的无模板施工工艺。

2. 技术原理

该技术选用可再分散乳胶粉、聚丙烯纤维、玄武岩纤维等环境友好的原材料进行复配性能试验，通过理论和数据分析，得出单组分、复合组分原材料对砂浆性能的影响，开发出多组分高性能无机、有机混杂纤维复合的干粉修补砂浆复合材料，对多种无机、有机材料在寒冷地区水工修补材料的应用提供了有力的理论依据。

3. 技术特点

（1）开发的新的工厂化、成品化、商品化的修补材料和修补技术，具有施工技术简单、易于操作、价格经济适用的优点，可以广泛应用到寒冷地区各种受损的混凝土修补工程当中。

（2）该修补砂浆能够显著提高受损建筑物的抗冻、抗渗等耐久性能，并且能够使旧建筑物的外观得到修饰美化，对破损的水利工程构筑物维修提供方便、快捷、有力的保障。

技术指标

冻害严重的寒区水工建筑物经纤维增强干粉修补砂浆补强加固之后，其混凝土各项性能显著提高。

（1）抗冻性能提高到 F300。

（2）抗渗性指标达到 W15。

（3）抗拉强度提高到 3MPa 以上，预防砂浆的早期开裂。

（4）抗碳化能力提高 100%。

（5）耐冲刷等性能均提高 97%。

技术持有单位介绍

黑龙江省水利科学研究院始建于 1958 年，是以寒区水利工程、农业水利、水资源水环境、生态水利、水利工程检测、水工建筑材料及水利信息化等学科为主的综合性水利科研机构。坚持"科研创新、设计合理、产品适用、检测公正"的方针，围绕全省水利中心任务，深入开展科学研究及成果转化推广工作。建院以来，研究领域不断拓宽、创新能力不断增强、科研成果持续转化、技术服务牢固支撑，为全省水利建设和发展提供强有力的科技支撑，已发展成具有寒区特色的综合性研究院。目前水科院建有 2 个省级重点实验室、2 个省级重点学科、2 个省级工程技术研究中心。先后与国内高等院校、科研院所进行联合攻关，与日、美、法、俄、加等国建立科技交流关系，广泛开展国际间的技术交流与合作。

应用范围及前景

适用于寒冷地区水工建筑物补强加固工程。寒区水工混凝土修补工程目前多用各类树脂砂浆，其原材料的价格砂浆在 2 万元/m³ 左右，而纤维增强干粉修补砂浆的原料价格在 3000 元/m³ 左右，相对材料成本节约 80% 以上。纤维增强干粉修补砂浆此项研究，将修补砂浆成品化且施工技术简单、易于操作，价格经济。

典型应用案例：

黑龙江省中部引嫩工程建筑物补强加固工

程、渤海试验基地滚水坝水毁修复工程、黑龙江省泥河水库修复等工程。

■国网莲花电站观测长廊廊柱破损严重

■国网莲花电站观测长廊廊柱修复后效果

■泥河水库混凝土剥蚀严重

■泥河水库喷涂纤维增强干粉砂浆补强加固效果

■中国水产科学研究院黑龙江水产
所渤海试验基地鱼池破损严重

■中国水产科学研究院黑龙江水产所渤海
试验基地鱼池修复 3d 即开始养鱼

技术名称：寒区水工砼纤维增强干粉修补砂浆
持有单位：黑龙江省水利科学研究院
联 系 人：王宇
地　　址：哈尔滨市南岗区延兴路 78 号
电　　话：0451 - 86689251
手　　机：13804583986
传　　真：0451 - 86689251
E - mail：hljskykyb@163.com

47　仿生监测机器鱼系统

持有单位

河海大学

技术简介

1. 技术来源

自主研发。仿生监测机器鱼系统目前拥有授权发明专利 4 项：①三关节仿生机器鱼的深度控制方法；②精确控制机器鱼关节运动的方法；③船舶吃水深度检测装置及检测方法；④结合 GPS 与红外导航的机器鱼返航定位方法。

2. 技术原理

仿生监测机器鱼系统由系统云平台与不同种类的水下机器鱼或水下机器人组成。仿生监测机器鱼系统是以仿生机器鱼为载体，结合不同分层水定位技术以及水质检测技术，从而实现了实时在线监测水质情况，为水质监测提供了一个可行的方案。

3. 技术特点

（1）仿生性能好。仿生监测机器鱼系统的设计从鱼类本身出发，无论是外形、结构、游动方式等都完全参照水中实际的鱼类，游动姿态更加地贴近真实鱼类的游动姿态，具有良好的携带机动性能。

（2）安全环保。搭载了水质监测技术的仿生机器鱼，推进方式独特，外形不易对周围生物造成影响，最大还原了水体本来环境，当遇到特殊且复杂的水下环境时，仿生机器鱼可利用自身结构的优势，有效实现水中的灵活三维运动，适应不同水况环境。

（3）监测数据针对性高。仿生监测机器鱼系统采用双重定位原理和传感器检测原理，可以实现对不同地点、不同水层状态下的精准水质检测。

技术指标

（1）最大游速可达 1.0m/s。

（2）不同分层水定位精度可达 5cm。

（3）仿生监测机器鱼系统的检测范围：温度 −50～70℃；氨氮浓度 0～1.0ppm；亚硝酸盐浓度 0～0.20ppm；pH 值 6.0～9.0；溶解氧 0～10ppm。

（4）水质监测精度可达±3%。

技术持有单位介绍

河海大学是一所拥有百余年办学历史，以水利为特色，工科为主，多学科协调发展的教育部直属全国重点大学，是实施国家"211 工程"重点建设、国家优势学科创新平台建设、一流学科建设以及设立研究生院的高校。一百多年来，学校在治水兴邦的奋斗历程中发展壮大，被誉为"水利高层次创新创业人才培养的摇篮和水利科技创新的重要基地"。学校在南京市、常州市设有西康路校区、江宁校区和常州校区，占地面积 2579 亩。河海大学现有教职工 3441 名，具有高级职称的教师 1354 名，博士生导师 483 名；现有中国工程院院士 2 名，双聘院士 15 名。

学校拥有 9 个国家级以及省部级重点实验室，17 个国家级以及省部级工程研究中心，5 个高等学校学科创新引智基地。紧密结合三峡、黄河小浪底、南水北调、西部水电开发等重大工程建设，承担了一大批国家层面重点、重大研究计划和重点、重大工程科研项目。2000 年以来，获国家级科技成果奖 40 余项，部省级科技成果奖 740 余项。学校面向国家水安全和区域经济社会发展的战略需求，积极培育水安全与水科学国家级协同创新中心，立项建设江苏省高校协同创新中心 4 个。

应用范围及前景

适用于实时监测水质情况,既可以帮助水域管理单位全面精准制定生态保护方案,也可作为应急移动水质检测应用。

十余套仿生监测机器鱼系统目前已在江苏省水文水资源勘测局泰州分局、淮安市航道管理处、江苏省泰州引江河管理处等单位得到推广使用。使用结果表明,该产品的监测结果与水质监测仪的监测结果一致,为水质监测提供了一个环保可行的方案。

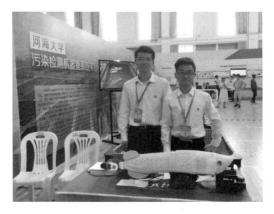

■仿生监测机器鱼系统产品参加江苏省产学研大会

■仿生监测机器鱼系统

■江苏省政府、中国气象局和河海大学等有关领导参观

■仿生监测机器人与系统在水中进行测试

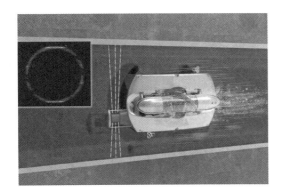

■用于水中管道检测的管道水下机器人新产品

技术名称:仿生监测机器鱼系统
持有单位:河海大学
联 系 人:娄保东
地　　址:南京市西康路1号
电　　话:025-58099144
手　　机:18118833326
传　　真:025-83786314
E - mail:Loubd@hhu.edu.cn

48 淤泥资源化及生态护坡构建技术

持有单位

河海大学

南通市水利工程管理站

环境保护部南京环境科学研究所

河海大学海洋与近海工程研究院

技术简介

1. 技术来源

自主研发。

2. 技术原理

利用淤泥作为原料进行资源化处理,自主研发出"一种利用内陆淤泥和近岸高砂泥制备人造骨料的方法""一种高有机质河道淤泥复合固化材料及其应用""一种利用生物高效降解可植被的污染底泥及工业污泥固化方法"等专利生产技术,集成应用于淤泥处理及生态护坡构建工程,形成自主研发"利用淤泥资源及生态护坡技术"专利技术。

3. 技术特点

集淤泥资源化处置方法、护坡结构设计、施工方法、生态护坡工程、植被修复等技术于一体,具有消纳淤泥、施工方便、生态美观等功能,有效解决了淤泥出路、传统混凝土护坡工程造价高、不生态、难维修等技术难题。

技术指标

(1) 消纳淤泥量:1.5~3.0t/m²。

(2) 处理后淤泥:pH值6.8~7.5。

(3) 重金属浸出浓度:Cd≤1mg/L,Cu≤100mg/L,Cr≤5mg/L,Pb≤5mg/L,Zn≤100mg/L。

(4) 淤泥形成坡面:抗冲刷流速≥5m/s,安全稳定系数≥1.20,满足护坡安全稳定。

(5) 植物覆盖率:≥80%。

(6) 植物:平均根系深度≥20cm,保存率≥85%,物种2~3种。

(7) 植被损坏程度:≤0.3%。

(8) 生态适宜:护面草本植物生长良好,生态系统融合。

技术持有单位介绍

河海大学是国家首批具有博士、硕士、学士三级学位授予权的单位,是国家"211工程"重点建设、"985工程优势学科创新平台"建设以及设立研究生院的高校,是国家"双一流"世界一流学科建设高校。环境学院先后承担了国家"973""863"、国家自然科学基金重点项目、国家重大水专项和省部级直接服务于国家经济建设的重大科研任务等200余项。部分研究成果处于国际先进和国内领先水平,获得包括国家科技颈部一等奖、国家自然科学二等奖、国家技术发明二等奖、国家科技进步二等奖等国家级、省部级以上科技奖励40余项,出版专著与教材30余部。

应用范围及前景

该技术主要应用于污染河湖整治项目,可将疏浚污染底泥进行再生资源化并回用于项目生态重建之中。可解决河道底泥污染、难处置问题,同时也可消纳大量淤泥和工业废料等无用资源,分用途应用为护坡基材、工程土料、绿化土,既可以稳定边坡,还能有效绿化,改善河湖周边生态面貌,具有显著的生态效益。

典型应用案例:

南通淤泥特性及其固化材料的开发与应用、苏州七浦塘软弱土加固与复合固化材料应用试验研究、新型高沙多盐淤泥固化材料的开发与应用等项目。

　　将该技术与传统浆砌石护坡技术进行对比，从所需各种材料成本角度计算，成本降低了38.11%，以某相同小型河流疏浚工程为例，若采用资源化的淤泥产品进行护坡建设，浆砌石护坡材料成本为 2623.9 万元，而采用淤泥固化护坡技术则只需要 1570.6 万元，节省投资费用约为 1000 万元，经济效益显著。

■淤泥资源化材料

■现场资源化过程 1

■淤泥资源化产品铺设

■现场资源化过程 2

■淤泥资源化产品应用于生态护坡构建后的效果

■淤泥脱水固化设备

技术名称：淤泥资源化及生态护坡构建技术
持有单位：河海大学
　　　　　南通市水利工程管理站
　　　　　环境保护部南京环境科学研究所
　　　　　河海大学海洋与近海工程研究院
联 系 人：祝建中
地　　址：江苏省南京市鼓楼区西康路 1 号
电　　话：13739186298
手　　机：13739186298
E - mail：zhuhhai2010@hhu.edu.cn

50 基于降雨格点预报数据的山洪灾害风险预警技术

持有单位

中国水利水电科学研究院

技术简介

1. 技术来源

自主研发。山洪灾害预警预报技术是防御山洪灾害的关键环节和技术难点。利用气象预报数据进行山洪灾害早期预警，可以有效延长预见期，为基层提前部署山洪灾害防御工作争取时间。

2. 技术原理

该技术以山洪灾害风险预警模型为核心，结合预警工作需求，提出山洪灾害风险预警作业流程，研发了山洪灾害风险预警业务平台，实现了山洪灾害风险预警信息的分析、处理、生产、发布，为汛期防御山洪灾害提供了有效的技术支撑。

3. 技术特点

（1）该项技术以气象部门提供的 24h 降雨格点预报数据为基础，结合当日降雨的实况，综合考虑山洪灾害防治区小流域下垫面的产汇流特征和社会经济情况，建立基于暴雨特征频率法的山洪灾害气象预警模型。

（2）开发了基于 B/S 结构的山洪灾害风险预警业务平台，综合确定未来 24h 山洪灾害可能发生的区域和预警等级（四级），制作山洪预警产品，发布山洪灾害气象预警信息。

（3）基于国家级、省级山洪灾害气象预警业务要求，建立了基于暴雨特征频率法的山洪灾害风险预警模型，形成了山洪灾害风险预警业务流程，提出了山洪灾害风险预警通用分析平台的设计思路，构建了基于降雨格点数据的山洪灾害风险预警方法。

技术指标

（1）该技术以建立工作流程、预警模型、平台软件为核心，根据《水利部 中国气象局联合发布山洪灾害气象预警备忘录》的要求，所形成的工作流程全部满足国家级、省级山洪灾害气象预警工作的需要。

（2）建立的基于暴雨特征频率法的山洪灾害风险预警模型，在气象预报数据精度偏低的条件下（如 2018 年暴雨时效评分为 0.19），国家级山洪灾害气象预警命中率为 40%，可以作为提示性预警信息进行发布。

（3）研发的山洪灾害风险预警通用分析平台，软件结构合理，业务流程清晰，模型计算高效，操作简便易用，技术指标满足山洪灾害气象预警的测试要求，能有效支撑山洪灾害气象预警业务工作。

技术持有单位介绍

中国水利水电科学研究院隶属中华人民共和国水利部，是从事水利水电科学研究的公益性研究机构。历经几十年的发展，已建设成为人才优势明显、学科门类齐全的国家级综合性水利水电科学研究和技术开发中心。全院在职职工 1370 人，其中包括院士 6 人、硕士以上学历 919 人（博士 523 人）、副高级以上职称 846 人（教授级高工 350 人），是科技部"创新人才培养示范基地"。现有 13 个非营利研究所、4 个科技企业、1 个综合事业和 1 个后勤企业，拥有 4 个国家级研究中心、9 个部级研究中心，1 个国家重点实验室、2 个部级重点实验室。多年来，该院主持承担了一大批国家级重大科技攻关项目和省部级重点科研项目，承担了国内几乎所有重大水利水电工程关键技术问题的研究任务，还在国内外开展

了一系列的工程技术咨询、评估和技术服务等科研工作。截至 2018 年底，该院共获得省部级以上科技进步奖励 798 项，其中国家级奖励 103 项，主编或参编国家和行业标准 409 项。

应用范围及前景

该项技术不仅可广泛应用于各省山洪灾害预警工作，还可在城建、铁路、石化等行业的中小尺度暴雨洪水灾害预警中进行推广应用。该技术已经成功应用于国家级山洪灾害气象预警工作，2015—2018 年 4 个汛期，共发布预警信息 457 期，其中中央电视台播出 110 期，有效增强了社会公众防御山洪的意识，发挥了显著的防灾减灾效益。

典型应用案例：

云南省及州市山洪灾害气象预警、贵州省山洪灾害风险预警、河北省山洪灾害气象预警等项目。

技术名称：	基于降雨格点预报数据的山洪灾害风险预警技术
持有单位：	中国水利水电科学研究院
联 系 人：	李青
地　　址：	北京市海淀区复兴路甲 1 号
电　　话：	010 - 68781218
手　　机：	13718642655
传　　真：	010 - 68789050
E - mail：	liqing@iwhr.com

51 城市洪涝模拟模型软件及洪涝预警调度技术

持有单位

中国水利水电科学研究院

技术简介

1. 技术来源

自主研发。

2. 技术原理

城市洪涝模拟模型方面，基于水文、水力学原理，以全物理过程为着眼点，模拟城市区域的水文产汇流、水库调度、一维河道演进、二维地表演进、地下管网演进以及五者之间的耦合交换计算；洪涝预警调度系统方面，采用 MVC 应用程序的模式搭建系统，通过该技术架构实现业务逻辑、数据、界面显示分离，将业务逻辑聚集到一个部件里面，在改进和个性化定制界面及用户交互的同时，不需要重新编写业务逻辑，便于系统的维护和扩展。

3. 技术特点

（1）模型软件的选择，在满足模拟要求的同时，保持了灵活性和原创性，提升了成果科技水平。

（2）概化方式的选择，全部区域够快，重点区域够细的概化方式，尽可能兼顾模拟结果的准确性和计算速度。

（3）验证的方式采取河道断面、管网断面、地面积水综合验证，保证模拟的准确性。

（4）在风险分析的基础上重点关注预警调度计算，从规划到实时预警调度全方位提供支持。

技术指标

（1）精细化洪涝模拟模型的模拟精度基本能够反映流域的风险状况。

（2）涉及流域内水库、闸门、泵站等防洪排涝工程调度运用下的降雨产流、地面汇流、河道汇流、管网汇流等过程，并进行耦合计算。

（3）经历史洪水和观测数据多次率定，代表断面洪峰流量与实测洪峰流量的相对误差在 15％ 以内，地面淹没情况符合洪涝总体分布和特征。

（4）以城市道路积水监测或可能积水深度为指标的内涝预警方式有利于防汛应急工作的逐步精细化，为防汛指挥调度提供技术支撑。

（5）预警调度系统运行稳定、可靠，出现故障可快速排除，产生错误能及时发现或能够进行相应处理，具有较好的检错能力；同时，预警调度系统对各类数据的提取、存储、交换、查询、显示、统计和计算过程，不出现错误和遗漏。

技术持有单位介绍

中国水利水电科学研究院隶属中华人民共和国水利部，是从事水利水电科学研究的公益性研究机构。历经几十年的发展，已建设成为人才优势明显、学科门类齐全的国家级综合性水利水电科学研究和技术开发中心。全院在职职工 1370 人，其中包括院士 6 人、硕士以上学历 919 人（博士 523 人）、副高级以上职称 846 人（教授级高工 350 人），是科技部"创新人才培养示范基地"。现有 13 个非营利研究所、4 个科技企业、1 个综合事业和 1 个后勤企业，拥有 4 个国家级研究中心、9 个部级研究中心，1 个国家重点实验室、2 个部级重点实验室。多年来，该院主持承担了一大批国家级重大科技攻关项目和省部级重点科研项目，承担了国内几乎所有重大水利水电工程关键技术问题的研究任务，还在国内外开展了一系列的工程技术咨询、评估和技术服务等科研工作。截至 2018 年底，该院共获得省部级以

上科技进步奖励 798 项，其中国家级奖励 103 项，主编或参编国家和行业标准 409 项。

应用范围及前景

适用于城市洪涝风险分析、城市河道行洪能力评估、城市管网排水能力评估、城市洪涝预警调度决策等。可提供研究城市的洪水（涝）风险图集、洪水（涝）风险台账、河道行洪能力评估、管网的排水能力评估以及接入实测数据的洪涝预警调度系统，为防汛部门防汛应急抢险、避险转移、防汛预案修订完善等提供全面技术支持。

典型应用案例：

北京城市洪涝模拟模型建设（一期）项目、北京城市洪涝模拟模型建设（二期）项目、北京市重点流域洪水调度系统项目等。

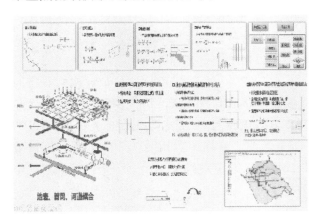

■技术原理

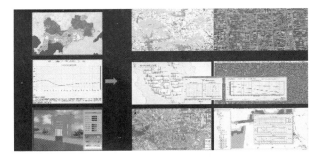

■计算结果

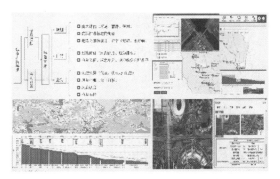

■城市洪涝模拟及洪涝预警调度技术应用

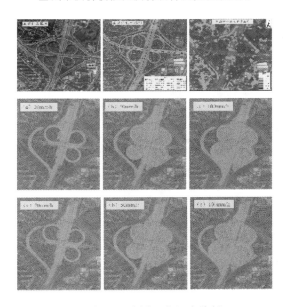

■局部下凹式桥区的汇水分析

■表现积水过程的 3D 展示应用

技术名称：城市洪涝模拟模型软件及洪涝预警调度技术

持有单位：中国水利水电科学研究院

联 系 人：郑敬伟

地　　址：北京市海淀区复兴路甲 1 号

电　　话：010 - 68781794

手　　机：13693640991

传　　真：010 - 68536927

E - mail：zhjw@iwhr.com

53 防汛抢险联合装袋机

持有单位

河南黄河河务局焦作黄河河务局

技术简介

1. 技术来源

自主研发。可广泛应用于抗洪抢险及水利工程建设中，有效解决机械化装袋（即将泥土装入袋中）和快速运袋（即将装好的土袋装上运输车辆运至指定地点）这两个抗洪抢险及水利工程建设中的技术难题。

2. 技术原理

防汛抢险联合装袋机集装袋、封口、输送于一体，具有双向或单向装袋、封口、传输功能。利用装载机将砂土料物装入储料斗，设置高频振动装置强制下料，经给料皮带机将料物传输至交替下料的双出料口，根据所需装料体积预先设定装料时长，料物经出料口装入袋中。达到设定时长后，袋子自动脱落至运行的封口皮带机上。料袋在封口皮带机上进行自动封口，封好口的成品袋由封口皮带机传送至输送皮带机上进行装车。整机由电气操作系统进行控制。支撑机构采用电动支腿将设备支撑一定高度，可避免轮胎直接受到装料荷载冲击。

3. 技术特点

（1）该机利用逻辑控制器设置装袋参数，具备两套独立的装袋、封口、输送系统，双口交替下料机构提高了装袋效率，封口装置实现了自动封口作业，输送皮带机可以将土袋快速装车，满足刮风、扬尘、降雨等各种不利天气的野外作业条件。

（2）能将粒径 5cm 以下的泥土、砂、石子等天然料物快速装入袋中，最大装车高度为 3m。

整台防汛抢险联合装袋机仅由人工套袋、封口皮带机辅助作业、摆袋等 9 人操作，实现了用较少的人工，完成大量的体力劳动，加快了装袋速度，提高了工作效率。

（3）时效性强。采用传统柳石枕应急防护，柳秸料需经过砍伐、运输，收集等过程，不能马上组织到位。使用防汛抢险联合装袋机装填土袋铅丝石笼抢险，土料可就地取材，能迅速投入抢险，有防止险情扩大及防护。

（4）设备到位及遏制险情快。防汛抢险联合装袋机所使用的设备、工器具，整车一同到达抢险现场，可以迅速开展装袋作业，是抢护滩岸坍塌或坝岸坍塌的有效方法。

（5）投资少。与采用柳石枕护坡或柳石搂厢抢护比较，具有投资低，用工少等特点。经实际测算，防汛抢险联合装袋机的装袋费用为 0.30元/条，人工装袋的费用为 1.59 元/条，机械装袋比人工装袋节约投资 1.29 元/条，投资节约率为 81%。

（6）环境效益好。传统抢险所用大量块石、柳梢等材料的获取，不可避免地对生态环境造成一定程度的破坏，利用编织土袋代替传统埽工材料抢险，属就地取材的环保型抢险材料，有利于保护生态环境，环境效益好。

技术指标

（1）整机重量为 5500kg，存放状态 5.0m×2.5m×2.8m，行走速度≤45km/h。

（2）总装机功率为 26.68kW，供电电压为三相 AC380V±10%50Hz。

（3）给料皮带机速度 0～0.35m/s，输送皮带机运行速度 0.30m/s，装袋重量调整范围 20～50kg，装袋效率≥800 个/h。

（4）振动电机可对物料进行强制下料，并将土袋装上自卸车，或运输到高差在 3m 以内的高边坡进行作业。

（5）所用袋子适用于常用规格（85cm×50cm 或 95cm×55cm）（长×宽）防汛编织袋和防滑织物土袋以及非标准专用土工织物袋。所装料物适用于干、湿沙土，黏土，砂石混合料，粒径 5cm 以下的块料等天然防汛抢险材料，以及粒径 5cm 以下的防汛卵砾石和防汛砂料等专用防汛抢险材料。

技术持有单位介绍

河南黄河河务局焦作黄河河务局成立于 1986 年，为河南黄河河务局派驻焦作区域的黄（沁）河水行政主管机关，负责辖区黄（沁）河防汛、防洪工程建设及管理、水行政管理、水利国有资产监管和运营等职责。现有在职职工 1048 人，专业技术人员 567 人，其中高级职称 40 人，中级职称 241 人，初级职称 286 人。焦作黄河河务局拥有防汛抢险、信息化技术、水利工程维修养护等多支专业技术力量雄厚的科研团队。建制以来共获黄委科技进步奖 11 项，河南黄河河务局科技进步奖 78 项，其中"十二五"期间获黄委科技进步奖 4 项，河南黄河河务局科技进步奖 18 项，30 多项国家专利；防汛抢险联合装袋机、长管袋充填机等项目获得河南黄河河务局科技进步奖。

应用范围及前景

适应堤防、河道、涵闸、水库等各种水利工程防洪及城市防洪采用编织袋防汛抢险需求，适用于松散土料、沙土及粒径 5cm 以下的碎石、砂石混合料等天然防汛抢险材料，满足常用规格的防汛编织袋。

该设备已在河南省温县黄河大玉兰控导工程 5 坝坍塌抢险、河南省武陟县黄河嘉应观滩岸坍塌 10～13 垛应急修复、河南省孟州市黄河化工控导工程 5～6 坝坝档应急防护等项目中应用，很大程度上减少劳动力数量、降低劳动强度，并

极大地提高装袋速度、缩短劳动时间，为抗洪抢险争取大量时间，具有显著的社会效益。

典型应用案例：

黄河嘉应观滩岸坍塌 10～13 垛应急修复。抢险共投入装袋机 1 台、发电机组 1 台、装载机 1 台，自卸三轮车 5 辆等设备。经过 4 天的奋战（2018 年 7 月 16—19 日）装填铅丝土袋笼约 800m³，使险情迅速得到有效控制，确保了坝岸工程安全。该案例应用效果评价：采用传统土工包水中进占施工，土工包入水后，土工布表面会被黄河泥沙铺盖，在水流冲刷作用下，减少了土工布之间的摩擦系数，土工布抗冲强度降低。使用防汛抢险联合装袋机装填铅丝土袋笼水中进占，铅丝土袋笼之间的摩擦系数大，受泥沙和水流冲刷作用影响小；同时，铅丝土袋笼变形能力强，在水下笼与笼之间形成铰接作用，间接增大了摩擦系数，提高了水下抗冲能力，加快了水中进占施工进度，抗冲性强。

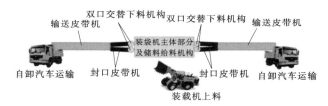

■防汛抢险联合装袋机平面布置示意图

技术名称：防汛抢险联合装袋机
持有单位：河南黄河河务局焦作黄河河务局
联 系 人：刘树利
地　　址：河南省焦作市丰收中路 2039 号
电　　话：0391 - 3612150
手　　机：13839137238
传　　真：0391 - 3612158
E - mail：jzhhfb@126.com

54 防汛抢险长管袋充填机

持有单位

河南黄河河务局焦作黄河河务局

技术简介

1. 技术来源

自主研制。

2. 技术原理

该机包括Ⅰ型机和Ⅱ型机等系列设备，集长管袋装袋、封口、抛投于一体，满足刮风、扬尘、降雨等各种不利天气的野外作业条件。整机由承载机构与拖行装置、储料下料机构、螺旋输送机、驱动系统、场地自行机构以及电气控制系统等部分组成。设备到达作业现场后，将其拖放到距出险部位一定安全距离，根据出险部位水深确定长管袋长度，将长管袋人工套到螺旋输送机管上。利用装载机将砂土料物装入储料斗，设置高频振动装置强制下料，料物经下料闸门传输至螺旋机内，料物经出料口装入长管袋中，人工辅助作业将装土后的部分长管袋移离出料口，螺旋机不断运转，长管土袋不断加长。长管袋充填完成后，在抛投平台上进行人工封口（如果出险部位河道流速较大，应系上留绳），人工将封好口的长管袋从抛投平台引导助推至出险岸坡上的助滑板上（4人可轻松完成），长管袋在助滑板上加速下滑入水至预定抢护部位。整机由电气控制系统进行控制。

3. 技术特点

（1）该设备集充填、封口、抛投作业于一体，便于整机快速运输。可根据不同抢险场地条件灵活布置，快速开展作业。

（2）该设备具备2套独立的充填系统，既可单独运行，也可同时运行。每套系统需4人配合操作，2套系统同时工作时可实现2条长管袋的同时装袋、封口与定位抛投。

（3）研制的下料控制机构，可确保所装料物由料斗进入螺旋管内时保持较为松散状态，避免料物在螺旋管内呈高度挤密状态而引起堵管，从而提高装袋效率。

（4）研制的下倾式螺旋充填装置可减少充填动力消耗。经计算，采用倾角为12°的下倾式螺旋充填装置与同规格水平结构装置相比，可节约动力8%左右。

（5）拖行机构配备有场地短距离移动的电动自行机构。设置前进挡和后退挡，极大地方便了设备在抢险场地灵活移动就位。

（6）轻型组合式长管袋抛投平台采用"托辊＋输送皮带"无动力平台结构，其顶面为斜坡式，有利于长管袋顺利滑移、抛投；其主要材料为铝合金型材，每节质量120kg，平台支腿可收放，方便人工装卸车及场地移动，确保放置就位灵活、便捷。

（7）铺放于坡面的可调节助滑板采用双层复合结构，面层采用厚度为3mm的HDPE轻型材料，表面高度光滑，有助于长管袋在岸坡顺利下滑；底层采用厚度为0.5mm的金属材料，可适应各种结构和材质的坝坡坡面；整体为轻型材料，可铺展，可集卷，方便铺放与运输。

（8）该设备满足刮风、扬尘、降雨等各种不利天气的野外作业条件。适用于松散土料、沙土及粒径10cm以下的碎石、砂石混合料等天然防汛抢险材料。

技术指标

该机包括Ⅰ型机和Ⅱ型机等系列设备。以Ⅰ型机为例：

（1）整机外形尺寸5.00m×2.50m×2.50m，

整机质量 5600kg。

（2）采用两套长管袋充填作业系统，既可并行作业，也可单独作业。每套作业系统各由 4 名操作人员负责，完成一条长管袋的套袋、充填、封口、抛投等连续作业工序。电气控制箱由 1 名电气操作手控制，整机共需 9 人操作。

（3）适用于粒径 10cm 以下的天然干、湿沙土，沙壤土，沙石混合料等块料。

（4）单管生产效率 30m³/h，适用于直径为 70～100cm、长度为 5～10m 的长管袋。通过实际应用，每小时可充填并抛投 20 条直径 0.80m、长度 8m 的长管袋。

技术持有单位介绍

河南黄河河务局焦作黄河河务局成立于 1986 年，为河南黄河河务局派驻焦作区域的黄（沁）河水行政主管机关，负责辖区黄（沁）河防汛、防洪工程建设及管理、水行政管理、水利国有资产监管和运营等职责。现有在职职工 1048 人，专业技术人员 567 人，其中高级职称 40 人，中级职称 241 人，初级职称 286 人。焦作黄河河务局拥有防汛抢险、信息化技术、水利工程维修养护等多支专业技术力量雄厚的科研团队。建制以来共获黄委科技进步奖 11 项，河南黄河河务局科技进步奖 78 项，其中"十二五"期间获黄委科技进步奖 4 项，河南黄河河务局科技进步奖 18 项，30 多项国家专利；防汛抢险联合装袋机、长管袋充填机等项目获得河南黄河河务局科技进步奖。

应用范围及前景

适用于堤防、河道、涵闸、水库等各种水利工程防洪及城市防洪采用长管袋防汛抢险需求。装袋材料为松散土料、沙土及粒径 10cm 以下的碎石、砂石混合料等天然防汛抢险材料。所用长管袋为常用规格防滑织物土袋以及非标准专用土工织物袋。已经应用于黄河大玉兰控导 8 坝迎水面非裹护段应急防护、黄河嘉应观滩岸坍塌 10～13 垛应急修复等项工程。

从就位、配套装置摆放、设备调试、充填到抛投长管袋，仅需用时 20min 左右。经实际应用测算，每抛投 100m³ 长管袋仅需 1.67h，其工效为人工捆抛柳石枕的 10 余倍。该设备极大地降低了抢险作业人员的劳动强度，提高了充填速度和工作效率，为抗洪抢险争取了大量的宝贵时间，可广泛应用于抗洪抢险、水利工程施工等现场。利用土料物代替传统埽工材料抢险，有利于保护生态环境，环境效益、经济效益显著。

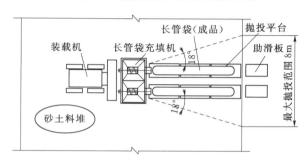

■长管袋充填、抛投平面示意图

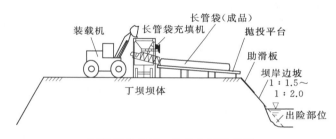

■长管袋充填、抛投立面示意图

技术名称：防汛抢险长管袋充填机
持有单位：河南黄河河务局焦作黄河河务局
联系人：刘树利
地　　址：焦作市丰收中路 2039 号
电　　话：0391 - 3612150
手　　机：13839137238
传　　真：0391 - 3612158
E - mail：jzhhfb@126.com

56　防汛智能值班系统 V1.0

持有单位

北京慧图科技股份有限公司

技术简介

1. 技术来源

自主研发。

2. 技术原理

采用 B/S 架构，利用浏览器从服务端获取信息，并综合运用地理信息系统（GIS）、数据库管理系统（DBMS）、网络通信、多源数据、AI（人工智能）技术、信息软调度等先进技术，开发集智能电话和文件处理、智能文书系统、互联网防汛信息简报、防汛信息智能调度为一体的智能防汛值班系统。构建的防汛智能值班的知识库体系将作为防汛智能值班系统的基础，支撑各类智能应用以及各类服务。构建了智能感知、语义分析、智能信息组织、智能表达、信息智能调度的智能服务体系，防汛智能值班系统的核心是各项智能应用，智能应用的建设依赖于各类智能服务的支撑。

3. 技术特点

（1）在防汛值班业务领域，应用重点是收集、整理、会商各类防汛动态信息的主要方式和途径，能够为防汛决策提供科学依据和技术支撑。

（2）语音电话接入后，系统进行关键词提取，并与业务库、知识库进行比对分析。系统针对关键词提供专家辅助回复提示，业务人员可根据系统提示回复电话内容。

（3）辅助替代值班人员根据规则和经验处理传真文件。系统能够区分传真文件来源、记录传真文件内容，根据业务类别入库保存，识别业务关键字，并提示值班人员后续转发交办工作。

（4）汛情快报、汛情通报、降雨过程应对总结等防汛相关文书是防汛值班较为繁重的工作。系统能够依据模板、规则自动编制汛情快报、汛情通报、应对总结、会商报告、值班记录，经人工审核后按照预设的工作流程分发。

（5）在汛期，获取互联网上的信息，系统通过互联网信息的主动抓取，聚合互联网防汛类消息，形成互联网防汛信息简报。并通过信息的主动推送，实现防汛互联网信息早知道。

（6）系统可依据已有的防汛信息化建设成果的信息资源，提取和生成的防汛工作信息可包括值班安排、响应和提示信息、网站发布汛情信息、汛情监视关键提示信息等。

技术指标

防汛智能值班系统 V1.0 通过北京软件产品质量检测检验中心的软件产品测试，检测中心依据《软件产品登记测试通用技术规范》地方标准中相关条款，分别对用户文档、功能性、易用性和中文特性 4 个方面进行了测试，测试结果表明：

（1）用户文档完整详细，信息描述正确，与软件功能一致，易理解、可操作。

（2）软件提示了系统登录、首页展示、人脸采集、语音交互、标准模式操作、值班模式操作、展播模式操作和轮播模式操作的功能，所有功能在测试期间可稳定运行。

（3）软件各信息易理解、易浏览，便于用户操作。

（4）软件支持 GB 2312 编码标准，符合中文使用习惯。

技术持有单位介绍

北京慧图科技股份有限公司成立于 2000 年，

已在全国中小企业股份转让系统挂牌。北京慧图科技股份有限公司致力于移动互联和智慧水务产品的研发，拥有多个具有自主知识产权的软硬件产品。公司研发团队，兼具了承担各种水利信息化解决方案研发创新的基础实力，以及强大的市场营销能力，形成公司研发-生产-销售一体化发展的有力支撑。北京慧图科技股份有限公司是国家高新技术企业、双软企业，通过 ISO 质量、环境安全、职业健康、信息安全、信息技术服务的认证，信息系统集成及服务二级资质、ITSS 运行维护资质、CMMI 5 级，是水文水资源调查评价甲级企业。

■立交桥区域积水识别

应用范围及前景

适用于防汛系统建设领域。

典型应用案例：

广西山洪灾害防治项目山洪灾害监测预警及信息管理系统、密云水库值班管理系统及雨水情综合处理系统升级改造、汉江集团水库综合信息服务系统等项目。

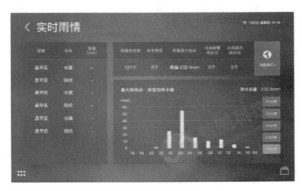

■实时雨情

■测站报警

■系统首页主屏及主要功能

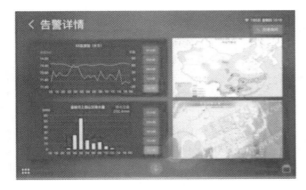

■告警详情

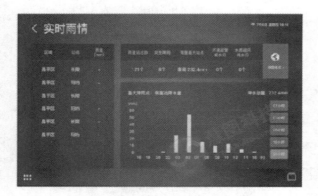

■业务信息轮播

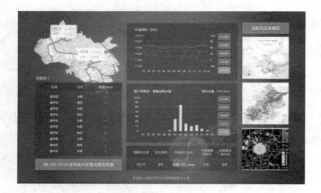

■展播模式

| 技术名称：防汛智能值班系统 V1.0 |
| 持有单位：北京慧图科技股份有限公司 |
| 联 系 人：祁彬 |
| 地　　　址：北京市海淀区西三环北路 91 号国图文 |
| 　　　　　　化大厦二层 B01 室 |
| 电　　　话：010－68985858 |
| 手　　　机：13910033062 |
| 传　　　真：010－88515780 |
| E － mail：371195450@qq.com |

57　东深防汛值班支持系统

持有单位

深圳市东深电子股份有限公司

技术简介

1. 技术来源

自主研发。

2. 技术原理

值班系统通过对值班业务进行全面分析的基础上，强化应急情况和值班业务梳理，以日常基本情况和异常天气应急处理为主要对象进行研究。利用 JAVA＋JS＋数据库＋微服务等技术，将日常值班管理、值班常遇事项处理、应急响应管理等业务进行封转，通过 Web 技术呈现给用户，完成对值班业务员信息化的全面支撑和管理。

3. 技术特点

（1）基于微服务架构设计思想，对系统进行模块化拆分开发。摒弃传统的单体式架构进行系统的开发，即所有的功能业务模块融合在 1 个 War 工程，导致代码的膨胀，提高了代码重复率高，代码维护成本及扩展性。

（2）将值班过程中涉及的各项工作通过符合防办工作习惯的方式进行统一梳理、安排、组织和管理，为防汛值班人员提供值班业务支撑。

（3）实现防汛抗旱应急响应流程化操作，帮助值班人员快速应对应急事件，同时对值班过程中遇到的工程抢险，应急突发事件提供工程指引流程。

（4）对值班管理业务进行梳理，提出面向各级防办的值班业务流程规范，形成知识库、对各级值班人员进行值班规范化的管理和指导。

（5）整合已有的软硬件资源，充分利用已建的系统资源，整体防汛值班所需基本信息、预案、法规、制度等，为提高防办人员的值班工作效率提供有效的系统资源支撑。

（6）整合已有系统的数据资源，利用数据分析统计等技术，按照值班汇报模板，自动生成关键统计数据、预测数据和回报 PPT，大大提升工作效率。

技术指标

（1）系统故障处理能力。硬盘故障：用备份数据恢复；数据库故障：重装数据库并用备份数据库恢复；系统崩溃：重启系统并用备份数据恢复。

（2）服务器运行环境要求。操作系统：Windows Server 2008 及以上；数据库：Oracle 11g 及以上，SQL Server 2008 及以上；运行平台：JDK1.6 或以上；硬件要求：Intel Xeon（R）CPU E7－4820 v3 1.90GHZ（3 处理器）及以上或同性能 CPU，内 16GB，硬盘 4TB。

（3）客户端要求。操作系统：Windows 7 及以上；运行平台：IE11 及以上，chrome，Firefox，360 极速浏览器；硬件要求 Intel Core（TM）i3－4170 3.7GHz 及以上或同性能 CPU，内存 4GB，硬盘 500G。

技术持有单位介绍

深圳市东深电子股份有限公司成立于 1998 年，是水行业智能化监测、自动化控制、信息化应用全套解决方案提供商与产品供应商。企业服务领域包含水资源管理、防灾减灾、河长制、智慧水务、智能化监控与调度管理、智慧运维等。公司拥有国家工业及信息化部颁发的系统集成资质、水文水资源评价资质、信息系统工程设计资

质、信息系统运维技术服务资质；具有CMMI 5认证、ISO 9001 质量管理体系认证证书、ISO 14001 质量管理体系认证证书、职业健康安全管理体系认证证书，同时是获得国家鲁班奖、大禹奖及省科技进步特等奖的国家高新技术企业。

应用范围及前景

该防汛值班系统的服务对象为省、市、县区三级防办日常值班业务，也适用于包括应急管理部在内的有值班需求和应急处理的相关部门，主要实现各部门的日常值班管理、值班常遇事项管理、值班监视、应急响应管理、工程抢险管理、突发事件处理、设备运维服务、预案结构化管理和基础信息及常用资料管理。

典型应用案例：

广西壮族自治区防汛值班支持系统建设项目、三亚市防灾预警避险系统建设项目、番禺三防指挥决策支持系统建设项目等。

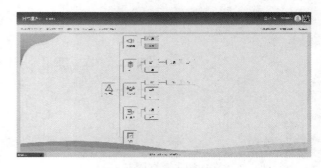

■处置事件流程图

■日志备查

■日常值班

■降雨变化预警

■操作指引

技术名称：东深防汛值班支持系统
持有单位：深圳市东深电子股份有限公司
联 系 人：刘正坤
地　　址：深圳市高新区科技中二路软件园 5 栋 6 楼
电　　话：0755 - 26611488
手　　机：15820472004
传　　真：0755 - 26503890
E - mail：liuzk@dse.cn

58　中国山洪水文模型系统 V1.0

持有单位

中国水利水电科学研究院

北京七兆科技有限公司

技术简介

1. 技术来源

中国山洪水文模型系统是中国水利水电科学研究院与北京七兆科技有限公司共同研发的、适应我国山丘区中小流域的暴雨洪水模拟专业软件，系统基于自主研发的、具有物理机制的新一代流域分布式水文模型 CNFF - HM，具有水文数据处理、水文建模及自动率定、洪水模拟及预报、山洪预警等功能组件。

2. 技术原理

系统采用分层架构和模块化设计，是多模型组件化集成模拟软件，通过 Web Socket、JSON 等标准接口协议实现各类水文过程模型组件的动态和标准化集成。系统针对缺资料山丘区中小流域暴雨洪水分析计算难题，开发集成了蓄满产流、超渗产流和混合产流等不同模式的模型，构建了适用于不同水文类型区的产流模型库，研发了基于高精度地形地貌数据和考虑雨强影响的时变单位线模型、考虑河道漫滩及渗漏的变参数河道洪水演进模型，基于高精度地形地貌数据实现无资料地区产汇流特征参数提取；开发了高时空分辨率多源降水融合模型和基于时空双重离散的洪水并行计算算法，构建了适应不同尺度中小流域的洪水预报预警技术。

3. 技术特点

（1）系统解决了短历时、强降雨条件下无资料中小流域非线性产汇流计算难题和大规模精细实时模拟的时效性要求，为缺资料地区暴雨洪水计算、中小流域洪水风险评价、预警指标分析及中小流域洪水预报预警等业务应用提供了行业领先的完整解决方案。

（2）系统实现了多源降水数据与洪水预报模型的集成，实现了不同类型区小流域产流统一模拟计算，解决了缺资料地区非线性汇流计算的难题和河道洪水演进实时滚动计算，显著提高了洪峰预报精度，实现了大规模分布式水文模型集群并行模拟计算。

技术指标

（1）该系统属于专业应用软件，具有数据预处理、多源降水信息融合、水文建模、洪水预报、山洪预警、参数自动优化、大规模并行计算等功能。

（2）系统已应用于全国不同地貌类型区的 361 个流域 11798 场洪水模拟，流域面积共计 35 万 km^2，涉及 24222 个小流域。

（3）按照 GB/T 22482—2008《水文情报预报规范》进行精度评价，93.4% 的洪水模拟结果符合洪水预报要求，径流深相对误差和洪峰流量相对误差均值不超过 20%，峰现时间误差不超过 2h，NSE 系数不小于 0.60；其中，233 个流域 NSE 系数大于 0.70 的场次比例达到 70% 以上，占总流域数的 64.54%，中小流域洪水模拟精度和洪水预警期比传统方法提高 20% 以上。

技术持有单位介绍

中国水利水电科学研究院隶属中华人民共和国水利部，是从事水利水电科学研究的国家级科研机构。拥有流域水循环模拟与调控国家重点实验室，是全国山洪灾害防治项目技术支撑单位，建设了全国山洪灾害防御信息平台、调查评价成

果数据库和山洪灾害防治试验示范基地，自主研发了中国山洪水文模型系统、全国山洪灾害和中小流域洪水预报预警云平台，2017 年以来山洪灾害防治研究成果获测绘科技进步一等奖和大禹水利科学技术一等奖各 1 项。

北京七兆科技有限公司立足中国水文水利信息化领域，以防洪抗旱减灾为核心业务，在分布式水文模型、中小河流洪水预报、山洪灾害调查评价、山洪灾害监测预警等领域都有深入研究，为各行业提供防灾减灾信息云服务。

■福建省级平台首页

应用范围及前景

该系统在水利、铁路、电力等行业应用广泛，可用于山洪灾害预警、中小流域洪水预报、水资源评价、环境保护、水土流失量计算及跨行业防洪减灾。系统已在福建、北京、吉林等地进行规模化应用，为 108 个县 12748 个沿河村落、水库和河道断面提供精细化洪水预报预警，平均预警期延长 20% 以上，有效防御了"鲇鱼"台风等暴雨洪水灾害。系统并已拓展应用于京承铁路防洪风险源管理及变电站洪涝风险评估服务，应用效果良好。

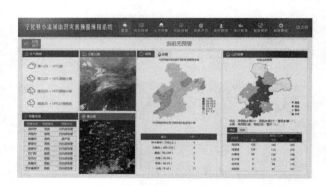

■宁化县系统首页

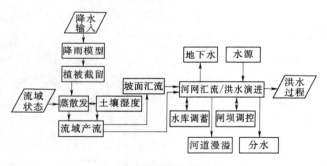

■模型结构图

技术名称：中国山洪水文模型系统 V1.0
持有单位：中国水利水电科学研究院
　　　　　北京七兆科技有限公司
联 系 人：常清睿
地　　址：北京市海淀区复兴路甲 1 号
电　　话：010 - 68786420
手　　机：13331028332
传　　真：010 - 68786006
E - mail：changqr@iwhr.com

59　山洪灾害分析评价软件 V1.0

持有单位

中国水利水电科学研究院

北京七兆科技有限公司

技术简介

1. 技术来源

自主研发。

2. 技术原理

山洪灾害分析评价软件是采用 C/S 模式，基于分层、标准和构件等进行架构，采用 .NET、C♯、Web Service、XML 等计算机信息技术开发的具有自主知识产权的软件。严格按照《山洪灾害分析评价技术要求》和《山洪灾害分析评价方法指南》，充分利用现有规范资料及当地一线技术人员的宝贵经验，同时结合实际流域的下垫面地形、植被覆盖等众多因素和情况。该软件集成了基础数据处理、分析评价成果导出以及人口居民点高程校核等功能，完成了具有设计暴雨洪水分析、预警指标分析、断面水位流量关系分析、现状防洪能力分析、危险区、转移路线安置点分析绘制等业务功能。该软件将复杂的山洪灾害分析评价工作进行了梳理和优化，采用将流域空间位置与分析计算关键参数相结合，并内置到软件中实现自动关联的方式，达到在不失专业水准的前提下最大限度的实现分析评价工作的简单化、批量化。

3. 技术特点

（1）支持采用流域水文模型进行洪水分析。

（2）采用基于水面线的洪水影响范围分析方法。

（3）具有多种模型算法校正分析功能。

（4）集成了暴雨洪水算法及参数库。

（5）构建了全面合理的预警指标计算方法体系。

技术指标

（1）软件具有设计暴雨洪水分析、预警指标分析、断面水位流量关系分析、现状防洪能力分析、危险区、转移路线安置点分析绘制等业务功能。

（2）软件无缝对接调查评价数据；采用模块式开发架构，可实现新算法灵活集成；可对多种计算结果比较分析，自动生成分析评价报告；集成全国不同河道形态的糙率数据库，根据河道断面照片进行洪水演进参数识别；能够基于河道走向进行居民房屋映射。

（3）软件已经在全国近 20 个省市进行应用，内置 29 个省市暴雨洪水查算图集方法及参数，囊括水库、闸坝、桥涵及溃坝等工程影响下的暴雨洪水评价；涉及产汇流算法近 10 种，预警指标算法 12 种，基本覆盖中国所有地区暴雨洪水及预警指标，可据水文情况快速形成最适合当地的暴雨洪水解决方案。

技术持有单位介绍

中国水利水电科学研究院隶属中华人民共和国水利部，是从事水利水电科学研究的国家级科研机构。拥有流域水循环模拟与调控国家重点实验室，是全国山洪灾害防治项目技术支撑单位，建设了全国山洪灾害防御信息平台、调查评价成果数据库和山洪灾害防治试验示范基地，自主研发了中国山洪水文模型系统、全国山洪灾害和中小流域洪水预报预警云平台，2017 年以来山洪灾害防治研究成果获测绘科技进步一等奖和大禹水利科学技术一等奖各 1 项。

北京七兆科技有限公司立足中国水文水利信息化领域，以防洪抗旱减灾为核心业务，在分布式水文模型、中小河流洪水预报、山洪灾害调查评价、山洪灾害监测预警等领域都有深入研究，为各行业提供防灾减灾信息云服务。

应用范围及前景

适用于山洪灾害分析评价、中小河流监测预警、山洪灾害监测预警以及水土保持等众多领域，在水利设计、防汛抗旱、铁路、公路等行业具有推广价值。

该软件目前已在河南、陕西、广东、内蒙古、海南、天津、甘肃、陕西、贵州、广西、山东、云南、新疆、四川、福建、重庆、宁夏、江西等全国近 20 个省份推广使用。

典型应用案例：

湖南省长沙市宁乡县山洪灾害分析评价、新疆阿克苏地区拜城县山洪灾害分析评价、河南省栾川县山洪灾害分析评价等。

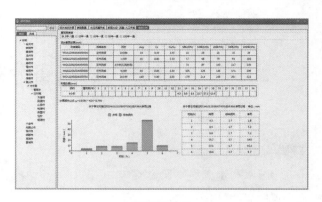

■净雨分析

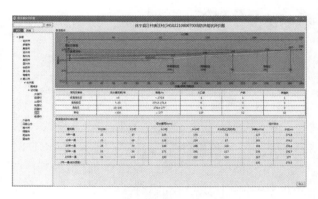

■防洪现状评价图

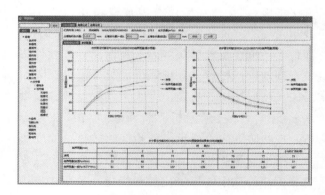

■临界雨量计算

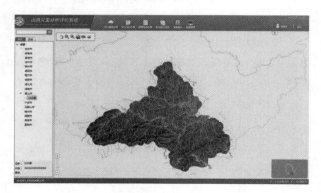

■山洪灾害分析评价

■流域基本信息

技术名称：山洪灾害分析评价软件 V1.0
持有单位：中国水利水电科学研究院
　　　　　北京七兆科技有限公司
联 系 人：常清睿
地　　址：北京市海淀区复兴路甲 1 号
电　　话：68786420
手　　机：13331028332
传　　真：010 - 68786006
E - mail：changqr@iwhr.com

61 WS – 601 简易雨量报警器

持有单位

北京国信华源科技有限公司

技术简介

1. 技术来源

自主研发。

2. 技术原理

WS-601 简易雨量报警器采用无线射频传输技术，室外承雨器利用磁钢激励干簧管产生脉冲中断收集雨量信号，通过 MCU 采集、处理雨量信息，基于 UHF 频段的最小移频键控技术将数据传送到室内告警器。实现全天候自动化采集，室内告警器实时更新接收到的雨量信息，当降雨量达到预设的告警阈值后，设备自动发出声光报警。

3. 技术特点

（1）液晶屏实时显示降雨量信息，具有 5 时段、3 级别超警戒雨量自动报警功能，语音、警笛、背光闪烁、屏显多种报警方式，可按时段、日降雨量、场次降雨量查询功能。

（2）无线通信质量自动监测；可存储 3 年日降雨量，支持降雨量查询。

（3）电池电压监测，环境温度监测；时钟、万年历显示。

（4）简易雨量报警器具有误差范围小、测量数据精准、运行维护成本低等优点。

技术指标

通过水利部水文仪器及岩土工程仪器质量监督检验测试中心检验，符合国家相关标准。

（1）传输方式：通过 433MHz 无线传输，传输距离 100m（空旷环境下），传感器计数方式为翻斗式。

（2）降雨分辨率：0.5mm；雨强测量范围：0～4mm/min；仪器综合误差≤4％。

（3）可采用适配器和干电池两种供电方式，交直流供电无缝自动切换，具有电池电压检测功能。

（4）正常维护条件下，MTBF（平均无故障时间）≥25000h。

技术持有单位介绍

北京国信华源科技有限公司防洪减灾领域积累了丰富应用经验，对物联网技术、4G 通信技术、GSM 开发、语音传输控制等技术有丰富的开发经验，自主研发的山洪灾害防汛预警设备，从 2006 年开始用于国家山洪预项目，并在 2010 年、2011 年、2012 年通过国家防汛抗旱总指挥部办公室组织的评测，先后在湖南、贵州、陕西、河南、辽宁等 20 多个省市广泛应用。

应用范围及前景

适用于村落、厂矿、山区、学校等地区雨量监测，以及应用于山洪灾害预警、灾害性天气矿山预警、气象灾害预警等行业领域。

无线简易降雨告警器是山洪预警、暴雨监测的重要手段。针对以村为单位或以居住群落、村寨为单位进行降雨预警，充分发挥村组自防自救的作用，以达到群测群防的目的。已在全国多个省市推广运行，并出口海内外多个国家。

典型应用案例：

河南省山洪灾害防治县级非工程措施项目简易雨量监测站设备采购项目（5651 台）；江西省 2018 年度山洪灾害防治南昌、九江预警设施设备采购项目（重建 341 套简易雨量报警站，新建

361套简易雨量报警器）；南阳市山洪灾害防治监测设备政府采购项目采购清单有简易雨量报警器96套。

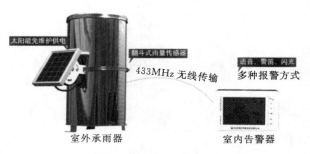

■简易雨量报警器（太阳能版）

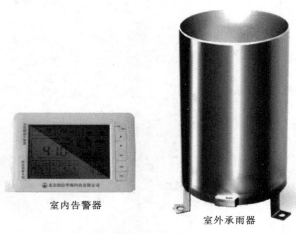

室内告警器

室外承雨器

■简易降雨报警器（标准版）

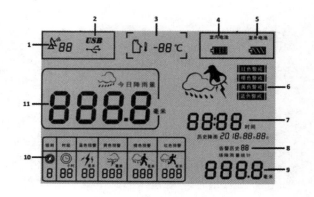

翻斗式雨量传感器
降雨分辨力 0.5mm

室外承雨器

室内告警器

GSM/GPRS无线传输
实时远程监测

■无线降雨告警器（通信版）

序号	功能	序号	功能
1	RF 信号强度	7	日期时间
2	GPRS 开关状态	8	告警历史/日降雨量记录
3	室外温度	9	场降雨量显示
4	室内电池电量	10	雨量告警阈值
5	室外电池电量	11	今日降雨量
6	雨量告警级别显示		

■室内报警器面板功能解读

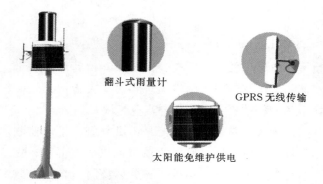

翻斗式雨量计

GPRS 无线传输

太阳能免维护供电

■新型简易雨量报警站（入户型）

■无线简易降雨报警器现场应用

技术名称：WS－601简易雨量报警器
持有单位：北京国信华源科技有限公司
联系人：王维
地　　址：北京市西城区广安门内大街甲306号
　　　　　4层
电　　话：010－63205221
手　　机：13522163852
传　　真：010－63205221
E－mail：2482626903@qq.com

63　简易溃坝洪水分析系统

持有单位

中国水利水电科学研究院

技术简介

1. 技术来源

自主研发。简易溃坝洪水分析系统，充分利用 GIS 等现代信息技术，按照实用、系统、灵活、可靠、经济等原则，进行系统逻辑结构、功能模块、数据流程和关键技术的设计与研发。

2. 技术原理

该系统包括溃口地形数据导入、溃坝信息设定、溃口出流计算、溃口下游河道断面获取、下游河道洪水演进计算、计算结果展示等功能。系统以流域电子地图为背景，将自然地理特征、下垫面条件、防洪排涝工程等信息，利用控件、表格、图形等输入形式，自动生成模型所需要的基础数据、属性数据和运行控制数据。

3. 技术特点

（1）系统由 DEM 数据自动提取河道大断面信息，采用一维 Goduov 格式有限体积模型可处理大变形流动下激波捕捉，可进行瞬间溃、逐渐溃等多种模式的溃坝洪水分析计算。

（2）系统能够输出坝址及沿程断面水位流量过程、各时段沿程水面线，并可快速绘制溃坝洪水淹没水深分布图，结果数据动态展示在电子地图背景上，并可进行任意位置或组合条件下淹没信息查询展示。

（3）系统可为水库溃坝险情早期预警与处置，特别是堰塞坝险情处置方案的制定，提供重要技术支持。

技术指标

国家信息中心软件评测中心于 2013 年 6 月对简易溃坝洪水分析系统进行了软件测评，通过系统的业务逻辑、功能逻辑及功能数据输入三大方面的评测，系统可实现简易溃坝模型向导（数据导入、溃口出流过程计算、下游河道断面信息获取、下游河道洪水演进计算、河道计算结果展示）、图层与数据控制、地图显示、易用测试、维护测试、可移植测试功能，符合简易溃坝洪水分析系统的评测需求，实现其设计要求的功能，且满足充分性评价要求。系统评测结论为：通过。

技术持有单位介绍

中国水利水电科学研究院隶属中华人民共和国水利部，是从事水利水电科学研究的公益性研究机构。历经几十年的发展，已建设成为人才优势明显、学科门类齐全的国家级综合性水利水电科学研究和技术开发中心。全院在职职工 1370 人，其中包括院士 6 人、硕士以上学历 919 人（博士 523 人）、副高级以上职称 846 人（教授级高工 350 人），是科技部"创新人才培养示范基地"。现有 13 个非营利研究所、4 个科技企业、1 个综合事业和 1 个后勤企业，拥有 4 个国家级研究中心、9 个部级研究中心，1 个国家重点实验室、2 个部级重点实验室。多年来，该院主持承担了一大批国家级重大科技攻关项目和省部级重点科研项目，承担了国内几乎所有重大水利水电工程关键技术问题的研究任务，还在国内外开展了一系列的工程技术咨询、评估和技术服务等科研工作。截至 2018 年底，该院共获得省部级以上科技进步奖励 798 项，其中国家级奖励 103 项，主编或参编国家和行业标准 409 项。

应用范围及前景

系统适用于水库、堰塞湖等溃坝洪水快速分析，特别是在紧急状态下溃坝洪水计算，以及水库在进行详细溃坝洪水分析前的方案快速试算。

系统已在湖北丹江口水库、漳河水库、湖南常德核电厂、南水北调总干渠交叉河流上游中小型水库等工程溃坝洪水计算、湖北省示范工程洪水风险图编制、汾河下游洪水防御方案编制研究以及在国家防办组织的多次堰塞坝险情应急处置中得到应用，还得到有关单位的支持进行软件应用的合作推广。

典型应用案例：

南水北调中线一期工程安全风险评估Ⅲ标——洪水风险评估。项目对总干渠左岸 50km 范围内 37 座中型水库以及 20km 内 53 座小型水库，共计 90 座，进行了风险识别，对存在溃坝风险的水库采用经验方法和简易溃坝洪水分析系统进行了快速计算，分析了溃口流量、沿程流量过程，确定了对总干渠有洪水影响的水库，采用二维水动力学模型进行了详细分析，绘制了洪水淹没范围、最大淹没水深等图件。

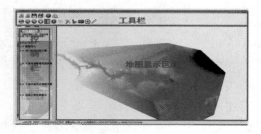

■主操作界面

■断面绘制

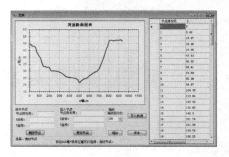

■断面提取

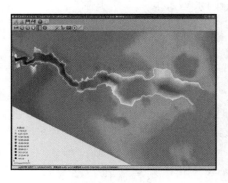

■最大淹没范围

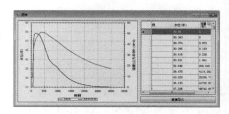

■断面水位流量过程

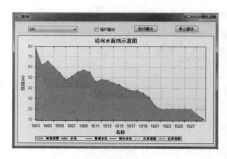

■沿程水面线

技术名称：简易溃坝洪水分析系统
持有单位：中国水利水电科学研究院
联 系 人：何晓燕
地　　址：北京市海淀区复兴路甲 1 号
电　　话：010 - 68781991
手　　机：13681212921
传　　真：010 - 68536927
E - mail：hexy@iwhr.com

64 水资源配置通用软件系统 GWAS

持有单位

中国水利水电科学研究院

技术简介

1. 技术来源

自主研发。产品以二元水循环理论为基础，以中国水利水电科学研究院水资源所近 20 年水资源配置方法和实践经验为依托，将水文学数值模拟和水资源适应性调配相结合，研发"水资源配置通用软件系统（GWAS，General Water Allocation and Simulation Model）"软件，具有独立自主知识产权。

2. 技术原理

针对自然-社会水资源系统的复杂互馈机制科学问题，以及水资源管理应用需求，GWAS 产品具体由产流模拟模块、河道汇流模块、再生水模拟模块和水资源调配模块等专业模型和由基于开源 GIS 的前后处理管理平台界面构成。GWAS 产品可以实现对区域/流域水资源水量水质模拟、评价、水资源配置及报表输出等功能，使用户能够较快速和全面地评价研究区水资源状况，便于水资源管理人员根据区域实际情况进行动态修正，为区域水资源的高效管理和优化配置提供决策支持，为有关研究人员和水资源决策管理者提供平台工具。

3. 技术特点

GWAS 软件技术既可实现复杂水资源系统自然水循环与社会水循环之间的互馈模拟，分析二元水循环通量变化和合理调控阈值；也可实现对水资源评价与水资源配置的无缝结合，实现水资源供需双侧联动分析与管理，为区域水资源的高效管理提供支持。

技术指标

该软件通过国家电子计算机质量监督检验中心的监测部门登记测试，测试结果如下：GWSV 具有软件独立安装程序，易理解、可操作，软件提供了工区管理、GIS 地图加载及编辑、用水单元划分、水库信息提取及修改、供用水关系录入、控制中枢、配置参数、水循环模拟建模、模型计算、模型输出功能，所有功能测试期间运行稳定，软件各种信息易浏览，便于用户习惯，通过软件产品登记测试。

技术持有单位介绍

中国水利水电科学研究院隶属中华人民共和国水利部，是从事水利水电科学研究的公益性研究机构。历经几十年的发展，已建设成为人才优势明显、学科门类齐全的国家级综合性水利水电科学研究和技术开发中心。全院在职职工 1370 人，其中包括院士 6 人、硕士以上学历 919 人（博士 523 人）、副高级以上职称 846 人（教授级高工 350 人），是科技部"创新人才培养示范基地"。现有 13 个非营利研究所、4 个科技企业、1 个综合事业和 1 个后勤企业，拥有 4 个国家级研究中心、9 个部级研究中心、1 个国家重点实验室、2 个部级重点实验室。多年来，该院主持承担了一大批国家级重大科技攻关项目和省部级重点科研项目，承担了国内几乎所有重大水利水电工程关键技术问题的研究任务，还在国内外开展了一系列的工程技术咨询、评估和技术服务等科研工作。截至 2018 年底，该院共获得省部级以上科技进步奖励 798 项，其中国家级奖励 103 项，主编或参编国家和行业标准 409 项。

应用范围及前景

GWAS 可实现对水资源评价与水资源配置的无缝结合，既能分析二元水循环通量变化和合理调控阈值，也可以为区域水资源的高效管理提供决策支持，既可以为相关研究人员开展水资源适应性调控科学研究，也可以为水资源决策管理者提供技术支撑和应用工具。该技术在尺度上可以覆盖从大流域到乡镇区域范围的应用，在使用对象上可以适合研究学者和规划管理人员应用。该软件已在天津、云南、江西、河北、山东等全国 20 多个区域开展了实践应用，相关成果获 4 项省部级一等奖和 1 项省级水利科技应用推广类优秀成果特等奖。

典型应用案例：

天津市生态需水分析及水资源承载模型研究、天津市水资源承载力分析及对策研究、云南省江河湖库水系连通规划战略研究、曲陆坝区等 18 个重点区域水资源优化配置调度、抚河流域水资源优化配置调度研究等项目，具有较强的实践应用价值。

■GWAS 模型计算框架与 GWAS 应用案例

■GWAS 重构数据分析 & 管理决策与软件成果

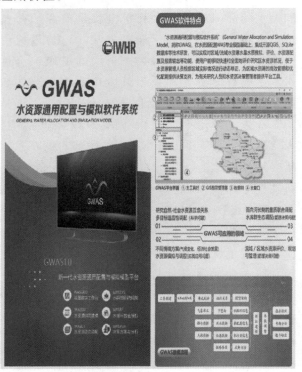

■GWAS 软件简介与特点

技术名称：水资源配置通用软件系统 GWAS
持有单位：中国水利水电科学研究院
联 系 人：桑学锋
地　　址：北京市海淀区复兴路甲 1 号
电　　话：13581563531
手　　机：13581563531
传　　真：010 - 68785606
E - mail：sangxf@iwhr.com

65 国家水土保持重点工程移动检查验收系统 V1.0

持有单位

北京地拓科技发展有限公司

水利部水土保持监测中心

技术简介

1. 技术来源

自主研发。

2. 技术原理

系统以平板电脑、便携式手持终端、无人机等作为硬件平台，基于自有 DTGIS 产品研发，并综合运用云计算语音识别等技术，实现在野外多种设备之间的信息共享与互通利用，为野外检查、验收水土保持治理重点工程提供直观的信息、便捷的数据采集手段。

3. 技术特点

（1）项目信息查询。根据项目名称，可以查询项目的基本信息、项目实施方案信息、施工准备信息、实施进度信息、检查信息、验收准备信息、验收信息。

（2）现场信息采集。系统可以通过输入文字、手写笔记、拍照、录像等方式记录现场调查情况，记录内容均与水土保持重点工程图斑关联。

（3）数据下载与上传。系统与国家水土保持重点工程项目管理系统互联，能够从国家重点工程系统快速下载待检查项目上报资料、图件，获取项目区设计图斑，通过系统自带的天地图影像为底图，快速掌握项目基本情况。检查结果编辑完成后，可上传国家水土保持重点工程项目管理系统，实现多级部门间协同监管。

技术指标

（1）功能性测试：该系统的安装、卸载测试

结论为通过；外业检查可以进行地图查询、定位、图层控制、距离/面积测算等功能；能够进行外业数据上传；可对项目进行勾选，并进行下载；可以对行动进行移除、属性、核查等操作。

（2）易用性测试：该系统的易用性、易学性、易操作性均符合测试。

（3）易安装性测试，该系统的安装、卸载测试结论为通过。

（4）用户文档：该系统文档符合完整性、正确性、一致性、易理解性、可操作性等要求。

技术持有单位介绍

北京地拓科技发展有限公司主要致力于地理信息服务平台及 GIS 产品研发、GIS 应用系统开发、空间信息服务、生态环境工程咨询等高新技术研发与服务。公司构建了水利、农业、林业、环境、国土、住建等行业信息化建设解决方案，为水土保持、土地利用等生产建设领域的规划、设计、监测、监理、技术开发、专题研究和评估提供专业化的咨询服务。

水利部水土保持监测中心主要负责组织开展水土流失综合治理与生态修复、水土流失综合治理措施技术标准体系的研究，开发建设项目水土保持方案技术审查，进行水土保持规范化管理，建立和完善全国水土保持监测网络和信息系统。

应用范围及前景

适用于水土保持工程现场管理，为野外检查、验收水土保持治理重点工程提供直观的信息、便捷的数据采集手段。

该产品在已经投入的项目中，能够协助业主单位有效完成水土保持重点工程项目管理，能够及时有效地进行针对性工程检查、抽查工作，能

够在现场调用移动终端的 GPS 获取实时位置，对于精确了解水土保持工程措施位置、数量有极大帮助。项目类型涵盖全国水土保持重点工程项目管理信息系统中所支持的所有类型，支持国家、流域、省、市、县 5 级部门应用。同时，本产品配合无人机使用，可以获取项目水土保持措施实施数量。

典型应用案例：

2016 年沂蒙山区国家水土保持重点建设项目淄川区太河西项目区雁门山小流域田庄片区工程、2017 年呼和浩特市武川县腮吾素项目区工程、2017 年呼和浩特市武川县大前地项目区工程、内蒙古自治区武川县得胜沟项目区王凤沟小流域、新密市 2018 年度国家水土保持重点治理工程等，完成了现场核查与图斑精细化管理。

■手绘标记

■项目区检查记录预览

■外业现场

■外业现场

■项目区图斑

■外业现场教学

技术名称：	国家水土保持重点工程移动检查验收系统 V1.0
持有单位：	北京地拓科技发展有限公司 水利部水土保持监测中心
联系人：	王森
地　址：	北京市海淀区复兴路甲 1 号
电　话：	010 - 51653057 - 639
手　机：	18515216403
传　真：	010 - 51653057 - 603
E - mail：	wangsen@dtgis.com

66　水利水电工程勘测三维可视化信息系统 V1.0

持有单位

长江岩土工程总公司（武汉）

技术简介

1. 技术来源

自主研发，计算机软件著作权 4 项，发明专利 3 项，企业标准 1 部。

2. 技术原理

该系统包括"野外地质信息采集系统""三维可视化地表扫描系统""工程地质信息数据库管理系统""三维地质建模技术及可视化系统"四个子系统，从数据采集开始，到数据管理、地质三维模型的建立、三维空间分析等工作，形成一套完整的以 BIM 技术为核心的水利水电工程三维勘测技术应用体系，为"水利水电工程勘测一体化"提出了解决方案，对提高我国水利水电工程 BIM 技术的推广与应用意义重大。

3. 技术特点

（1）研发了智能数字地质罗盘（发明专利），解决了地质体产状信息自动采集的难题；创建了水利水电野外地质信息采集系统（发明专利），改变了传统的数据采集模式，实现了野外地质信息的自动化采集。

（2）通过多种曲面建模方法，虚拟钻孔的构建等，解决了三维地质模型的局部动态更新这一技术难题。

（3）研发了 CATIA 与 FLAC3D 的数据连接方法，实现了三维可视化和数值模拟的无缝集成。

（4）系统集成了智能移动端及 PC 端地质数据采集、三维激光扫描、多源数据储存、管理、分析、三维地质建模及空间分析，提高了水利水电工程勘测信息化水平。

技术指标

（1）利用便于野外携带的移动平台，开发集"采集属性信息、坐标信息、图像信息"等于一体的野外地质信息采集系统；开发 PC 端后台数据处理系统，绘制各种工程地质图件及分析统计图表。

（2）利用先进的激光扫描设备，生成 X、Y、Z 三维点云数据，绘制符合工程要求的地形图，为工程地质信息数据库管理系统、三维地质建模及可视化系统提供基础数据。

（3）开发了工程地质信息数据库管理系统，具有数据录入、数据查询、数据导入、数据导出、数据统计等功能。

（4）开发了三维地质建模的集成工具条模块和有限元计算数据接口，实现了基于"水利水电工程勘测三维可视化信息系统"的各种应用，如有限元分析、开挖体方量计算等。

技术持有单位介绍

长江岩土工程总公司（武汉）为长江勘测规划设计研究院下属国有全资子公司，是从事工程勘察、设计、工程科研和水利水电施工总承包业务的高新技术企业。公司具有工程勘察综合类甲级、水利水电施工总承包壹级、工程测绘甲级、地质灾害治理工程勘查、设计、施工、危险性评估等多项甲级资质，并获得了商务部境外水利水电工程和境内国际招标工程对外承包工程经营资格证。公司下设 5 个职能部门和 5 个分公司，先后获得全国工程勘察与岩土行业诚信单位、全国水利系统勘测设计先进集体、全国水利行业技能人才培育突出贡献奖，并荣获国家、省（部）级科技奖项 50 余项，专利、软件著作权等自主知识产权几十项。

应用范围及前景

应用领域为水利水电工程、公路工程、市政工程及地质灾害治理等，该系统全面提升了工程勘测的信息化水平，促进了勘测技术的进步，提高了工作效率和质量，产生的经济与社会效益显著，推广应用前景广阔。

"水利水电工程勘测三维可视化信息系统"已在长江勘测规划设计研究有限责任公司、黄河勘测规划设计有限公司、长江三峡集团长江三峡技术经济发展有限公司Karot经理部、汉江孤山水电开发有限责任公司、贵州省公路工程集团贵州盘兴高速公路有限公司、中铁五局集团城市轨道交通工程分公司、葛洲坝集团第五工程有限公司、中国地质大学（武汉）地质调查研究院等单位数十个项目当中进行了应用。

典型工程案例：

巴基斯坦 Karot 水电站、云南省滇中引水工程、湖北省汉江孤山电站丹江库区地质灾害移民规划、三里坪水电站等。

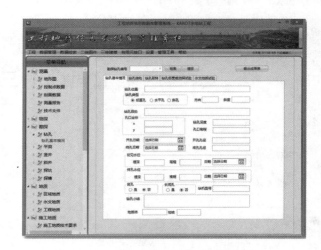

■工程地质数据库管理系统系统界面

■缅甸孟东水电站三维地质模型

■野外地质信息采集系统移动端

■巴基斯坦 Karot 水电站三维地质模型

■中国水利水电勘测设计 BIM 大赛一等奖

技术名称：水利水电工程勘测三维可视化信息系统 V1.0

持有单位：长江岩土工程总公司（武汉）

联 系 人：雷世兵

地　　址：湖北武汉解放大道 1863 号

电　　话：18502772043

手　　机：18502772043

传　　真：027－82829505

E－mail：leishibing@cjwsjy.com.cn

67　金水河长制湖长制管理信息平台

持有单位

北京金水信息技术发展有限公司

技术简介

1. 技术来源

自主研发。

2. 技术原理

依托水利部信息中心水利信息化建设工作的基础，根据《关于全面推行河长制的意见》《关于在湖泊实施湖长制的指导意见》《水利部办公厅关于印发全面推行河长制工作督导检查制度的函》《水利部办公厅 环境保护部办公厅关于建立河长制工作进展情况信息报送制度的通知》等相关文件的要求，充分利用云计算、大数据、物联网等先进技术，建设河长制湖长制基础数据库、开发河长制湖长制业务系统、公众服务系统、信息服务和展示发布系统、河长移动 APP、暗访督查 APP 等软件，采用中央与地方统分结合的技术路线，构建河长制信息平台，支持省、市、县、乡四级管理，实现跨层级的信息共享，保障河长制湖长制主要任务与保障措施落到实处以及部分业务应用的协同开展，为全面推行河长制湖长制工作提供信息技术支撑。

3. 技术特点

金水河长制平台采用云计算架构的思想，各层通过资源的池化、功能模块化、服务接口化提供相应的服务。从下至上依次是基础设施云层（Iaas）、数据层（Daas）、公共服务层（Paas）、业务层（Saas）和用户层，各层依次为上一层提供模块或同级接口化的服务；同时两个保障体系贯穿所有层次化子系统的设计，保障整个平台的信息安全、通信稳定、运维简化、总体设计标准化和规范化。

技术指标

（1）系统高效性。从实用考虑，在网络带宽保证的情况下，一般响应时间应在 3s 以内，复杂的大数据量运算，响应时间也应在 5s 以内。

（2）系统可靠性。系统一旦发故障，能够迅速恢复，并且保证重要数据不丢失，保证 7×24h 运行。

（3）系统并发量。综合考虑各级用户的数量和访问频率，平台可支持 4000 人同时在线进行系统访问、操作；移动端用户主要是河长、河长制办公室以及河湖巡查员，综合考虑各级用户的数量和访问频率，可支持 5000 人同时在线进行巡查；微信端公众用户数量较多，但根据地市调研情况，公众查询、投诉访问并发量不超过 1000 人。

（4）系统灵活性。支持业务扩展及流程变更需求，支持与其他系统接口。

技术持有单位介绍

北京金水信息技术发展有限公司是水利部信息中心（水利部水文水资源监测预报中心）全资高新技术企业，在职职工共 200 余人，其中专业技术人员共 173 人。自 1998 年成立以来，秉承"品质如金、活力似水"的企业文化，坚持"高新技术、卓越质量、优质服务"的经营宗旨，提供从智慧感知产品、涉水业务应用到云计算、大数据分析的整体解决方案及服务。针对"水利工程补短板，水利行业强监管"的治水工作重点，公司围绕"防洪、供水、生态修复、信息化"四大水利工程短板提供全面的信息化提升方案及产品服务。对于"江河湖泊、水资源、水利工程、水土保持、水利资金、行政事务工作"的监管提供安全、可靠的技术支撑。

应用范围及前景

适用于各级河长制办公室、河长、相关成员单位，用以支撑河长制湖长制工作的开展，提供完整、实时、可靠的河长制湖长制相关信息，保障考核评价结果的准确化和公平化，提高河长制湖长制落地实施的可行性和时效性。

已在全国河长制湖长制管理信息平台、湖南省河长制湖长制工作综合管理信息系统、吉林省河长制湖长制专业信息系统、黑龙江省河长制湖长制管理信息系统等项目中应用。

典型应用案例：

全国河长制湖长制管理信息平台。2018 年 1 月，全国河长制湖长制管理信息平台正式上线，平台对全国省市县各级河长办填报信心展示，包括工作方案、工作制度、组织体系等内容。河长办可以及时了解掌握各地河长制工作落实情况，提升了河长制工作的管理能力和信息化管理水平，有效支撑河长制、湖长制从"有名"到"有实"、从"见河长"到"见实效"转变，助力河湖"清四乱"专项行动，水岸联动补短板。

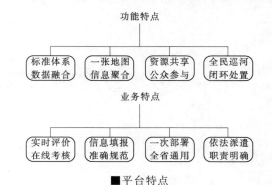

■ 平台特点

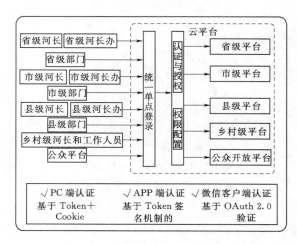

■ 网络部署

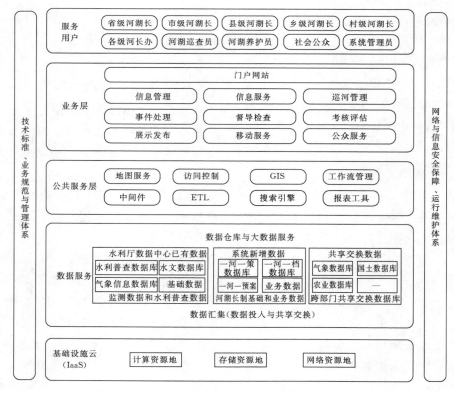

■ 系统架构

■ 典型界面（综合信息）

技术名称：	金水河长制湖长制管理信息平台
持有单位：	北京金水信息技术发展有限公司
联 系 人：	胡亚利
地　　址：	北京市宣武区白广路二条 2 号
电　　话：	010 - 63204907
手　　机：	18611835832
传　　真：	010 - 63202200
E - mail：	huyali@mwr.gov.cn

68 尚水海绵城市监测与调度管理系统 V1.0

持有单位

北京尚水信息技术股份有限公司

技术简介

1. 技术来源

自主研发。

2. 技术原理

该系统采用 B/S 架构，使用 WebGIS 技术、数据库技术、中间件技术、微服务技术等。Web-GIS 系统是 Web 技术和 GIS 技术相结合的产物，是利用 Web 技术来扩展和完善地理信息系统的一项技术。当 Web 浏览器（客户端）连到服务器上并请求系统服务时，地图发布服务程序负责为前端提供地图服务，用户请求的数据，也可叠加显示到 GIS 地图上，呈现到客户端浏览器。

3. 技术特点

（1）该系统使用浏览器即可登陆操作，覆盖电脑端、手机端多种客户端，不需要再安装其他软件维护和升级简单。

（2）无论用户的规模有多大，有多少分支机构都不会增加任何维护升级的工作量，升级维护操作只需要针对服务器进行。

（3）系统兼容性强，兼容多种 GIS 系统、数据库系统；使用微服务的扩展方式，通过可独立部署的服务套件实现完整的系统服务。

（4）兼容市面大部分感知设备，并可灵活扩展；集成多种数学模型，可适用于管网、河流、城市等应用场景下的水动力、水环境、防洪减灾等业务方向的计算与模拟。

技术指标

尚水海绵城市监测与调度管理系统 V1.0 共五大操作模块。

（1）一张图：将水利工程、监测站、监测设备、市政工程等信息展示在地图中。

（2）规划管理：包含规划文件管理和报规文件管理，支持增、删、改、查。

（3）应急管理：对流域、城市防洪和水环境进行模拟展示、预案处理。

（4）数据管理：包含流量、水位、水质站点的数据监测，以曲线图显示便于分析，支持各类数据的查询和导出。

（5）系统管理：用户权限设置、查看登录日志和版本管理。

技术持有单位介绍

北京尚水信息技术股份有限公司集海内外高层次人才团队智慧，为全生态流域提供专业的技术与前瞻性的视角，是中国领先的水行业与水科学智慧管理整体解决方案服务商。公司业务紧密围绕水资源高效利用、水环境持续改善、水生态文明建设等领域的智慧化管理，以及水科学基础理论研究的高端试验量测、数字实验室建设与管理，具有方案规划、工程实施和系统运维等综合能力。

应用范围及前景

应用于海绵城市建设、城市水文监测、城市排水管网监测、城市防洪内涝管理等项目。

该系统实现海绵城市关键指标的监测管理与应急管理，主要包括海绵设施的要素监测、监测设备管理、应急管理、数据管理等功能，监测要素包括流量、水深、水质、水温等；拥有完整的调度流程，实现物资人员在线调度，并支持对应急过程的在线监控及应急效果评价等。

典型应用案例：

重庆市悦来新城海绵城市监测与信息平台建设、焦作市丰收游园片区进行典型监测和平台、北京市通州区海绵城市试点建设项目。

■ 系统首页

■ 资产管理

■ 设施数据

■ 模拟预警

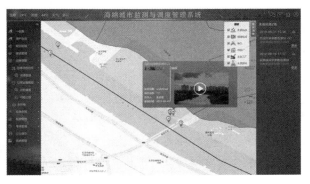

■ 监测报警

技术名称：	尚水海绵城市监测与调度管理系统 V1.0
持有单位：	北京尚水信息技术股份有限公司
联系人：	赵双玉
地　址：	北京市海淀区上地五街 7 号昊海大厦 303 室
电　话：	010－62988330－625
手　机：	15810807269
传　真：	010－82864625
E－mail：	sinfotek_zhb@126.com

69　尚水海绵城市运维绩效管理系统 V1.0

持有单位

北京尚水信息技术股份有限公司

技术简介

1. 技术来源
自有技术。

2. 技术原理
该系统采用 B/S 架构，使用 WebGIS 技术、数据库技术、中间件技术、微服务技术等，Web-GIS 系统是 Web 技术和 GIS 技术相结合的产物，是利用 Web 技术来扩展和完善地理信息系统的一项技术。当 Web 浏览器（客户端）连到服务器上并请求系统服务时，地图发布服务程序负责为前端提供地图服务，用户的请求的数据，也可叠加显示到 GIS 地图上，呈现到客户端浏览器。

3. 技术特点
（1）该系统使用浏览器即可登陆操作，覆盖电脑端、手机端多种客户端，不需要再安装其他软件维护和升级简单。

（2）规划无论用户的规模有多大，有多少分支机构都不会增加任何维护升级的工作量，升级维护操作只需要针对服务器进行。

（3）系统兼容性强，兼容多种 GIS 系统、数据库系统；使用微服务的扩展方式，通过可独立部署的服务套件实现完整的系统服务；兼容市面大部分感知设备，并可灵活扩展。

技术指标

尚水海绵城市运维绩效管理系统 V1.0 主要包括五大操作模块。

（1）一张图：在地图上展示所有站点的位置、信息、数据，可以直观的查看海绵城市的整体概况。

（2）规划管理：对规划指标的管理，政策与技术文件管理，报规文件管理。

（3）运维管理：对设备、资产的管理；日常河长对河道的巡查和问题上报机制。

（4）考核管理：包括流域考核管理、海绵考核管理两个模块。

（5）系统管理：包含权限配置、日志管理、版本管理和系统参数管理。

技术持有单位介绍

北京尚水信息技术股份有限公司集海内外高层次人才团队智慧，为全生态流域提供专业的技术与前瞻性的视角，是中国领先的水行业与水科学智慧管理整体解决方案服务商。公司业务紧密围绕水资源高效利用、水环境持续改善、水生态文明建设等领域的智慧化管理，以及水科学基础理论研究的高端试验量测、数字实验室建设与管理，具有方案规划、工程实施和系统运维等综合能力。

应用范围及前景

应用于海绵城市、流域综合管控、河长制管理平台等领域，可实现对设施的运维管理及设施效果的绩效考核。该系统实现海绵城市基础设施、监测设施的运维管理与海绵城市相关指标的绩效管理，主要包括运维过程中，工程设施的设施总览、巡查管理、设备设施维护养护管理等功能，并支持对运维工作、设施建设效果的绩效评估。

典型应用案例：

焦作市丰收游园片区进行典型监测和平台建设项目、北京市通州区海绵城市试点建设项目、

重庆市悦来新城海绵城市监测与信息平台建设等
项目。

■系统首页

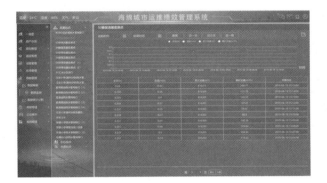

■流量数据监测

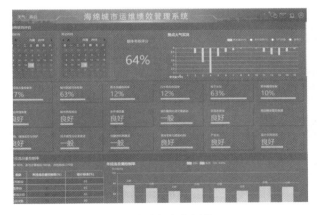

■海绵城市考核评估

■流域考核评估

■规划模拟

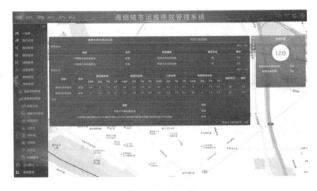

■水质达标率

技术名称：尚水海绵城市运维绩效管理系统 V1.0

持有单位：北京尚水信息技术股份有限公司

联 系 人：赵双玉

地　　址：北京市海淀区上地五街 7 号昊海大厦
　　　　　303 室

电　　话：010 - 62988330

手　　机：15810807269

传　　真：010 - 82864625

E - mail：sinfotek _ zhb@126.com

70　BSS－3 水电厂高精度多时钟源卫星统一对时系统

持有单位

北京中水科水电科技开发有限公司

技术简介

1. 技术来源

BSS－3 水电厂高精度多时钟源卫星统一对时系统由北京中水科水电科技开发有限公司（中国水利水电科学院自动化所）自主研发，具有完整知识产权，主要解决发电厂、变电所全厂时间统一对时的问题。

2. 技术原理

该系统时钟源采用天地基互备，并实现多源无缝且换。系统构架采用分层、分布开放式网络结构，使整个时钟系统具有灵活性的扩展性，尤其解决大型水电厂对时区域分布广、对时设备多、接口种类多、安全分区多的统一对时问题。

3. 技术特点

（1）时钟主站由两台互备主钟构成，每台主钟都同时接受北斗和 GPS 信号，两台主钟光纤互备支持本地自主守时。每台主钟都带相同数量的光输出接口，为下一级时钟设备提供互备光输出时钟信号。

（2）时钟分站由扩展时钟组成，扩展时钟采用双信号输入，两路信号分别来自两个主时钟，当一路信号出现故障时，自动切换到另一路信号工作。各层之间采用双光纤网总线连接，构成高可靠冗余的网络。

（3）该成果在系统结构、可靠性保障技术、可扩展性等方面具有创新，对时精度优于微秒级，整体技术水平先进。

技术指标

（1）北斗二代接收。

接收频率：1568MHz；

冷启动：35s，热启动：1s，重捕获＜1s；

天线增益：15～50dB；

1PPS 精度：100ns。

（2）GPS 接收。

接收频率：1572.42M，冷启动：200s；

捕获时间：热启动 25s，温启动 50s；

同时接收卫星数：12；

天线灵敏度：（26±2）dB；

1PPS 精度：20ns(6σ)。

（3）对时精度。

脉冲对时：1μs；

IRIG－B 码校时：≤2μs，DCF77 对时：≤2μs；

NTP 网络对时：≤10ms；PTP 网络对时≤500ns；原子钟：≤1μs/h　恒温晶振：≤55μs/h。

（4）交流电源。

电压：220V，−15％～＋15％；

频率：50Hz，±5％；

谐波含量小于 5％；

可靠性（MTBF）：≥25000h。

技术持有单位介绍

北京中水科水电科技开发有限公司成立于 2004 年，系中国水利水电科学研究院与中国长江三峡集团有限公司共同出资兴办的高新技术企业，由中国水利水电科学研究院自动化研究所、水力机电研究所为基础转制组建，是我国专门从事水利水电机电及自动化系统和装置的设计、制造及服务的骨干企业之一。主要业务包括水利、水电及新能源领域的计算机监控与集控、水轮机调速器、信息化、主设备在线监测与故障诊断、虚拟现实与培训仿真、水情测报与水调自动化、水力机械、水力机械试验等相关技术的研究、开发、制造及系统成套、工程总承包、咨询与服务等。公司具有多个核心产品，如 H9000 水电站站计算机监控系统、SMA2000 状态监测分析系统、BSS-3 卫星同步时钟管理系统、HR9000 水情自动测报系统、SD2008 水调自动化系统，多个软件产品通过软件著作权登记和软件产品登记，拥有 49 项专利。

应用范围及前景

适用于发电厂、变电所等全厂时间统一对时。主要高精度授时时间问题。

正确的时间标签对于事故原因分析和快速恢复意义重大，不仅要求传统的监控、励磁、调速、继电保护系统、故障录波器等和时钟装置进行时间同步，而且包括同步相位测量、行波测距、功角测量在内的所有二次系统都要求时间同步，根据国家电网的要求，各发电厂、变电站都需要建设全厂统一的时钟同步系统。

BSS-3 系统已被推广应用到葛洲坝、三峡、溪洛渡、向家坝、白山、龙羊峡、五强溪等特大型电站，在白山电站智能化改造工程中，采用 PTP 技术，实现了流域"一厂四站四地"（白山-红石、桦甸、吉林）的时钟同步。全厂卫星时钟同步技术具有广阔的推广前景。

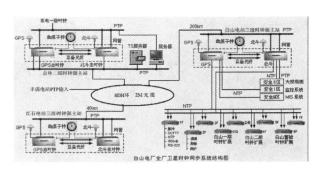
■白山电厂全厂卫星时钟同步系统架构图

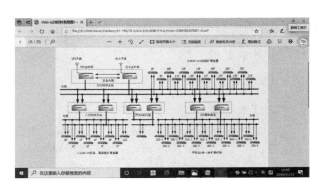
■GZB 时钟系统图

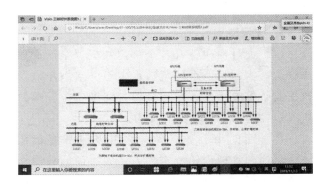
■三峡时钟系统图

■葛洲坝大江 GPS 主站

技术名称：BSS-3 水电厂高精度多时钟源卫星统一对时系统
持有单位：北京中水科水电科技开发有限公司
联系人：陶林
地　　址：北京市海淀区复兴路甲 1 号
电　　话：010-68574298
手　　机：13901236342
E-mail：Jktaol@iwhr.com

71　四创河长制综合信息管理平台

持有单位

四创科技有限公司

技术简介

1. 技术来源
自主研发。

2. 技术原理
以信息化为抓手建立河长制长效机制，建设"横向到边，全面提升河湖健康监控管理能力；纵向到底，面向河长及社会公众提供差异化服务"，实现"河湖综治化、健康指数化、管理精细化、业务流程化、巡查标准化、考核指标化"。

3. 技术特点
（1）通过横向整合各个部门数据，全面覆盖水资源、水污染、水环境、水生态、水域岸线及执法监管等方面业务，综合提升河湖资源管理的实时监控能力和综合执法能力。

（2）面向市、县、乡、村四级河长提供服务，将河湖管理责任落实到人；同时面向社会多渠道发布河湖治理相关信息，与公众在线交互，从注重河湖整治向全民治水转变。

（3）整合各个部门资源，将基础数据、监测数据和业务管理数据通过一张图的方式展示，总河长可以通过一张图展示全面了解河湖健康状况，为决策提供支撑。

（4）通过分权分级的管理模式，面向市、县、乡、村四级河长提供精准、差异化服务，实现精细化管理。通过考核排名实施对比，对不同层级的河长进行监督考核。

（5）河长制移动应用平台实现巡查信息的自动上报，且巡查时可实现自动定位进行定位有效监测，同时针对不同巡查人员，实现傻瓜式操作，最终巡查信息都能够全过程、全留痕的记录管理。

技术指标

（1）对软件系统的各类人机交互操作、信息查询、图形操作等应实时响应；信息查询、操作、输入界面用图形、文字和数据三种方式在计算机上展现；系统采用现有的电子地图。

（2）采用 WebGIS 方式执行 GIS 的分析任务。通过标准的浏览器访问地图服务，对于水环境信息的相关处理，均要求能在 GIS 上进行可视化处理查询，并能实现无级缩放。

（3）信息查询：用图形、文本和表格方式在计算机上展现，具有报表打印功能，操作简单易用；图形操作：用图形、文本和表格方式在计算机上展现，具有报表打印功能，操作简单易用。

（4）采用现有的电子地图。WebGIS：响应速度小于 5s；复杂报表：响应速度小于 5s；一般查询：响应速度小于 3s。

技术持有单位介绍

四创科技有限公司成立于 2001 年，是一家防灾减灾信息与应用服务提供商，注册资金 5100 万元。四创科技自成立起始终致力于中国防灾减灾事业，为政府提供防灾减灾信息化全面解决方案；为产业提供防灾减灾信息与应用租赁服务；为社会公众提供防灾减灾信息预警服务。涉足的领域包括国内水灾害、海洋灾害、气象灾害、地质灾害、环境保护等，是国内同行业研发实力强、服务范围广的高新技术企业、双软认定企业之一。在技术研发实力和创新能力上均取得了相关政府部门及企事业单位一致认可，通过了计算机信息系统集成二级资质认证、CMMI 5 级国际软件质量

管理认证、ISO 9001 质量管理体系认证等资质认证，设立了"福建省防灾减灾信息与应用工程研究中心""博士后工作站"等成果转化平台，为公司技术水平进一步提升提供强有力的后盾。

应用范围及前景

适用于省、市、县、乡、村各级河湖管理单位（河长制办公室）。四创河长制综合信息管理平台已在浙江台州河长助手、江门新会区河长制信息化解决方案、广东智慧河长等项目中应用，平台的社会效益和经济效益显著。

典型应用案例：

台州河长制的功能主要有三个方面。移动端包含的功能模块：开始巡河、巡河记录、河道资料、河长督导、待办事宜、信息交流等、考核排名；微信端包含的功能模块：治水动态、河道信息、公众投诉、意见建议；云平台端包含的功能模块：首页、专题汇展、河道信息、公众投诉、河长督导、河长日记（包括巡河热力图）、信息交流、数据统计、后台管理。

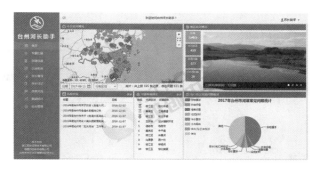

■河长制综合信息管理平台端功能

■移动端功能

■平台功能示意图

■微信端功能

■河长小助手

技术名称：四创河长制综合信息管理平台
持有单位：四创科技有限公司
联 系 人：封敏
地 址：福建省福州市海西高新区高新大道 9 号 星网科技园四创科技大厦 10 层
电 话：0591 - 22850288
手 机：18250320800
传 真：0591 - 22850299
E - mail：fm@strongsoft.net

72 "微河长"全民参与智慧河长平台

持有单位

浙江绿维环境股份有限公司
浙江大学环境污染防治研究所
杭州师范大学

技术简介

1. 技术来源

自主研发。

2. 技术原理

"微河长"全民参与智慧河长平台依据河长制的管理特点及需求,整合了物联网、云计算和现代信息传媒技术等技术,配合视频图像实时采集、治水设备运行宏观管控、断面水质实时监测等工程监测与管理手段,实现了面向公众和各级河长的智慧平台。

"微河长"主要依托微信平台,提供两种交互方式。第一种,社会公众和各级河长可以通过微信小程序、微信公众号,登录微河长客户端,做到拍照记录日常巡河;实时发布河长工作;反馈问题河流;上报河道周边废水、固废情况;掌上测水等。第二种,对人力巡查较困难的区域,或需要重点巡视监测的区域,各级河长和管理人员可以应用智慧巡检照片采集系统,通过平台远程控制,实时查看和统计河湖情况、河道污染源治理情况和水质变化情况,做到智慧化、信息化监管。

3. 技术特点

(1)开放共享,简单易用。很好地利用了微信客户端普及、方便、体验度友好的特点,做到全民参与治水。

(2)实施记录,规范巡河。使得各级基层河长能够实时用照片、文字的方式记录巡河情况,

及时查看群众反馈,提高管理水平。

(3)智慧巡检,不留盲区。在人力较难监管的区域,辅以"微河长"智慧巡检照片采集,有效地提高了巡河、监测数据的可靠性、实时性。

技术指标

"微河长"平台采用数据库 MySQL5.6,服务器 8G/内存 500G 硬盘,实际配置参数根据用户数量进行调配。主要工程监测设备的技术指标参数如下:

(1)智慧盒子(数据采集器)。

体积:长 153mm×宽 91mm×高 35mm;

工作环境温度:$-20\sim+80℃$;

电源输入电压:直流 $12\sim24V$;

模拟量输入阻抗:250Ω;

模拟信号采集:$4\sim20mA$;

脉冲及开关量:采集电磁阀门的开关闭合状态;防护等级:IP65。

(2)摄像头。

体积:长 300mm×宽 100mm×高 120mm;

图像传感器型号:OV7670;

工作环境温度:$-20\sim+80℃$;

电源输入电压:直流 12V;

防护等级:IP67;

像素:300 万。

技术持有单位介绍

浙江绿维环境股份有限公司,是国内优秀的水生态治理企业,专业致力于智慧生态环境建设。业务方向包括:水生态环境修复与建设管理,智慧水生态系统建设管理,智慧环境过程化管理服务。作为浙江省科技厅认定的国家高新技术企业,绿维环境立足于环境大数据,为企业和

政府提供高效、优质的环境问题解决方案，业务遍布浙江、安徽、新疆昌吉等众多地区。企业开发的"微河长"全民参与智慧河长平台，受到团中央、团省委、环保部华东督查局高度重视，并通过浙江省环境保护厅评审，被列入《浙江省五水共治推荐产品服务名录》，是湖州市唯一入选的服务产品。企业开展的智慧环境服务，成功推进了多项河长制建设，为浙江省五水共治做出贡献。

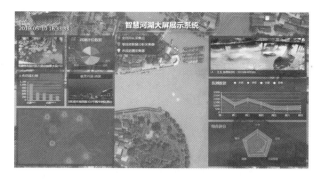

■微河长电脑端-智慧河湖大屏展示系统

应用范围及前景

"微河长"平台适用于社会公众和省、市、县级河长部门，应用于河长制信息化管理。具体包括视频图像在线监控、水质在线监测、河道和流域水污染治理、水生态保护等。

■智慧盒子采集器

该微河长平台已在浙江杭州、浙江湖州、安徽合肥等的水体修复工程、一河一策技术服务项目、"河小青"等各类项目中得到广泛应用。

典型应用案例：

浙江省湖州市吴兴万名河小青志愿服务治水百日攻坚行动、湖州市东林镇河道生态修复工程、微河长-全省守护河道一公里等项目。

■吴兴万名河小青志愿服务治水百日攻坚行动

■微河长界面

技术名称：	"微河长"全民参与智慧河长平台
持有单位：	浙江绿维环境股份有限公司
	浙江大学环境污染防治研究所
	杭州师范大学
联 系 人：	徐颋
地 址：	浙江省湖州市吴兴区环城西路 322 号金航大厦 6F
电 话：	0572 - 2052779
手 机：	13588163523
传 真：	0572 - 2052779
E - mail：	88273236@qq.com

73　南大五维生态环境多源立体感知系统

持有单位

江苏南大五维电子科技有限公司

技术简介

1. 技术来源

自主研发。

2. 技术原理

该系统主要由立体多源感知、AI 生态分析、一图展现三方面组成，通过高光谱遥感、生态环境物联网传感、高灵敏夜视取证、AI 遥感影像分类识别、流域水质分布反演、AI 产业结构绿色发展分析、流域多图层全景展现等技术，从天、空、地三个方面实现水生态环境大数据的全面感知，实现从"水里"到"岸上"的生态环境监测，覆盖范围从"微观"扩展到"中观""宏观"，全面展现城市生态环境，找准污染源头高效整治，支撑产业结构优化调整，促进城市绿色高质量发展。

3. 技术特点

（1）数据共享，消除信息孤岛。通过建设物联感知平台，实现物联感知设备和数据的统一管理和分享，联合大数据平台和人工智能平台，推动一系列可复制可推广，政府、民生、企业三方共同受益的强应用场景落地。

（2）全覆盖式规模化精准监控，提升精细化管理能力。对监测区域的全覆盖式精准监控，消灭监测盲区，实时掌握区域内生态环境变化趋势，针对污染区域，结合周边排放源信息，为环境巡查、污染溯源、精准治理提供数据支撑。

（3）助推生态环境长效管理，促进城市或地区生态建设。形成"用数据说话、用数据决策、用数据管理、用数据创新"的管理机制，实现基

于数据的科学决策，推动生态环境治理向信息化、精细化、智能化方向发展。

（4）提升生态环境质量，塑造更加宜居的生态环境。形成一套集监测、预警、指挥、执法、管理五位一体的环境监管模式，实现从传统"点对点"（巡查人员对具体污染区域）的监测监管模式向"点对面"（巡查人员掌握所有点位的污染状况）模式转变，实现监测数据第一时间上报，发现问题第一时间整改，切实改善生态环境质量。

技术指标

（1）无人机光谱视频相机：光谱范围 450～900nm；光谱分辨率 4nm @ 550nm/6nm @ 700nm；波段≥140 个；分辨率 200 万；采集频率 15/s。

（2）卫星高光谱遥感：由高光谱影像结合地面监测数据，计算反演得出流域富营养化、水色、透明度和水质等水体生态指标分布图像；灰度值服从正态分布，层次丰富，纹理细节清晰，色调正常，无明显噪声、斑点、坏线、变形、异常高亮和信息损失。

（3）水质物联网监测如下。

主机：工作条件 0～60℃，≤95％RH；NB/LoRa＋五维云平台；频率 15min（可定制）；电池＋太阳能供电，12VDC。

氨氮：量程 0～100mg/L；精度≤±5％FS；分辨率 0.1mg/L。

溶解氧：量程 0～20mg/L；精度≤±3％FS；灵敏度 0.01mg/L。

浊度：量程 0.3～1000NTU；精度＜5％或 0.3NTU；灵敏度 0.1NTU。

COD：量程 0.75～370mg/L；精度≤5％FS。

pH 值：量程 0～14；精度≤±0.02；灵敏

度 0.01。

ORP：量程－1500～＋1500mV；精度≤±3mV；分辨率 1mV。

电导率：量程 0～2000μS/cm；精度≤1.5％。

叶绿素：量程 0～400μg/L；精度≤3％；灵敏度 0.1μg/L。

技术持有单位介绍

江苏南大五维电子科技有限公司，是一家致力于高端传感和成像技术研发及产业化建设的国家高新技术企业。公司为江苏省 AAA 级资信企业，通过了 ISO 9001 质量管理体系认证，是南京市建邺区政府实施"531 计划"以来的第一个股权投资案例。公司核心技术获得 2016 年度国家技术发明二等奖、中国国际工业博览会创新金奖、2017 年度国防科学技术奖、2018 年度科技产业化二等奖；公司水环境物联网监测系统产品获得工业和信息化部电子元器件行业发展研究中心高度肯定，并签署了《环境综合治理物联网监测系统战略合作协议》进行行业推广应用；公司还获得中国 LoRa 应用联盟的"中国 LoRa 应用联盟成员"、华为公司的"NB－IoT 华为技术认证"，中国移动的"中国移动物联网联盟"等认定。

应用范围及前景

适用于生态环境多源立体感知系统的建设，将解决生态环境时间、空间监测的相互独立问题，实现域内生态环境监测"微观""中观""宏观"三个尺度全覆盖，有效打通"水里""岸上"的监测壁垒，最终实现高光谱生态环境遥感分类识别分析反演、水环境物联网感知、高灵敏夜视取证、流域多图层全景展现等一系列创新实用的功能应用。

典型应用案例：

"生态眼"——长江经济带（南京段）生态环境立体多源实时动态、南京市建邺区"智慧环保"升级和运维服务、南京城市综合感知平台（一期）、南京城市综合感知平台（二期）、南京市重点河道和重点断面水质监测分析试点应用等项目。

■生态多源立体感知系统架构图

■系统工作示意图

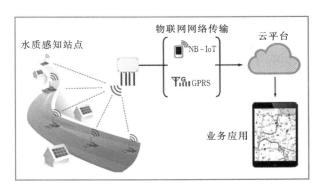

■南京重点河道和重点断面水质感知站点监测案例

技术名称：南大五维生态环境多源立体感知系统
持有单位：江苏南大五维电子科技有限公司
联 系 人：朱曦
地　　址：南京市建邺区嘉陵江东街 18 号 04 幢 13 层
电　　话：025－86750509
手　　机：15380958344
传　　真：025－86750509
E－mail：zhuxi@tech-5d.com

74　华控创为河长制河道监管智慧灯网系统

持有单位

北京华控创为南京信息技术有限公司

技术简介

1. 技术来源

自主研发。

2. 技术原理

该系统技术架构上分为设施层、传输层、数据层、平台层和应用层。应用 5G、物联网、人工智能等新型技术推动智慧城市 2.0 的建设，以此构建的城市物联网中心，打破照明、交通、环保、安监等多部门的信息孤岛，实现统一管理。利用大数据分析平台，对数据进行挖掘、采集、加工、分析，为城市智能化管理提供重要的决策依据。

3. 技术特点

（1）智慧灯杆可作为物联网建设的前端支撑物，集多种功能于一体，便于统筹规划、合理利用资源，后端物联网运营中心是项目系统建设的核心支撑，既承担整个系统的数据资源的汇聚存储、加工处理、共享交换、开放应用等重要功能，又为水利、市政、公安、环境、交通、气象及综合指挥调度提供技术支撑。

（2）河长制河道监管智慧灯网系统是构建物联网系统数据的管理和运行软件系统，集中处理各采集设备收集的数据信息，采用云计算大数据技术对水质、水源、环境等数据进行智能模型分析。通过智慧灯杆上的物联网传感器连接系统，真正实现"智慧式服务、运行和管理"。

（3）系统功能特点：多杆合一、一杆多能；工艺新颖；扩展性强；安全性强；数据处理能力强；功能强大。

技术指标

（1）后台软件相关技术指标。

系统支持多级部署；灯杆配装设备的所有业务功能实现集成化管理；软件操作简单、功能与逻辑清晰，易于使用。

（2）前端设备指标。

灯杆为组合灯杆，预留功能扩展接口，可加装扩展设备；钢结构生产为焊接结构，国家标准要求生产，复合材料采用 RTM 工艺；采用模组化模块化设计，可单独更换模组，防护等级不低于 IP65。灯具眩光限制符合标准 JT/T 367—1997。路灯灯色 3000K±175K。LED 路灯工作 20000h，光衰≤20%，使用寿命≥50000h。

技术持有单位介绍

北京华控创为南京信息技术有限公司成立于 2017 年，注册资本 5000 万元人民币。公司位于南京市浦口高新区，正式员工 50 余人。华控创为是以语音信息处理技术为核心，致力于人工智能及军民融合领域的高新技术企业，2018 年实现自主知识产权申报 35 项，营业总收入达 3000 万元。作为清华控股旗下企业，华控创为依托清华大学电子工程系八大学科及国家语音信息处理重点实验室的核心技术优势及科研、人才资源优势，在人工智能领域拥有核心算法、云计算、大数据等核心技术，基于核心技术形成了智能语音私有云平台、城市物联网平台、声学传感器等产品和解决方案。

应用范围及前景

适用于水利信息化系统建设与河道监控管理。通过在智慧灯杆安装监控摄像机实现对河道船流，交通状态进行监控、抓拍违法违规船只。建立水文

水质监测系统，水源水质监测，pH值、余氯、浊度、电导率等数据监测。"一站式服务"的河长制信息化平台，与智慧灯网其他子系统按照资源共享原则进行联动，对监测信息资源充分整合、共享利用、发挥其最大效能。利用智能信息感知、大数据挖掘、智能决策等理论技术，打造以智慧灯网为载体的"智慧化"的河长制河道监管系统。

典型应用案例：

2018年7月与江苏省秦淮河水利工程管理处合作，在外秦淮河河道堤防处部署15个智能灯杆，实现了堤防道路照明、视频监控、河长制信息发布等功能，应用情况良好。

■智慧灯网应用场景-湖泊

■智慧灯网-智能灯杆产品

■河长制河道监管智慧灯网系统界面A

■河长制河道监管智慧灯网系统界面B

■智慧灯网应用场景-河道

■智慧灯网应用场景-水库

技术名称：华控创为河长制河道监管智慧灯网系统
持有单位：北京华控创为南京信息技术有限公司
联 系 人：胡紫龙
地　　址：南京市浦口区浦滨路88号科创总部大厦
电　　话：025 - 58750498
手　　机：13813863619
传　　真：025 - 58750496
E - mail：huzilong@thcwei.com

75　雨量计智能防护系统

持有单位

德州黄河建业工程有限责任公司

技术简介

1. 技术来源

由于雨量计的工作环境均为空旷的露天场地，承雨口始终向上敞开，空中沙尘及杂物飘落其中会堵塞仪器；另外，露、雾、霜等天气以及爬虫也会对仪器产生不利影响，从而对降雨量的计量形成偏差，某些情况下还会导致雨量计的损坏，影响到气象水文资料的整理分析，甚至会对雨情水情等产生重大的判断失误，后果严重性不容小觑。因此自主研制了雨量计智能防护装置（系统）。

2. 技术原理

雨量计智能防护装置（系统）由光敏传感装置、机械防护装置、PC 运行控制器三个结构装置构成，形成一个完整的智能型保护装置，能够完全实现雨量计的无人智能实时防护。在不降雨时，防护罩始终处于关闭状态，预防空中沙尘、杂物飘落到雨量计内，避免对雨量计造成堵塞而影响仪器正常工作，同时免除了人工清理雨量计的麻烦，减轻了劳动工作量，提高了仪器观测精度；当降雨发生时，防护罩能够立即自动打开，正常进行雨量计收纳降雨和测量工作。

3. 技术特点

（1）该系统的使用，不仅免除了人工频繁清理遥测雨量计承雨器的繁琐劳动，而且有效预防了因沙尘、杂物进入引起的堵塞。

（2）该系统在各个级别的雨量和各种降雨条件下都能够在 0.1s 内完成开启。停雨后等玻璃上的水蒸发后系统能及时关闭。

（3）在电源突然停电的情况下，系统会自动启用紧急备用电源，使机械防护装置迅速打开，并处于等待供电状态，从而确保在电源停电时，遇到降雨也能及时打开防护装置，不至于影响雨量计的正常工作。

（4）雨滴传感器上遇有固体杂物时，系统并没有进行任何操作反应，说明系统只接收雨、雾信息并进行相应运行。

（5）在冬季降雪时，由于先期都有雨水降落，通过数次降雪观察，系统都能正常反应和运行。

技术指标

（1）光敏传感器型号：HL304HY。

（2）升降装置采用 38STG-50 型电动直流推杆电机，工作电压 12V，工作电流 0.6A，升降行程为 10~1500mm。

（3）旋转电机型号为 WS37GB325 直流电机，功率 10W，转速 10~600r/min，工作电压 12~24V，工作电流 0.6A。

（4）控制软件通信协议采用 RS-485 协议。

（5）系统做出反应并完成开启或关闭的工作时间不超过 1s。

技术持有单位介绍

德州黄河建业工程有限责任公司是黄河水利委员会直属的具有独立法人资格的国有企业，具有水利水电工程施工总承包壹级、市政公用工程总承包叁级资质，注册资金 8032.80 万元。公司多年来从事水利水电工程施工和安装，积累了丰富的施工管理经验，储蓄了技术装备力量。公司多个项目荣获黄河水利委员会三新（新技术、新方法、新材料）认定、山东黄河科技进步奖和火花奖，获得过多项实用新型专利证书。公司先后荣获"全国农林水利产（行）业劳动奖状""水

利部黄河委员会先进集体""黄河水利建设市场优秀企业",两度被评为"全国优秀水利企业",多次荣获"山东黄河优秀企业"和"山东黄河经济工作先进集体"称号,连续多年保持全国水利信用等级 AAA 级企业、省级守合同重信用企业荣誉称号和市级精神文明单位称号。

应用范围及前景

适用于雨量计的防护。

典型应用案例:

山东黄河水文局泺口水文站雨量计运行维护、齐河黄河河务局防汛雨量计维护、齐河县气象局雨量计维护等项目。该系统在完全满足雨量计正常观测需要的同时,又能对其实施有效防护,实现了防护工作的智能化,且运行安全可靠。

■下雨后防护系统立即开启

■雨量场

■雨量计智能防护系统完全开启状态

■雨停后防护罩回旋关闭过程中

■不降雨时防护系统处于关闭状态

技术名称:雨量计智能防护系统
持有单位:德州黄河建业工程有限责任公司
联 系 人:戚涛
地　　址:山东省德州市齐河县齐鲁大街 219 号
电　　话:0534 - 8363412
手　　机:13953402849
E - mail:564273312@qq.com

76　EKL2000A 型水文缆道控制台

持有单位

江苏南水水务科技有限公司

技术简介

1. 技术来源

自主研发。

2. 技术原理

EKL2000A 型水文缆道控制台是将 PLC 技术、应用电子技术、远程测控技术和 AI 技术结合在一起的能够远程实现水文缆道全自动测流的高新技术产品。

现地缆道控制箱的主控制器为 PLC，通过对 PLC 的程序设计，实现了全自动测流控制、水平垂直距离校准、各类传感器数据采集和上位机数据指令交互等功能。

远程全自动测流集控平台硬件结构由计算机和监控大屏两部分组成，通过平台可控制多个站点的缆道控制台完成测流工作，并可通过视频实时监控测流过程，测流数据实时汇总、存入数据库并形成规范的报表。该平台基于 VS 平台开发，可稳定运行在 Windows 7 以上操作系统，设计了人性化的操作界面，链路层使用 OPC 服务程序与现地缆道控制箱的主控制器 PLC 远程通信。

3. 技术特点

（1）具备两个操作平台，即远程和现地两个操控界面，在二者其中之一出现故障后，可实现自动切换，保障测流工作顺利完成。

（2）超声波测深仪和失重器测深在不同的断面环境下能自动切换，以保证水深测量的准确性、可靠性。

（3）AI 智能识别铅鱼、漂浮物、船只等物体，提高远程全自动测流的可靠性。

技术指标

（1）使用环境。工作环境温度：－10～＋50℃；工作环境湿度：≤95％；工作环境：室内，无腐蚀性气体、可燃性气体、油雾、蒸汽、滴水；电磁干扰环境：EN 55022 标准、IEC 61000－4－4 标准、IEC 61000－4－3 标准。

（2）一般要求。水平测量范围：0～2000m；水平测量精度：0.1m；垂直测量范围：0～200m；垂直测量精度：0.01m；计时精度：0.01s；流速范围：0.02～3.00m/s。

（3）准确度。准确度等级：三级；水平允许误差限：≤±1％；垂直允许误差限：≤±1％（±0.03m）；计时允许误差限：200s 内，计时误差不大于 30ms。

技术持有单位介绍

江苏南水水务科技有限公司隶属于水利部南京水利水文自动化研究所，是研究所科技成果转移转化基地及重要的科技产业公司，其前身"南京水利水文自动化研究所防汛设备厂"已专业从事水文仪器研发制造 30 余年，以产品精良、技术先进闻名海内外。公司致力于水文仪器、岩土工程仪器及自动化成套设备的开发、生产、咨询与服务及其解决方案，并为客户提供有关产品和技术的定制开发与服务。主要产品有全系列翻斗式雨（雪）量计、各类水位计（浮子式、压力式、气泡式、雷达式）、转子式流速仪及智能化测量技术、土壤墒情监测仪器、自动缆道测控装置、各类一体化自动遥测站。公司已取得 10 项专利，通过 ISO 9000 质量管理体系认证。

应用范围及前景

适用于全国范围内使用缆道测流的水文站

点，能够解决缆道测流站长期专业人员驻站的问题，基本达到现地无人化。目前，已在青海、甘肃、广东、云南、重庆、新疆和内蒙古等地成功安装运行 16 套设备，应用案例如：云南河底岗水文站远程缆道测流、重庆虎峰水文站远程缆道测流、青海省西宁水文站等 5 个站点全自动缆道测流、甘肃靖远水文站全自动缆道测流、广东缸瓦窑水文站全自动缆道测流等，整体运行效果良好。

■青海班玛水文站、重庆虎峰水文站室内安装实景

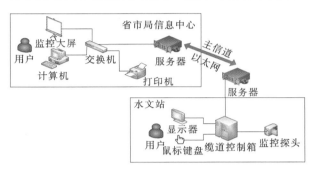

■水文缆道控制台架构

■青海察汗乌苏水文站室外安装实景

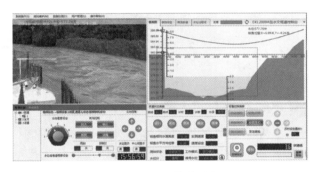

■EKL2000A 远程缆道测流界面

■青海布哈河口水文站室外安装实景

■甘肃靖远水文站室内外安装实景

■云南临沧水文局通过远程操作
河底岗水文站缆道测流

■广东缸瓦窑水文站室内外安装实景

技术名称：EKL2000A 型水文缆道控制台
持有单位：江苏南水水务科技有限公司
联 系 人：张亚
地　　址：江苏省南京市雨花台区龙西路 11 号
电　　话：025 - 52898385
手　　机：15105192016
E - mail：zhangya@mwr.gov.cn

78　水利物联网智能终端（FS－WNIT－G8－01/02）

持有单位

山东锋士信息技术有限公司

技术简介

1. 技术来源

自主研发，具有自主知识产权。

2. 技术原理

该终端是集采集、显示、存储、控制、传输和管理等功能于一体的智慧水利产品。水利物联网智能终端采用嵌入式操作系统和微型处理器，将视频采集技术和传感器技术采集的数据通过嵌入式技术进行处理，然后通过网络传输技术上传到物联网云平台，以实现水利视频数据和水文数据的实时采集、远程传输和远程管理。水利物联网终端支持视频及录像功能，采用 H.264 压缩算法，支持双码流，网络传输采用次码流，本地存储采用主码流。

3. 技术特点

（1）具有实时监控、视频管理、精准采集、本地管理、远程管理、配置灵活、多通信方式、超阈值报警等功能。

（2）水利物联网智能终端的应用，实现了对水库、水闸、水厂等水利监测信息和视频信息的综合采集，弥补传统终端采集数据单一的不足。

技术指标

（1）处理器：双核 ARM9 处理器。

（2）操作系统：嵌入式 Linux 操作系统。

（3）视频参数：视频压缩采用 H.264 标准，视频编码支持 1080P、720P、D1、CIF、QCIF 格式分辨率。

（4）视频输入：32 路网络摄像机；视频输出：1 路 VGA 输出。

（5）视频传输：网传模式支持次码流传输；视频存储：采用预分配 FAT32 系统，本地主码流存储。

（6）采集接口：8 路模拟量采集接口；8 路数字量采集接口；4 路继电器输出控制接口；1 路 485 接口和 1 个 USB 接口。

（7）多通信方式：有线网络和无线 4G 全网通。

（8）自动校时：联网状态下，24h 校时一次；系统日志：支持日志存储和日志查询功能；设备重启：定时重启；断电、意外故障 2min 后自动重启。

（9）电源：AC 220 供电；同时对外提供 5V、12V、24V 直流电压。

技术持有单位介绍

山东锋士信息技术有限公司创建于 2002 年，是山东省水利厅水发集团控股的国家级高新技术企业，是山东省水利、农业行业自动化、信息化和智慧化的领军企业，是山东省水利信息化唯一技术支撑单位。公司实行集团化发展模式，在国内成立了多个分公司及办事处，现有员工 200 余人，服务内容涵盖智慧水利、智慧农业、农业灌溉领域，涉及信息及自动化技术与产品研发、工程设计、产品制造、工程实施、智慧灌溉云服务、智慧水利云服务、系统运维整个流程。公司在山东、河南、宁夏、内蒙古、江苏、河北、湖北等省份成功设计和实施了不同规模的信息化自动化工程。拥有发明专利 3 项，实用新型专利 7 项，软件著作权 47 项。

应用范围及前景

适用于水库、水闸、水厂等水利监测信息和

视频信息的综合采集。饮水、水资源、智慧农场等项目中都有水利物联网终端的需求与应用。

已在山东省水利信息中心 LED 拼接大屏幕和农村水利管理系统物联网终端、山东省泰安市宁阳小农水信息化、武汉市江夏区农村饮水安全工程提档升级项目在线监测等项目中应用。

典型应用案例：

山东省水利信息中心采购水利物联网终端168 台，该项目终端、服务器联合配置，可远程查看运行数据和实时视频，实现了对水库、水闸、水厂等处的智慧化管理，客户反映良好。

■设备方便安装到网络机柜

■设备外观图

■水利物联网集成获大禹二等奖

■水利物联网终端最多可连接 32 路网络摄像机

■陡山水库路应用现场

技术名称：水利物联网智能终端（FS－WNIT－G8－01/02）

持有单位：山东锋士信息技术有限公司

联 系 人：谢丽娟

地　　址：山东省济南市经十东路 33399 号水发大厦副楼 6 楼

电　　话：0531－86018968－8876

手　　机：15215315819

传　　真：0531－86018968

E － mail：493002968@qq.com

79　基于人工智能的物联网平台 V1.0

持有单位

北京慧图科技股份有限公司

技术简介

1. 技术来源

自主研发。

2. 技术原理

平台将散落在各处的设备原始数据通过无线通信的方式搜集起来，经过协议和网关的转换，数据转为 IP 网络传递到服务端，实现设备端到服务端之间可靠的信息闭环传输。在高效搜集数据的过程中，克服了设备端功耗、无线空口传输信道干扰、网络服务器复杂等诸多挑战。

3. 技术特点

（1）Twisted 的实现基于 epoll 技术，epoll 是 Linux 下多路复用 I/O 接口 select/poll 的增强版本，它能显著提高程序在大量并发连接中只有少量活跃的情况下的系统 CPU 利用率。

（2）结合物联网技术、互联网/移动互联网技术、云平台技术，实现了水源首部监控自动化、添加阀门监控自动化、农业气象及环境监测平台化，同时，实现了以水为载体进行水肥一体化、作物土壤植保等综合农事服务的信息数据收集和控制服务。

技术指标

该平台简单信息查询等操作在 5s 内响应；消息推送等操作在 10s 内响应；控制操作在 10s 内响应。

平台经过北京软件产品质量检测检验中心软件产品测试，合格。检测中心依据《软件产品登记测试通用技术规范》地方标准中相关条款，分别对用户文档、功能性、易用性和中文特性四个

方面进行了测试，测试结果表明：

（1）用户文档完整详细，信息描述正确，与软件功能一致，易理解、可操作。

（2）软件提示了系统登录、控制台操作、清除缓存、内容搜索、设备管理、系统管理、系统监控和数据中心的功能，所有功能在测试期间可稳定运行。

（3）软件各信息易理解、易浏览，便于用户操作。

（4）软件支持 GB 2312 编码标准，符合中文使用习惯。

技术持有单位介绍

北京慧图科技股份有限公司成立于 2000 年，注册资本 10527 万元，2015 年 4 月 22 日完成全国中小企业股份转让系统挂牌，股票代码 832367。慧图科技共拥有计算机著作权 130 余件，其中 14 件被评为北京市新技术新产品。慧图科技智慧水务核心技术开发的多项应用成果获得了国家水利部、省水文局颁发的"金水工程荣誉证书""大禹奖""水利科学技术奖""国家火炬计划产业化示范项目"等荣誉称号。

应用范围及前景

基于物联网设备运维管理的业务流程，实现主要运维业务的在线处理、动态管理和规范管理，提供信息管理、统计分析等功能。包括系统管理、服务管理、设备管理、系统监控管理。

基于人工智能的物联网平台主要在工程中承担设备管理、协议对接、数据采集、数据处理与分析、提供数据服务的重要功能。

结合物联网技术、互联网/移动互联网技术、云平台技术，实现了水源首部监控自动化、添加阀

门监控自动化、农业气象及环境监测平台化，同时，实现了以水为载体进行水肥一体化、作物土壤植保等综合农事服务的信息数据收集和控制服务。

典型应用案例：

新疆沙雅县滴灌田间自动化管理平台、宁夏吴忠市利通区基于人工智能的物联网平台、宁夏水利物联网平台等建设项目。

■利通区郝渠村泵房现场

■沙雅节灌项目通过田间的管线图查看和控制出地桩

■利通区田间电磁阀现场

■沙雅节灌项目首部组态图展示泵房实际工作状态

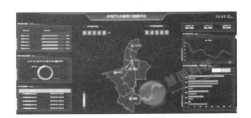

■宁夏水利厅公告服务大数据平台展示

■沙雅节灌项目的兰帕泵房现场

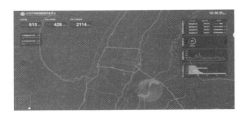

■宁夏水利厅物联网采集大数据平台展示

■利通区项目的田间滴带现场

技术名称：基于人工智能的物联网平台 V1.0
持有单位：北京慧图科技股份有限公司
联 系 人：祁彬
地　　址：北京市海淀区西三环北路 91 号国图文
　　　　　化大厦二层 B01 室
电　　话：010 - 68985858
手　　机：13910033062
传　　真：010 - 88515780
E - mail：371195450@qq.com

117

81　一体化雨水视频（图像）监测站

持有单位

北京国信华源科技有限公司

技术简介

1. 技术来源

自主研发。

2. 技术原理

一体化雨水视频监测站在采集常规雨量、水位信息的同时亦可拍摄监测点的视频（图像）信息。国信华源一体化雨水视频监测站由雨量计、水位计、高清网络球机、视频遥测终端（4GRTU）和通信模块、监控立杆、太阳能板、蓄电池等设备组成，监测站建设地点满足 30 年一遇标准。

3. 技术特点

（1）一体化监测站可同时监测雨量、水位、视频信息，监测站统一设计，集中组装，标准化实施，稳定性高，适应性强。

（2）具有实时召测雨量、水位、图像等数据的功能；具有向平台发送数据的功能（含电池电压、信号强度）；水位、降雨量超过设定阈值时，系统自动将报警信息发送授权号码和平台。

（3）高清球机拍摄的实时动态视频通过网络上传至管理中心，并在显示器上同步显示，以直观掌握实时水情信息，同时配置存储单元存储视频，提供查询及查看功能。高清网络球机同时具有抓拍功能，通过网络定时向管理中心上传图片。

（4）灵活的供电方式。既可以选择高性能太阳能供电方式，也可以根据各地区环境的不同，灵活的选择市电、太阳能互补供电方式来保证设备的持续工作。

技术指标

（1）一体化雨水视频监测站集传统水文遥采集终端和无线视频监控功能于一体。视频遥测终端由 Linux 主机和低功耗协处理器（Cortex - M0）组成，实现了水文等数据采集、存储、控制、报警及远程监控等功能，适用于多种监控系统，并支持翻斗式雨量计接口、RS485、模拟量输入和开关量输出接口，可满足各种不同的应用需求。

（2）灵活的组网方式。支持 4G 全网通、WIFI 和有线 LAN 三种网络智能切换。

（3）接口：1 个翻斗式雨量计接口；1 个 RS485 传感器接口；2 个 AI（4～20mA）接口；1 个开关量输出。

（4）雨量计：承雨口内径 ϕ200mm ＋ 0.6mm；雨量分辨力 0.5mm；降雨强度测量范围≤0.01～4mm/min（允许通过最大雨强 8mm/min）；测量精度≤±4%。

（5）水位计（如雷达水位计）：量程：70m；测量精度±3mm；频率范围 26GHz；通信接口 RS485；供电电压 DC6 - 26V；天线结构尖锥形振子。

（6）摄像机（枪机与高清网络球机）。枪型摄像头：通信方式 485 总线；工作电压：5～12V；图像有效像素不小于 130 万；图片 JPEG 格式；分辨率：640×480，800×600，1024×768，1280×800。高清网络球机（视频）：视频输出支持 1920×1080＠60fps，分辨力不小于 1100TVL；最低照度可达彩色 0.005Lux，黑白 0.0005Lux。

技术持有单位介绍

北京国信华源科技有限公司防洪减灾领域积

累了丰富应用经验，对物联网技术、4G通信技术、GSM开发、语音传输控制等技术有丰富的开发经验，自主研发的山洪灾害防汛预警设备，从2006年开始用于国家山洪预项目，并在2010年、2011年、2012年通过国家防汛抗旱总指挥部办公室组织的评测，先后在湖南、贵州、陕西、河南、辽宁等20多个省市广泛应用。

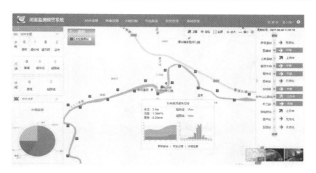

■平台管理

应用范围及前景

可广泛应用于水库/水电站（坝首、溢洪道、输水涵洞、取水点）、中小河流（码头、桥梁、漫水桥、取水点、排洪口）、引水工程、淤地坝、尾矿库、城市内涝（易积水点）等重要位置的水位监测及视频监控。一体化雨水视频监测站是集传统水文遥测采集终端和无线视频监控功能于一体的可视化动态监测系统，是水利工程管理、防洪调度不可缺少的监测设备。

■湖南省浏阳市小流域项目

典型应用案例：

2017年度浏阳市水务信息化建设项目政府采购、青海省2017年度山洪灾害防治项目第八标段、南阳市山洪灾害防治监测设备政府采购等项目。

■一体化雨水视频监测站

■陕西省2016年山洪灾害预警建设项目

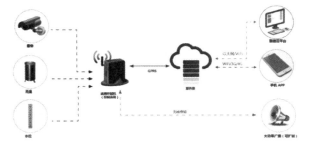

■系统建设

技术名称：一体化雨水视频（图像）监测站
持有单位：北京国信华源科技有限公司
联 系 人：王维
地　　址：北京市西城区广安门内大街甲306号
　　　　　4层
电　　话：010－63205221
手　　机：13522163852
传　　真：010－63205221
E－mail：2482626903@qq.com

82　土壤墒情自动监测应用技术

持有单位

吉林省墒情监测中心

技术简介

1. 技术来源

通过吉林省水利厅立项后开展项目研究，提出了仪器安装新方法、仪器参数调整新方法、仪器法测定田间持水量等成果。

2. 技术原理

通过仪器选型确定对幂函数公式形式的墒情监测仪器开展应用技术研究，通过技术手段控制使仪器监测相对误差≤±10%，测站合格率＞95%，仪器设备安装采用灌浆排气法，参数调整采用一点调参法，软件平台实现不同干旱等级自动判别及受旱耕地面积等值计算，提出仪器法测定田间持水量等适用性技术规程。

3. 技术特点

（1）提出的仪器选型技术，为实现墒情监测自动化提供了理论保证。提出的仪器监测误差控制新标准，为墒情自动监测系统建成后正常应用提供了精度控制标准。提出仪器监测误差的构成，给出减小或消除这些误差的有效办法，经过实际应用后效果良好。

（2）提出仪器安装新方法，灌浆排气法，该成果为实现墒情监测自动化提供了技术保证。提出仪器参数调整新方法"一点调参法"，即"调一点，管一线"，该成果为实现墒情监测自动化提供了可靠的技术支撑。实现不同干旱等级自动判定及其对应受旱耕地面积等值分析与计算功能，为实现墒情信息服务自动化提供了技术支撑。

技术指标

（1）根据墒情评价和干旱等级分析的实际需要出发，提出相对误差≤±10%、测站合格率＞95%的仪器监测误差控制新标准，该成果为墒情自动监测系统投入正常应用提供了可靠的技术标准。

（2）技术中提出的仪器安装新方法——灌浆排气法，"调一点，管一线"的参数调整新方法，田间持水量测定新方法——仪器法。

（3）提出插管式墒情自动监测系统技术规程，该成果内容包括仪器市场准入、测站建设、仪器安装、仪器监测精度检验、仪器参数调整、自动墒情站运行与管理、信息服务平台建设、田间持水量测定等内容，具有很强的可操作性。

技术持有单位介绍

吉林省墒情监测中心是负责全省墒情监测站网的规划、建设、运行与管理；负责全省墒情监测、墒情监测信息的收集、整理与分析；预测预报；负责墒情监测技术专题实验研究；负责墒情监测人员的技术培训与指导的公益一类全额拨款事业单位。经过多年的发展，特别是在墒情自动监测领域取得了骄人业绩，已率先实现墒情监测自动化。中心近年来组织开展多项科研项目，其中《吉林省涝区排水模数研究及排涝工程应用技术研究》获 2010 年吉林省科技进步二等奖；《吉林省墒情评价指标实验及旱情分析技术研究》获 2014 年吉林省科技进步三等奖；《移动土壤墒情监测关键技术应用研究》获 2016 年吉林省科技进步三等奖。"土壤墒情自动监测应用技术"于 2017 年 12 月经水利部科技推广中心、吉林省科学技术信息研究所两家评价机构进行了科技成果评价。

应用范围及前景

研究成果可在全国各省（自治区、直辖市）水利行业的墒情监测、墒情信息服务、专项规划和墒情科研等工作和项目中逐步推广应用，亦可供农业、气象、科研院所等行业或部门借鉴和参考。

典型应用案例：

国家防汛抗旱指挥系统二期工程吉林省旱情信息采集系统、内蒙古自治区墒情自动监测建设工程、国家重点研发计划项目专题《大面积农业灌溉区地表水与地下水转化关系及联合模拟研究》、伊通河净月区流域综合治理检测及检测取样项目、吉林省中西部旱情应急监测系统工程等项目。

■采用灌浆排气法进行仪器安装

■"土壤墒情自动监测应用技术"科技成果评价会

■灌浆排气法与传统安装方法的剖面对比图

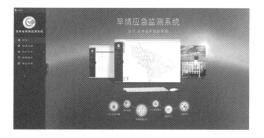

■功能齐全的吉林省墒情信息服务平台

■自动墒情监测站的田间管理及
仪器法测定田间持水量

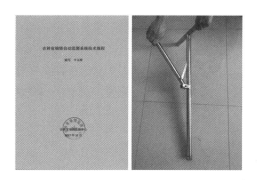

■"墒情监测系统技术规程"与
"拉杆式取土器"专利

技术名称：土壤墒情自动监测应用技术
持有单位：吉林省墒情监测中心
联 系 人：徐立萍
地　　址：吉林省长春市经开区昆山路 1195 号
电　　话：0431 - 81817691
手　　机：13251813252
传　　真：0431 - 81130828
E - mail：bobo1486311@163.com

83　ADCP 数据后处理软件

持有单位

长江水利委员会水文局

技术简介

1. 技术来源

自主研发，软件在数据管理、水文测验数据专业计算、数据分析展示等方面具有特点。

2. 技术原理

ADCP 多普勒测量原理，是依据声波中的多普勒效应，利用回波（至少三束）测得水体反射的多普勒频移，便可以求得三维流速并且可以转换为地球坐标下的 u（东分量），v（北分量）和 w（垂直分量）。利用不断发射的声脉冲，确定一定的发射时间间隔及滞后，通过对多普勒频移的计算，便可以得到整个水体剖面逐层水体的流速。

3. 技术特点

（1）安全可靠的数管理与标准化计算功能。以 GB 50179—2015《河流流量测验规范》、SL 377—2006《声学多普勒流量测验规范》为基础，对 ADCP 剖面测流系统的采集数据进行标准化计算，从而快捷有效的输出提供各类测验表格、流速矢量化图或等值线图，可以满足水文测验成果输出、水文分析计算辅助及成果整编等工作的需要。

（2）软件作为水文测绘工作的综合基础平台，无论是数据计算还是图形展示功能的设计思路在生产实践中具有较高通用性与推广性。

技术指标

ADCP 数据后处理软件能够真实、准确、便捷、高效地处理采用 ADCP 剖面测流系统的数据，并结合基于 Surfer 等值线图和余流计算，真实再现流速矢量分布，辅助了解并分析水沙特性，并通过了以下功能性与非功能性测试：

（1）功能性。合适性：为制定的任务和用户目标提供合适的功能的能力；安全性：软件产品保护信息的能力。

（2）可靠性。成熟性：为避免由软件中的故障而导致失效的能力；容错性：在软件出现故障的情况下，维持失效防护的能力。

（3）易用性、易学性、易操作性。

（4）可维护性、稳定性。

（5）易安装性：软件产品早制定环境中被安装的能力。

技术持有单位介绍

水利部长江水利委员会水文局是具有一定管理职能的完全公益类事业单位，成立于 1950 年，总部位于湖北省武汉市，在长江干流及重要支流控制断面设有水文站 118 个，全局具有高级专业技术人员 575 人（其中教授级高级工程师 65 人）。长江委水文局是为长江流域综合治理、防汛抗旱、工程建设、水资源开发和可持续利用等开展流域水文站网建设、水文水资源监测、水环境监测评价、河道水库测绘、水资源调查评价、水文气象预报、水文分析计算、水文自动测报、河道泥沙演变研究等工作的专业水文机构。先后承担了国家自然科学基金项目、国家重点基础发展计划（"973"计划）项目、国家重点科技攻关项目、水利公益行业专项等许多重大课题的研究。

应用范围及前景

适用于水文测验计算、辅助水沙特性关系分析的应用。ADCP 数据后处理软件是一套集

ADCP 剖面测流系统数据后处理管理及计算展示于一体的软件,已在长江水利委员会水文局中游局、长江口局、汉江局、广东省水文局广泛推广应用,装机数量约 200 台(套),成为 ADCP 剖面测流系统的数据处理主要工具。能有效保证河道水文测验成果管理的统一性、科学性、实时性、实用性和高效性。

该软件可以在各水文分局、水库管理部门和科学研究部门推广应用。具体包括水利部各个负责水文工作的下属单位,各省水文局,各河流或水库的水文站等。因为该系统可以实现 ADCP 剖面测流系统数据处理的全程计算机辅助数字图形化,在实际工作中有很广阔的应用空间。

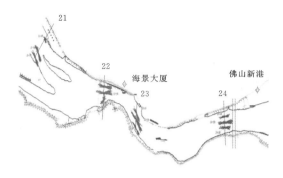

■垂线平均流速余流计算

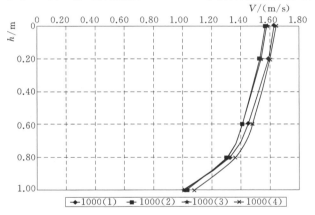

■多测次测点流速对照图

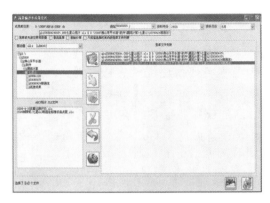

■流量输沙率成果登库

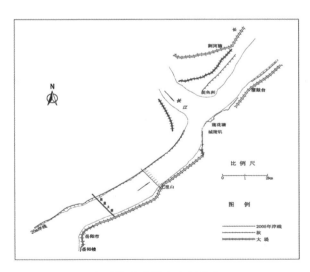

■垂线流速纵向流场分布

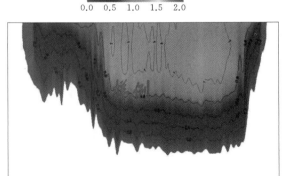

■流速等值线剖面图

技术名称:	ADCP 数据后处理软件
持有单位:	长江水利委员会水文局
联 系 人:	陈建湘
地 址:	湖北省武汉市解放大道 1863 号
电 话:	0730 - 8518706
手 机:	13973011994
传 真:	0730 - 8518706
E - mail:	zychenjx@cjh.com.cn

84 基于智能 SPD 监控下的综合防雷系统

持有单位

山东黄河河务局山东黄河信息中心

技术简介

1. 技术来源

因涵闸所处物理位置的特殊性、地质、气象条件的严酷性，雷暴侵害的概率相对频繁，强度较大，涵闸远程监控系统在雷雨季节极易遭到雷击事故，设备损坏严重，系统功能局部失效甚至瘫痪，经济损失较大。2012 年，黄河水利委员会投资建设了基于智能 SPD 监控下的综合防雷系统。

2. 技术原理

该系统采用均压、隔离、泄流、过压和过流保护、SPD 检测技术、互联网技术等多种技术，利用自动引雷装置、室内屏蔽、等电位连接接地、避雷器限制雷电过电压和过流幅值等多种方式或手段，消除雷电过电压、过电流及雷电电磁脉冲，既防直击雷、也防感应雷及雷电过电压侵入，达到减少或避免雷击的目的，同时收集并整合系统中所有 SPD 的相关数据，对智能 SPD 进行集成化、图形化、透明化管理，实现防雷的远程在线监控。

3. 技术特点

（1）经过多次调研和多方案比较，确定了按照"整体防护、综合治理、层层设防"原则，综合运用泄流、等电位、屏蔽、接地和避雷器保护等技术，构建了基于智能 SPD 监控下的综合防雷系统。

（2）系统使用了提前放电避雷针，优先引雷入地，扩大了避雷保护半径。电源避雷器和信号避雷器采用串联式组网方式，雷击侵入时，首先破坏避雷器，防止雷电的传输，使设备处于安全状态。

（3）系统的接地体采用圆柱形接地模块，该模块有效降低了接地电阻，并能经受大电流的冲击，提高了引雷入地的可靠性。

（4）系统采用智能 SPD 监控，扩展性强，维护人员能够实时监测避雷器的工作状态，查看雷击记录等信息，为下一步防雷工作提供参考依据。

技术指标

（1）接地电阻：采用圆柱形接地模块后，接地电阻达到了 0.01Ω。

（2）接闪半径：提前放电避雷针部署在离地 5m 的高度，接闪半径为 57m（本系统将闸室建筑划为第二类防雷建筑），而普通避雷针接闪半径为 5m。提前放电避雷针接闪半径是普通避雷针的 10 倍。

（3）接闪时间和电压：提前放电避雷针比普通避雷针提前接闪时间 $38.169\mu s$，接闪电压降低 8.048kV。

（4）SPD 检测技术：可实时对雷击和浪涌的发生进行监测，记录放电电流大小和发生时间，并将放电电流进行分级，累计每一级别的浪涌发生次数；可提前检测到发生故障的防雷模块并对其进行维护或者更换，同时进行雷击与寿命统计，并提供多种报表统计和分析功能。

技术持有单位介绍

山东黄河信息中心是山东黄河河务局局属事业单位，现有在职职工 88 人。主要职责是负责黄河防汛及日常治黄工作信息通信保障工作，负责信息通信工程的建设规划及山东黄河行业管理，负责各类信息化系统的研发及运行维护工作。信息中心紧紧围绕防汛、水调等中心任务，

与治黄主业融合发展，加快信息化基础设施及业务应用系统研发。近年来，获得黄委科技进步奖及"新技术、新材料、新方法"成果认定 30 多项，获得山东局科技进步及创新奖 60 多项，在国家级、省级等技术论坛及刊物上发表论文 100 余篇，连年被山东黄河河务局评为科技创新组织先进单位。

■室内屏蔽层选用镀锌铁板等

应用范围及前景

适用于防雷系统工程建设。该方案已在山东黄河李家岸闸、潘庄闸、苏阁闸、谢寨闸等多个引黄涵闸部署，取得了良好的应用效果，同样适合其他河流涵闸和通信站点，具有一定的推广价值，社会、经济效益明显。

■熔断组合式智能型电源 SPD（左图直流，右图交流）

■提前放电避雷针

■智能 SPD 监控系统前置机软件界面

■安装雷击计数器实时监测直击雷

■智能 SPD 监控系统前置机软件界面

■安装接地模块

技术名称：基于智能 SPD 监控下的综合防雷系统
持有单位：山东黄河河务局山东黄河信息中心
联系人：杜娟
地　址：山东省济南市历下区东关大街 111 号
电　话：0531 - 86987598
手　机：13789810312
传　真：0531 - 86987000
E - mail：hhdujuan@126.com

85 NSY–RQ30 天然河道雷达水位流量在线监测系统

持有单位

水利部南京水利水文自动化研究所

技术简介

1. 技术来源

中国、奥地利合作技术。

2. 技术原理

内置水力学模型，当大断面的精确形状及构成已知时，通过实时监测的水位和当前水位对应的、特定区域的表面流速，计算出瞬时流量。

3. 技术特点

(1) 完全自动化测流，高达 8s/次的瞬时流量；适用于断面不规则的天然河道，专业的水力学模型。

(2) 即装即用，根据断面即可计算出 k 值，无需率定水位流量关系曲线。

(3) 高、中、低水测流全覆盖；双向测流。

(4) 非接触传感器，安全性能高，免维护，实现对洪水、污水的实时全程监测。

(5) 可选多传感器组合模式，支持复杂断面。

(6) 无水下工程，建设快、成本低。

(7) 可输出与流态有关的多项监测数据，为数据分析提供更多支持。

技术指标

(1) 测速范围：0.1~15m/s（低于 0.1 可通过模型计算得出）；测速精度：±0.01m/s。

(2) 水位范围：0 ~ 35m；水位精度：±2mm。

(3) 分辨率：1mm/s（测速），1mm（水位）。

(4) 单次测流耗时：8~243s（可选）。

(5) 供电系统：12V 太阳能供电。

(6) 通信信道：支持 GPRS/CDMA、短信、卫星、超短波等。

技术持有单位介绍

水利部南京水利水文自动化研究所主要从事水文仪器、岩土工程仪器及成套设备技术和防灾减灾与水利信息化系统集成技术研究，研究所现有五个研究室、一个研究中心、一个实验中心和一个中试推广中心。近年来，在科研项目的支持下，研究所先后获得国家科技进步奖 2 项，部、省级科技进步奖 20 余项，市、局级科技进步奖多项，国家专利 40 多项，软件著作权 20 余项，专著 5 本；主持和参与编制了有关水文仪器、岩土工程仪器等国家标准及行业标准 70 余项，并代表我国参加了国际水文规范的制定；"南水"图案、文字商标获得江苏省著名商标、并获马德里国际商标注册，正在积极争取国家驰名商标；一大批专利和科研成果转换为科技生产，在科技的支撑下，近几年科研产值持续增加。

应用范围及前景

适用于水文水资源管理、山洪灾害监测预警、中小河流防汛减灾、城市防洪/城市地下管道流量/淤堵监测、大中型灌区流量监测、污水水量监测等。

NSY–RQ30 水位流量监测系统已在全国范围内实施了几十处，分别分布在西藏、云南、陕西、江西等地，系统通过了高海拔、高寒、高沙、高洪、大雨强等严酷使用环境的考验。

截至 2019 年 6 月，该系统最早实施的站点已经运行了 6 年之久。

典型应用案例:

丽江一区四县流量在线监测系统。该系统一共 12 个自动流量监测站,其中国家基本站 6 个,中小河流水文监测站 6 个,中心站布设数据采集及 Web 查询分析平台,安装完成至今,所有站点运行正常。

■水情显示屏

■简易支架安装

■双探头无线通信

■大断面测量

■一体化架安装方式

■雷达水位流量计安装在桥梁下

技术名称:NSY - RQ30 天然河道雷达水位流量在线监测系统

持有单位:水利部南京水利水文自动化研究所

联 系 人:王少华

地　　址:江苏省南京市雨花台区铁心桥大街 95 号

电　　话:025 - 52898367

手　　机:13770718543

传　　真:025 - 52891220

E - mail:35585341@qq.com

86 水利工程观测数据处理与整编系统

持有单位

南京宁图信息技术有限责任公司
江苏省淮沭新河管理处
江苏省通榆河蔷薇河送清水工程管理处

技术简介

1. 技术来源

自主研发。

2. 技术原理

该系统采用 C/S（Client/Server）结构，C/S 结构的基本原则是将计算机应用任务分解成多个子任务，由多台计算机分工完成，即采用"功能分布"原则，通过将任务合理分配到 Client 端和 Server 端，降低了系统的通信开销，需要安装客户端才可进行管理操作。客户端完成数据处理，数据表示以及用户接口功能；服务器端完成 DBMS 的核心功能，客户端和服务器端的程序不同，用户的程序主要在客户端，服务器端主要提供数据管理、数据共享、数据及系统维护和并发控制等，客户端程序主要完成用户的具体的业务。这种客户请求服务、服务器提供服务的处理方式是一种新型的计算机应用模式。

3. 技术特点

（1）C/S 结构具有：软件使用前必须要安装；软件更新时，客户端与服务端同时更新；C/S 架构不能跨平台使用（不能跨系统）；C/S 架构的软件客户端和服务器采用的是自有协议（自定义协议），相对来说比较安全。

（2）首次述及：整编系统对垂直位移成果数据平差计算时，智能评测精度等级，进行限差的判定；整编系统对复杂的测点建立完整的拓扑关系；整编系统对汇编目录的系统设置一体化集成

汇编报告。

技术指标

通过江苏省软件产品检测中心鉴定测试，在给定的测试条件下，产品运行正常。对软件功能性、性能效率、兼容性、易用性、可靠性、信息安全性、维护性、可移植性、文档资料等进行了测试，测试结果：通过。

技术持有单位介绍

南京宁图信息技术有限责任公司成立于 2009 年，是华东地区领先的 GIS 软件企业，主要从事智慧城市、矿业、水利、房产、土地等各行业软件平台的研究、开发、集成、推广和服务。宁图信息总部设于南京，在安徽马鞍山设分公司。总部、分公司员工超过 150 名。公司目前已具有"软件企业认定""测绘资质（丙级）""高新技术企业""民营科技企业""3A 信用企业""CMMI3""ISO 9001 质量管理体系认证""ISO 27001 信息安全管理体系认证""ISO 14001 环境管理体系认证""OHSAS 18001 职业健康安全管理体系认证"等资质。

江苏省淮沭新河管理处与江苏省通榆河蔷薇河送清水工程管理处合署办公，位于江苏省淮安市开发区深圳路 8 号，共有职工 303 人，隶属于江苏省水利厅。管理处共管理涵闸、抽水站等水工建筑物共计 32 座，构筑了淮水北调、分淮入沂、引沂济淮、排污引清、北延送水的工程控制体系。管理范围跨越淮河、沂沭泗两大水系，受益范围涉及淮安、宿迁、连云港、盐城 4 市 18 个县区。管理处先后开展了 6 项省级水利科技项目，荣获江苏省水利科技进步二等奖、三等奖各 1 次，拥有实用新型专利 6 个，计算机软件著作权 2 个。

应用范围及前景

适用于全国大部分水利工程管理单位，实现对垂直位移、河道断面、水平位移、测压管、伸缩缝、裂缝等观测数据的处理和成果生成，并将观测数据长期贮存，最终能够实现一键式汇编报告的生成，系统贴合水利工程观测工作，应用前景广阔。根本解决以往数据混乱、数据存储方式多种多样、位置分散、格式不统一、处理复杂、管理乏力等问题。

系统已经在江苏省淮沭新河管理处、江苏省通榆河、蔷薇河送清水工程管理处、南水北调东线江苏水源有限责任公司宿迁分公司等水利工程管理单位深入应用，为应用单位管理工作提供了强有力的信息化管理手段，大大提高了观测数据管理效率。

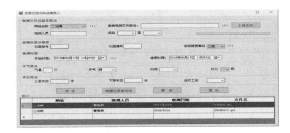

■洪泽县二河闸垂直位移原始观测数据录入

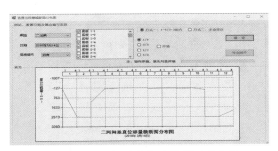

■洪泽县二河闸垂直位移横断面分布图

■江苏省沭阳闸河道断面成果表应用

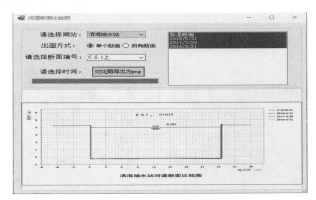

■江苏省沭阳闸河道断面比较图应用

■对测点相邻关系进行统一预设（滨海抽水站）

■计算垂直累计位移量数据（滨海抽水站）

滨海抽水站垂直位移变化统计表

测点		累计位移量 mm										
部位	编号	2013年5月21日	2013年9月16日	2013年11月8日	2014年3月26日	2014年6月4日	2014年9月1日	2015年3月19日	2015年11月3日	2016年3月27日	2016年11月2日	2017年3月16日	2017年10月25日	2017年11月24日
下左翼	2-1	6.0	5.7	10.9	11.6	11.7	10.3	14.7	14.7	10.5	10.7	10.4	9.9	0.0	6.1
下右翼	2-2	6.6	6.2	11.1	12.1	12.1	11.0	15.0	15.2	11.5	11.1	10.7	0.0	6.9
下左翼	3-1	7.6	7.3	11.8	13.5	13.5	12.3	16.4	16.7	12.8	12.9	12.6	12.1	0.0	8.3
下右翼	3-2	8.0	7.6	12.8	14.0	13.6	12.8	17.3	17.2	14.5	14.1	14.2	13.9	0.0	10.9

	部位	最大累计位移量	编号	观测日期	历时年	相邻最大不均匀量	相邻测点部位、编号	观测日期	历时年
统计	底板	19.1	底板1-1	2014年11月18日		590.0	底板1-1底板1-1	2015年11月3日	4
	翼墙	30.5	上左翼1-1	2015年3月19日	4	7.7	上左翼1-2上左翼2-1	2017年3月16日	6

■导出垂直位移量变化统计表

技术名称：水利工程观测数据处理与整编系统
持有单位：南京宁图信息技术有限责任公司
　　　　　江苏省淮沭新河管理处
　　　　　江苏省通榆河蔷薇河送清水工程管理处
联系人：翟福雷
地　址：江苏省南京市江宁区将军大道55号D302
电　话：025-84962827
手　机：18251869457
E-mail：893634236@qq.com

87 水利工程建设与质量安全一体化监管平台 HO－iCQS V2.0

持有单位

四川华泰智胜工程项目管理有限公司

技术简介

1. 技术来源

自主研发。平台由单位库、人员库、项目库、监管库、检测库、信用库等"六库"和项目监管系统、现场检查系统、检测服务系统、信用管理系统等"四系统"组成。适用于拟建、在建监督的所有水利工程（水库、灌区、水闸、泵站、圩区、山塘、堤防、海塘、农村供水工程等），为水利工程行政监管单位和项目法人提供有效的业务管理工具和项目管理服务。

2. 技术原理

水利工程建设与质量安全一体化监管平台（Irrigation Construction and Quality Safety），简称"水监平台"（HO－iCQS），该平台基于"互联网＋项目监管"的思想，实现水利工程项目前期施工过程竣工验收后期维护等全生命周期的移动化监管。依托大数据、物联网、云计算、移动互联网、GIS 等先进的信息技术，实现从水利工程项目可研、立项、设计、财评、招标、开工备案、质量监督申请、项目划分、过程监督、质量核备、安全监管、试验检测，直至竣工验收、档案归档的全过程、交互式的管理。平台利用技术手段将水利工程现场"拉近"到监管人员手边，实时进行监管，对水利工程质量安全隐患进行预测预判，为水利工程质量安全监管保驾护航，实现水利工程项目的建设安全质量进度投资等一体化管理。

3. 技术特点

（1）水监平台实现水利工程项目前期、施工过程、竣工验收、后期维护等全生命周期的移动化监管。

（2）为水利工程监管单位及参建单位提供建设管理、安全监督、质量监督、项目稽查、信用管理、检测管理等综合监管功能，实现水利工程项目的建设、安全、质量、进度、投资、检测等一体化管理。

（3）综合监管一体化。平台集建设监管、质量监督、安全监管、档案管理、信用评价、检测服务为一体，实现监督检查的工作内容及全过程的规范化、程序化智能监管，解决了监督检查过程中查什么、怎么查、如何反馈等问题，涵盖了水利主管部门水利工程监管的各个方面，工作人员只需登录一个系统就能完成整个工程项目的监管工作。

（4）监管体系标准化。平台监管体系及要求监管单位提交的内容严格执行水利部部颁标准，实现了监督检查数据采集、信息共享、实时互动、快速传递和反馈，促进了监督检查工作向协同化、移动化工作模式的转型升级，破解了监督检查信息不对称、效率不高和程序不规范等问题，实现监管业务数据的标准化，确保与部省系统一致性和互联互通。

（5）检测数据自动化。重要原材料试验检测数据由系统自动生成，避免手工填写的认为干扰。试验检测过程可以追踪溯源，防止人为篡改和舞弊，从源头严把质量关。

（6）监管资料电子化。整个项目监督资料填报随着项目推进过程通过平台及时填报、纸质打印、统一归档，既确保资料与实际相符，又减少资料管理的工作量，长久保存随时可查，解决了纸质资料存放散乱、不易查询等痛点。

（7）监管预警智能化。基于大数据和人工智

能，通过对责任主体、问题出现频次、检查项目数、检查次数、存在问题数、实验检测原始数据、发展趋势等的大数据分析，形成自我优化的预警常模，对项目建设中存在的隐患和问题进行及时预警。

技术指标

（1）预警模型：基于 ABP（AI、Big data、PMBOK）的自学习模型，实现质量、安全、进度等各项指标的实时预警。

（2）流程和报表：采用 BPM 工作流和 BI 商业智能引擎技术，实现流程灵活配置，分析报表自定义。

（3）操作响应时间：Web 端≤1s，手机端≤3s。

（4）手机客户端软件：支持 Andorid 和 iOS 两个操作系统。

（5）定位技术：支持北斗/GPS/LBS 等。

（6）支持地图：百度地图或高德地图第三方地图，也支持内网私有地图。

（7）运行环境：Windows 或 Linux 操作系统，MySQL、SQL Server、Oracle 等主流数据库，J2EE 运行环境。

（8）系统接口标准：XML＋SOA。

技术持有单位介绍

四川华泰智胜工程项目管理有限公司注册在成都高新区，是一家专业从事工程项目管理服务及其软件产品研发的高新技术企业、双软企业。华泰智胜聚焦工程项目全生命周期管理，历经多年，基于公司自主研发的工程项目智能管理引擎软件（HO－ePIM）（华泰智管引擎），凭借丰富的项管经验和雄厚的软件研发实力，形成了工程建设与质量安全一体化监管平台、政府投资项目指挥调度平台、业主项目全生命周期动态管理平台等系列产品，帮助客户实现工程项目管理从纸质、粗放、低效的人工管理 1.0 时代，迈向电子化、精细化、高效的数据管理 2.0 时代，推进项管升级。同时，公司也为客户提供优质的规划、

设计、监理、施工、BIM 等工程项目管理服务。

应用范围及前景

适用于各省、市、县水利工程行政主管单位及法人单位对水利工程建设、安全、质量、稽查、信用、检测等监管。不仅适用于水利工程项目建设过程的监管，也适用于交通、房建、市政、通信、人防、铁路等工程管理。

已完成乐山市水利工程建设与质量安全一体化监管平台、遂宁河投工程云平台项目、铁塔施工过程质量与安全管理云平台、达州市政府投资项目全过程监管平台、成都兴城工程现场智能管理云平台等项目建设。

典型应用案例：

乐山市水利工程建设与质量安全一体化监管平台。乐山市水务局各科室、区县水务局各科室、项目法人、勘察设计、监理、施工、检测等单位，使用用户数超过 500 人，将全市 100 余个未竣工（即拟建、在建）水利工程项目全部纳入水监平台，进行建设管理、质量监督、安全生产、信用管理、检测管理，大大提供了管理效率、节约了人力和物力。

技术名称：	水利工程建设与质量安全一体化监管平台 HO－iCQS V2.0
持有单位：	四川华泰智胜工程项目管理有限公司
联 系 人：	黄仁国
地　　址：	四川省成都市武侯区二环路南三段人南大厦 B 座 9 楼
电　　话：	028－83233112
手　　机：	13308198118
传　　真：	028－66388011
E － mail：	592268229@qq.com

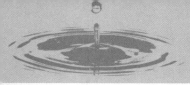
89 水利工程标准化运行管理平台 V1.0

持有单位

杭州定川信息技术有限公司

技术简介

1. 技术来源

自主研发，获计算机软件著作权。

2. 技术原理

水利工程标准化运行管理平台是基于 B/S 结构的网站服务，可广泛应用于水利工程日常管理，实现数字化管理。系统使用 B/S 架构，方便多个用户、不用办公地点使用浏览器实时访问，具有更高效快捷的操作性。使用 C♯ 语言编程，采用流行的 .NET 框架技术和 Web Service 技术理念，采用 SOA 技术架构，具有跨平台、可移植性、可扩展性等优点。

3. 技术特点

（1）该平台主要包括待办事项、综合地图、工程检查、维修养护、调度运行、监测监控、应急管理、设备管理、档案管理等功能模块，基本涵盖水利工程管理的各个方面。

（2）支持多种硬件平台，采用通用软件开发平台开发，具备良好的可移植性，支持与其他系统的数据交换和共享，支持与其他商品软件的数据交换，平台开放性好。

（3）容错性：提供了有效的故障诊断工具，具备数据错误记录功能。

（4）安全性：用户认证、授权和访问控制，支持数据库存储加密，数据交换的信息包加密，数据传输通道加密，可采用 64 位 DES 加密算法，发生安全事件时，能以事件触发的方式通知系统管理员处理。

（5）易用性：具有良好的简体中文操作界面、详细的帮助信息，系统参数的维护与管理通过操作界面完成。

技术指标

（1）软件开发工具和系统开发平台符合中华人民共和国国家标准、信息产业部部颁标准、水利部相关技术规范和要求，该平台通过了软件评测与评估认证。

（2）并发访问数量 80 个的情况下，响应迅速高效；当数据录入操作时无等待时间；日常操作用的显示响应时间不大于 3s。

（3）能够连续 7×24h 不间断工作，平均无故障时间 >8760h，出现故障应能及时报警，软件系统具备自动或手动恢复功能。

（4）实现完全模块化设计，支持参数化配置，支持组件及组件的动态加载。

（5）该软件版本易于升级，任何一个模块的维护和更新以及新模块的追加都不应影响其他模块，且在升级的过程中不影响系统的性能与运行。

技术持有单位介绍

杭州定川信息技术有限公司是浙江省水利河口研究院全资创办的国有企业。公司于 2005 年成立，主要从事地理信息系统（GIS）、洪水预报系统、防汛决策支持系统、水资源优化调度系统、专家系统等的研发及高精度遥感影像应用、GPS 应用、大型水利工程与水雨工情数据库建设等水利信息化业务。承接水电站、大中型水闸、泵站、水库大坝、供水工程、水厂、污水处理厂等计算机监控与远程图像监视系统的设计、制作、安装业务。公司依托浙江省水利河口研究院在河口海岸、洪水预报、防洪调度、水质监测与评估、防灾减灾、水资源管理、水土保持等方面

的技术优势先后承接完成了余姚市防汛决策支持系统、杭州四格泵站计算机监控系统等近百个水利信息化建设项目。公司已认定为浙江省高新技术企业及软件企业，并被杭州市政府认定为AAA级信用企业。

应用范围及前景

平台适用于省、市、县、乡各级水管单位，对水库、灌区、水闸、泵站、圩区、山塘、堤防、海塘、农村供水等9类水利工程进行管理。

典型应用案例：

峡口水库管理局标准化运行管理平台、浙东引水萧山枢纽标准化运行管理平台、余姚市陆埠水库标准化运行管理平台、余姚市双溪口水库标准化运行管理平台、周公畈水库运行管理平台等项目建设。

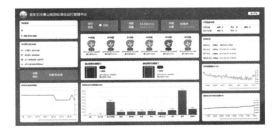

■浙东引水萧山枢纽标准化运行管理平台首页

■大中型水库标准化运行管理平台首页

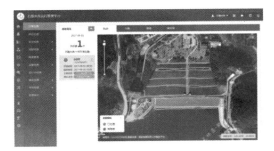

■PC端工程检查界面

■APP端工程检查界面

■调度运行界面

■维修养护界面

技术名称：水利工程标准化运行管理平台 V1.0
持有单位：杭州定川信息技术有限公司
联系人：邱志章
地　址：杭州市江干区太平门直街 260 号三新银座 19、21 楼
电　话：0571 - 87384902
手　机：13575727912
传　真：0571 - 86727845
E - mail：qiuzz@zjwater.gov.cn

90 嵌入式高压软启动装置

持有单位

西安启功电气有限公司

技术简介

1. 技术来源

自主研发，高压固态软启动装置国家标准借助公司产品企业标准起草。

2. 技术原理

高压软起动装置通过控制晶闸管的导通角对输入电压进行控制，实现改变电动机定子端电压值的大小，即控制电动机的启动转矩和启动电流的大小，从而实现电动机的软起动控制。高压软起动可按照设定的启动参数平滑加速，从而减少对电网，电机及设备的电气和机械冲击。当电机达到额定转速后，旁路断路器自动接通。高压软起动器启动完毕后继续监控电动机，并提供各种故障保护。

3. 技术特点

（1）传统的启动方式，串电阻启动、串电抗器启动、星—角转换启动、自耦降压启动等，体积大，维修难度大，启动特性差，自动化控制低。嵌入式高压软起动器该产品体积小，功耗低，高可靠性，高灵敏度，无环境污染，实现内部信号传递全数字化，安装方便等优点，为客户提供方便，节约成本，提高效率。

（2）原水利行业启动电机采用直接启动，对电网造成非常大的冲击。由于采用直接启动，启动电流一般为电机额定电流的7～10倍，为了保证电机能够正常启动，所需配电容量非常大，造成前期投资的部分浪费。嵌入式高压软起动装置，能够将电机的启动电流限制在3倍的额定电流，大大降低了配电容量的投资，节省了很大一部分成本。

技术指标

（1）符合国家标准：GB/T 37405—2019《高压晶闸管相控调压软起动装置》，GB/T 37404—2019《高压电动机软起动装置技术应用导则》。

（2）针对该产品，技术持有单位已制定了企业质量标准 Q/QG 002—2017，通过检验。

（3）已通过西安高压电器研究院有限责任公司检验。包括：工频耐受电压试验、雷电冲击耐受电压试验、控制和辅助回路的绝缘试验、防护等级检验。

技术持有单位介绍

西安启功电气有限公司成立于2007年，注册资金3060万元。现有员工85人，是一家集高低压工业电机软起动、调速装置、高低压配电设备等电气产品研发、生产、销售和服务为一体的高新技术企业，总部坐落于西安高新产业技术开发区，省外拥有4家控股子公司和多个办事处，凭借在电机驱动领域的专业水平和成熟技术，短短几年在行业内领域迅速崛起。先后研制出有自主知识产权的高性能产品"CGR全系列高低压软起动装置、CGV全系列低压变频器"；独创的"电动机控制解决方案"，已得到客户的认可与好评。公司是国家认定的西安市高新技术企业和双软认证企业，拥有多项国家级技术专利，"启功电气"商标被评定为陕西省和西安市著名商标，"启功电气"牌电机软起动器被评为西安市名牌产品。

应用范围及前景

适用于大型电机启动。主要面对的行业为水利、化工、煤矿、水泥、钢铁、石油等行业的大型电机应用。由于使用嵌入式阀组件，整体开关柜体积减小，原来2台开关柜的体积，现在只用

一台开关柜代替，体积缩小一半，占地面积缩小一半，减少了用户的建造投资成本。

截至 2018 年底，整体推广数量为 50 例，在这 50 例，总数 89 套设备的推广过程中，从 350～3500kW 各个功率段均有设备在运行，整体运行情况稳定。

典型应用案例：

甘肃临夏回族自治州引黄济临供水工程、灵台县 2016 年中央财政农田水利设施建设项目杜家沟提灌站工程、泰安市第二污水处理厂建设项目山西省地下水超采区综合治理襄汾县水源替代工程、马鞍山市郑蒲港新区大王排涝站工程等。

■嵌入式高压软起动器发布会技术交流现场

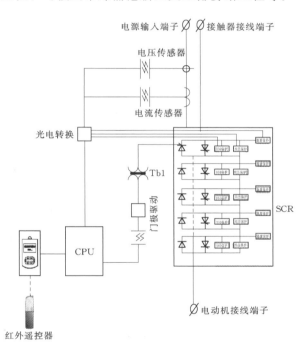

■技术原理图

■CGR 系列嵌入式高压固态软起动装置

■装置在乌海市引黄灌溉植树造林项目应用案例

■CGR 系列嵌入式高压固态软起动装置

技术名称：嵌入式高压软启动装置
持有单位：西安启功电气有限公司
联系人：张建军
地　　址：陕西省西安市高新区毕原三路 2328 号 2 号楼三层
电　　话：029－88450316
手　　机：18092362942
传　　真：029－88450312
E－mail：zhangjj@cheegon.com

91　低速泵用大功率永磁同步电动机

持有单位

日照东方电机有限公司

技术简介

1. 技术来源

自主研发。因为传统应用中采用异步电机＋减速机结构，异步电机＋减速机结构轴向长度大、体积大、不易安装，正常使用过程中减速机齿轮易磨损、维护量大、维护成本高，尤其是在贯流泵等封闭环境中应用时，占用管道空间大、影响管道流量、维修维护困难。同时异步电机高速旋转带动减速机，减速机前级速度高、机械磨损大、噪声大、故障率高、传动效率低，异步电机效率在 92％左右，减速机效率仅 90％，系统效率低，消耗电能大，不符合设备节能环保的工业趋势。

2. 技术原理

该技术中低速泵用大功率永磁电机采用低转速大功率永磁电机直接驱动叶轮运转，省去了传统应用中的减速机结构，同时低速永磁电机采用多极数设计，转子部位嵌有高性能永磁体，无需励磁绕组，具有系统效率高、功率因数高、结构简单、安全可靠、体积小、安装维护方便的优点，是低扬程、大流量水利泵类设施最佳的节能驱动设备。

3. 技术特点

（1）而采用该技术低速泵用大功率永磁电机驱动系统在这类水利工程应用中却有着无可比拟的应用优势。低速泵用大功率永磁电机设计转速低，可直接驱动叶轮，省去减速机结构，系统整体效率高、噪音振动小、运行更加安全可靠，凭借着节能环保的巨大优势，已成为了低速泵发展的新趋势。

（2）具有体积小、重量轻、转矩密度大、效率功率因数高、防潮性能好、低噪声、低振动、易安装、免维护、性价比高等优点，适用于各种低扬程、大流量水利工程应用。

技术指标

低速泵用大功率永磁电机需根据用户工况需求与结构需求进行定制设计与生产，功率范围在 100～3000kW、额定转速范围 10～500r/min、流量范围 1.5～30m³/s、电压等级 380V～10kV、系统效率 93％～97％、功率因数 0.99。

主要技术指标：以 250kW 低速泵用大功率永磁电机为例，额定转矩 10000N·m、额定转速 250r/min、额定电压 380V、额定电流 360A、系统效率 95％，与传统技术相比系统效率可提高 20 个百分点，综合节电率达 20％以上。年耗电量 120 万 kW·h，节能能力 40t 标煤/a。

技术持有单位介绍

日照东方电机有限公司成立于 2013 年，注册资金 5000 万元，是一家高新技术企业、科技型中小企业，有两个市级研发中心和一个省级一企一技术研发中心，已与中国科学院电工研究所合作建立了院士工作站，致力于在高压低速大扭矩永磁电机驱动系统的研发、生产、应用及推广。公司成立以来，一直以研发为主，为了把最好的产品推向市场，几年来一直潜心研发，攻破多道难关，最终研发出高性价比、高可靠性的、可完全替代传统异步电机系统的低速大扭矩永磁电机驱动系统。至今已有多个研发项目取得良好效果得到客户赞许及认可，为公司赢得了美誉。

应用范围及前景

适用于大功率低速泵动力驱动。产品涉及港口、船舶、煤炭、水利、矿山、石油石化、电力等诸多领域。

典型应用案例:

上海西大盈泵闸工程、上海淀东水利枢纽泵闸改扩建工程等项目应用。

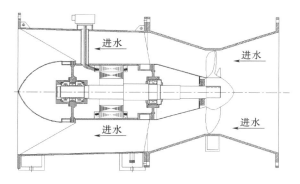

■大功率永磁电机直接驱动叶轮运转结构示意图

■车间生产线

■900kW 隔爆电机

■上海水利工程

■西大盈泵闸工程

■淀东引水泵站现场电机装配过程

■淀东引水泵站

技术名称:低速泵用大功率永磁同步电动机
持有单位:日照东方电机有限公司
联系人:裴然
地　　址:日照市高新区电子信息产业园区 B11
电　　话:0633 - 8088961
手　　机:18806338161
传　　真:0633 - 8896996
E - mail:345103266@qq.com

94　蓝深大型潜水轴（混）流泵

持有单位

蓝深集团股份有限公司

技术简介

1. 技术来源

自主研发

2. 技术原理

ZQB 型潜水轴流泵、HQB 型潜水混流泵产品属于叶片式泵，机泵一体。与传统水泵—电机机组相比，该型产品的水力模型采用全新 CFD 计算方法和首创的短导叶设计方法优化设计，针对潜水轴、混流泵的特点，设计了高效水力模型，使水泵效率最高达到 83.5%，以获得最优的水泵效率设计值和良好的抗汽蚀性能。最优的水泵效率设计值和良好的抗汽蚀性能使得该型产品在节能环保领域得到更加广泛的运用，优化后的水力模型能满足扬程范围较宽的使用要求。

3. 技术特点

（1）潜水轴（混）流泵采用机电一体化智能设计，可以长期潜入水下运行，具有机组效率高、安全性能好、抗汽蚀性能强、安装方便快捷、工程投资少的特点。

（2）该型水泵具有结构紧凑，安装、操作和维护便捷，安装面积小，自动化程度高等特点。

（3）细长型低噪高效电机、双机械密封、独立密封腔及电机内外两路冷却系统等新结构的使用，使得潜水泵的结构更加合理、改善了进、出水流态、延长了电机使用寿命、使得潜水泵的安装、使用及维护更加的方便。

（4）机泵一体可长期潜入水中运行，极大简化了泵站的土工及建筑结构工程；低噪高效电机能明显改善泵房内的工作条件；极易实现远程监控及现场自控功能；可节省工程总造价 30%～40%。

（5）该型水泵具有结构紧凑和安装面积小的特点，适用于一体化预制泵站系统中，其大流量特性可完全满足抗旱和突击防汛的要求。

技术指标

流量 0.3～25m³/s，扬程 1～16m，功率：7.5～1600kW，比转数 400～1600，水泵出水口径 350～2400mm，电压 380V～10kV。

产品经检测，水泵技术性能达到设计要求，效率高于国家标准，效率高，节能效果显著，最高机组效率达到 83.5%。

技术持有单位介绍

蓝深集团股份有限公司是一家专业从事各类水泵、污水处理机械成套（环保）设备及电气控制设备制造的股份制企业集团，主要生产经营泵类、污水处理机械成套（环保）设备类及电气控制设备产品，具有年产 4.5 万台（套）泵类产品、3500 台套污水处理机械成套（环保）设备产品的生产能力，主导产品国内市场占有率达 25% 以上，并出口亚、欧、非、美等国家。公司是国家高新技术企业，在国际、国内行业具有较高的声誉。

应用范围及前景

适用于水位涨落大的沿江、湖泊地区的防洪泵站等水利工程及市政、交通、能源、环保的基础建设工程，可广泛应用于农田灌溉、工况船坞、城市建设、电站给排水等场合。

典型应用案例：

福州市闽江下游南港南岸候官排涝站潜水轴流泵机组设备项目、湖南省洞庭湖第二批大型排

涝泵站更新改造工程沅江市紫红洲电排站潜水泵采购项目、赤峰市松北新城雨水泵站工程设备等项目。

■潜水轴（混）流泵（800kW，10kV）

■潜水轴（混）流泵（1600kW，10kV）

■潜水轴（混）流泵包装

■潜水轴（混）流泵　包装吊运图

■潜水轴（混）流泵　装运发货

技术名称：蓝深大型潜水轴（混）流泵
持有单位：蓝深集团股份有限公司
联系人：许荣军
地　址：江苏省南京市六合区雄州东路305号
电　话：025－57502000
手　机：13655189462
传　真：025－57507887
E－mail：xurongjun@21cn.com

97　万江智控一体化测控智能闸门

持有单位

成都万江智控科技有限公司

技术简介

1. 技术来源

自主研发。

2. 技术原理

一体化测控智能闸门（包含一体化闸门智能监控云平台 APP、Web 软件）是精确计量和精准控制于一体的自动化计量灌溉设备，结合了铝合金闸门、太阳能供电、水位测量、流量测量、无线通信、远程控制、智能图像监控等功能，是闸门联动控制和灌区信息化解决方案的基础。通过集成闸门、控制器和测量，实现全套一体化设计，支持本地及远程控制。系统由一体化闸门，Web 控制系统、手机 APP 控制端三部分构成。

3. 技术特点

（1）支持太阳能、风能或交流电形式，解决灌区闸门自动化升级改造的能源供电难题；支持无线、有线或局域网通信，解决偏远区域远程组网难题；支持多种明渠计量方式，因地制宜推荐最优方法，解决闸门与计量联动的难题。

（2）一体化闸门采取开放式的计量形式，可以接入市面上大多数明渠测流仪器，根据用户地域特点选择合适的方式，如水工建筑法、闸后堰槽法、表面流速法及断面平均流速法 4 种类型。

（3）通过测量闸前、闸后水位和闸门开度，利用水工模型流场数值模拟技术，在国内首次推出"计算机三维数值模拟测量法"动态改变流量系数，计算得到过闸门流量，其实验室计量的精度误差可以达到 2%。

（4）利用超声波多阵列交叉测流技术，在测流箱体中对不同水位高度的水流进行流速采样，从而得到水流在箱体内垂直流速分布，内置水位传感器，可以满足满管和非满管的流态测量。测流箱出厂校准精度可以达到 2% 以内。

（5）基于前端边缘计算和大数据技术实现图像智能识别，前端自动识别水位高度、水面漂浮物、危险堤岸、非法闯入等场景，自动记录影像资料并向管理人员预警。

技术指标

具有省级以上专业机构的合格检测报告。

（1）常规参数中的闸门操作、控制模式、图片功能、视频功能、闸门行程精度、性能测试、整机功能测试等，测试全部合格。

（2）机械参数：主体框架使用 6005 - T6 或 6061 - T6 铝合金；电机使用 24V 直流电机；编码器使用 4096 圈绝对值编码器；减速机使用两级减速机；驱动方式：双钢索驱动。

（3）电气参数：支持光伏供电系统（光伏板＋蓄电池）、交流供电系统（AC/DC）、市电光伏互补供电系统和风光互补供电系统四种方式；闸门驱动功耗小于 12W，遥测终端机功耗小于 3W，摄像机功耗小于 4W，两套传感器功耗小于 1W；具有多种雷击、过流、过压、闸门卡滞保护和机械限位保护等。

（4）RTU 参数：硬件接口包括两路 RS485、一路 RS232、三路 4～20mA、一路以太网、三路开关量输入；支持全网通无线通信、有线光纤通信、局域网通信三种通信方式；局域网通信支持 WLAN、LoRa、Zigbee；支持 SL 651—2014《水文监测数据通信规约》和 SZY 206—2016《水资源监测数据传输规约》。

（5）软件具备手机端 APP 功能与 Web 端功能，完成闸门的智能测控。

技术持有单位介绍

成都万江智控科技有限公司是成都万江港利科技股份有限公司旗下的子公司之一，公司以四川大学智能控制研究所为支撑，致力于水资源综合利用，专注于各类型一体化测控智能闸门研发、生产、销售、实施和运维，提供灌区全渠系控水量水综合解决方案。公司商标 Irricontro（中文名：易控测）是英文 Irrigation Control 的简写组合，其含义"灌溉控制"体现了公司产品核心，中文名"易控测"表现了公司产品目标就是要实现闸门控制简易性、用水测量准确性。

应用范围及前景

适合在全国灌区渠系的"口门"（分水口、斗口、农口的统称）建设，实现智慧灌区全渠系"口门"管理；适合在县级农田末级渠道建设，实现农业水价综合改革对于精准控水和量水的要求；适合在天然河道排水口建设，实现各级河长对区域污水排放的监管要求。

典型应用案例：

都江堰灌区项目、四川省县级农业水价综合改革项目、新疆阿勒泰地区吉木乃县灌区项目、内蒙古巴彦淖尔市灌区项目、山东德州市灌区项目等。

■一体化测控智能闸门1

■一体化测控智能闸门2

■一体化测控智能闸门3

■一体化测控智能闸门示意图

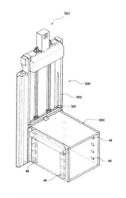

■测流箱体内置水位传感器

技术名称：万江智控一体化测控智能闸门
持有单位：成都万江智控科技有限公司
联系人：吴娟
地　　址：四川省成都市天府新区华阳街道华府大道一段 1 号启阳恒隆广场 3 栋 27 层 14 号、15 号
电　　话：028 - 87820177
手　　机：18108128113
传　　真：028 - 87820177
E - mail：wujuan@cdwanjiang.com

99　一种电动水文绞车

持有单位

长江水利委员会水文局长江口水文水资源勘测局

技术简介

1. 技术来源

自主研发，获实用新型专利，已申报国家发明专利。水文绞车分固定式船用水文绞车和可移动式水文绞车。船用水文绞车固定在水文测量船上，构造复杂，体积庞大，不能移动。传统的可移动式水文绞车，体积大、分量重、不智能、难搬运，安全性差。长江口局从 20 世纪 90 年代开始开展水文测验工作，根据几十年来的应用实践，改进了传统的可移动式水文绞车。

2. 技术原理

该水文绞车的结构主要包括基座、驱动机构和悬臂机构。计数器设置在基座上，悬臂机构通过铰链和支撑杆与基座连接，悬臂通过两端的滑轮构成钢丝绳的运行轨道，钢丝绳的第一端与驱动机构连接，钢丝绳的第二端与铅鱼连接，铅鱼在驱动机构的驱动下竖直收放。悬臂的第一端滑轮上设置有码盘，码盘与计数器耦合，产生的感应信号送计数器进行水深计数，悬臂的第二端设置有滑轮，滑轮的下方设有限位器，钢丝绳在铅鱼的作用力下，从限位器引出，有效避免了钢丝绳不必要的磨损，确保设备正常运行。

3. 技术特点

（1）适用性、通用性强。研制的新型水文泥沙测验设备，可以单独进行水文调查和水质调查，也可同时与水文调查设备、水质采样设备、水文铅鱼等设施设备联控装置连接，可较好地解决水文调查、水质调查自动采集。

（2）安全性能好。在安全设计方面，一是水文绞车在悬臂与基座之间设有自动插销锁定装置，该装置与旋转部件合为一体，内设弹簧装置，锁定设备，安全可靠。二是在钢丝绳出滑轮的下部左右侧设 2 只内置轴承的滚筒装置，可自由旋转，当钢丝绳在水流作用下，偏离铅垂位置时，由该滚筒实施"限位"，有效避免了钢丝绳不必要的磨损，又杜绝了钢丝绳"滑槽"，确保设备正常运行。

（3）便于维护和保养。该水文绞车是积木式组装、轻便灵活、方便移动安装，其结构主要包括基座、驱动机构和悬臂机构，计数器设置在基座上，除经久耐用外，更易维护和保养。

技术指标

水文绞车最大吊重为 60kg，可手动旋转，转幅 360°。水文绞车主要由 5 部分组成：

（1）底座：底座是由 50 号角铁焊接而成，高度 500mm，并安装有轮子，可帮助移动绞车。

（2）回转机构：用于转动绞车，机构上安装有弹簧销，向上抬起弹簧销即可转动绞车，每 90°一个转角，最大转幅 360°。

（3）升降系统：用于升降测流设备的卷扬机，具有自动刹车功能，并配备有控制升降的手柄，配备专用的测量绳索。卷扬机升降速度 0.5m/s，电压 220V，启动电压 180V；电源线长 15m；控制器线长 2m；钢丝绳直径 4mm，使用长度 60～150m。

（4）支撑杆：用于支撑吊臂，安装在下面卡槽时吊臂顶端的导向轮处于水平状态，安装在上面的卡槽上时导向轮由水平状态向上仰 10°角。

（5）测量系统：配备超大屏幕计数器，通过码盘将测量到的水深信号传输到计数器，读数方便，仪表盒侧面开关用于将计数器清零。

技术持有单位介绍

　　长江水利委员会水文局长江口水文水资源勘测局是长江委水文局下属的正处级事业单位，主要负责长江干流江阴至原长江口 50 号灯浮之间水文、河道勘测、水质监测工作，是为长江流域综合治理、防汛抗旱、水资源开发和管理、水利水电工程建设及其他国民经济建设收集提供资料和成果的专业机构。拥有水利部《水文、水资源调查评价》《建设项目水资源论证》《水利工程质量检测》3 个甲级资质证书以及国家测绘地理信息局《甲级测绘》资质证书，水环境监测中心通过国家级计量认证、档案管理通过国家档案局科技事业单位国家二级档案管理，在质量管理上是全国水文行业第一家通过 ISO 9001：2015 标准的质量体系认证单位。

■水文绞车全貌

应用范围及前景

　　电动水文绞车属成型水文测验设备，是一种供收、放水文测量仪器进行水文观测工作的绞车，适用于流速、流向、水温、水深、含盐度、含沙量、潮位、流量、水质等水文要素测量。

　　该产品从 2014 年底开始定型，并投入批量生产。到目前为止，已累计生产销售 150 多台（套），已在上海市水文总站、长江委水文局荆江局、三峡局、下游局、长江口局以及河北邯郸水文局、湖北孝感水文局以及江苏、上海、浙江、福建等沿海地区、肯尼亚等地水文测验工作中推广使用，社会效益和经济效益显著。

　　典型应用案例：

　　长江南京以下 12.5m 深水航道工程、长江口深水航道治理一期、二期、三期工程、长江口水文综合调查水文同步测验、长江南京以下 12.5m 深水航道维护观测分析、辽宁至海南等沿海水文调查等项目。

■水文绞车数显部分

■水文绞车外业工作现场

■水文绞车外业工作现场

技术名称：一种电动水文绞车
持有单位：长江水利委员会水文局长江口水文水资源勘测局
联 系 人：杜亚南
地　　址：上海市浦东大道 2412 号
电　　话：021 - 50387192
手　　机：13761592886
传　　真：021 - 50389645
E - mail：Cjkduyn@126.com

103 小型水库放水设施改造技术

持有单位

长江勘测规划设计研究有限责任公司

重庆市水利工程管理总站

技术简介

1. 技术来源

该技术是在调研国内百余座小型水库的基础上，根据我国小型水库放水设施存在的现状问题和功能需求，自主研发的适用于小型水库放水设施改造的成套技术和产品。

2. 技术原理

小型水库放水设施改造技术包括多功能定型进水口、智能闸阀集中控制系统、涵管无损检测系统、坝身涵管非开挖改造技术，可满足小型水库群放水设施的安全操作、按需取水、智能控制、集中管控等一体化运行管理要求。

3. 技术特点

（1）多功能定型进水口是一种提高现有小型水库放水设施进水口操作安全性的改进技术。根据水库放水设施实际情况，研发了适用于不同条件进水口改造的闸阀定型产品。

（2）智能闸阀集中控制系统是针对小型水库群放水设施的远程集中管控系统，可实现行政区划内水库群放水设施远程集中管控。

（3）涵管无损检测系统是针对小型水库坝身涵管检测难题开发的一套涵管检测技术。涵管无损检测系统可以对坝身涵管进行渗漏检查、缺陷检测及测量、涵管形状检测及淤积测量。

（4）坝身涵管非开挖改造技术：其中智能虹吸管输水系统可实现虹吸管真空补偿和闸阀启闭的远程自动控制；其中基岩定向钻进拖管技术是一种非开挖施工技术，通过在水库坝肩岩体中钻孔拖管新建放水管。

技术指标

（1）多功能定型进水口。

多级斜拉闸门，其中取水闸门材质：HT200铸铁闸门，拉杆及支撑材质：2Cr13不锈钢；弹性座封闸阀，其中适用管径 $\phi 5 \sim 60cm$，适用压力 $2.5 \sim 4.0MPa$；加长杆长度：$0 \sim 30m$。

（2）智能闸阀集中控制系统。

包括水库导航、水库水情展示、闸阀集中控制、实时监测、视频监控、预警告警。

（3）涵管无损检测系统。

使用环境：管径不小于 0.3m、不大于 1.5m。管内流速不大于 1.5m/s；检测功能：高清摄像、缺陷尺寸测量、定位、涵管形状三维检测、淤积估测。

（4）坝身涵管非开挖改造技术。

智能虹吸管输水系统：适用管径 $0.2m \leqslant d \leqslant 2m$；真空保持时间不小于 4 个月；功能有水位监测、流量控制计量、真空补偿、现地、远程控制。基岩定向钻进拖管技术：适用洞径 $0.2m \leqslant d \leqslant 1.5m$；适用长度：$L \leqslant 1000m$；岩石单轴抗压强度：$E_s \leqslant 80MPa$。

技术持有单位介绍

长江勘测规划设计研究有限责任公司隶属于水利部长江水利委员会，是从事工程勘察、规划、设计、科研、咨询、建设监理及管理和总承包业务的创新型企业，综合实力一直位于全国勘察设计单位前列，具有国家工程设计综合甲级资质、工程勘察综合甲级、对外承包工程资格等高等级资质证书，是国家核准的高新技术企业。长江设计公司拥有中国工程院院士3人，全国工程

勘察设计大师 4 人，各类注册工程师逾千人，各类专业技术人员 2000 余人。近年来，长江设计公司先后荣获 2 项国家科技进步特等奖，8 项国家科技进步一、二等奖，1 项国家技术发明二等奖、8 项国家优秀工程勘察设计金奖，拥有国家授权专利 80 余项。

重庆市水利工程管理总站是重庆市水利局直属事业单位，主要负责全市已成水利工程运行管理的监督指导，具体承担水利工程运行管理督查和水利工程管理考核、水库大坝安全鉴定和除险加固等工作，成功创建国家级水管单位 2 个。

应用范围及前景

适用于小型水库放水设施改造。我国现有小型水库 9 万余座，占水库总数的 95% 以上，该技术具有广阔的应用前景。目前，小型水库放水设施改造技术已经在重庆市青峰水库卧管改造工程、重庆市大沟水库新建虹吸管工程、湖北省黄石市东方山水库除险加固工程等十余座水库成功应用。

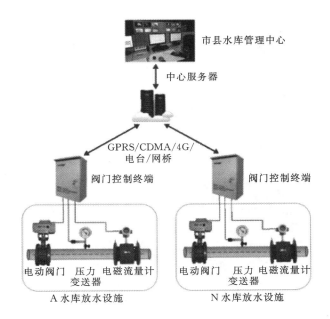

■ 智能闸阀集中控制系统架构

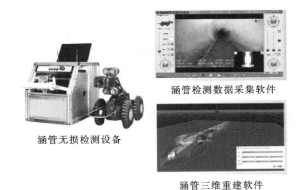

■ 涵管无损检测系统

■ 多功能定型进水口

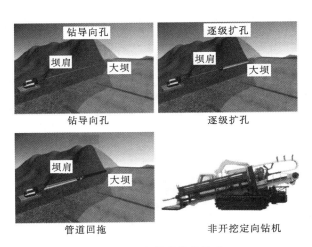

■ 基岩定向钻进拖管技术

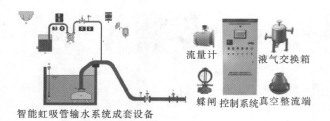

流量计　　　　液气交换箱

蝶闸　控制系统真空整流端

智能虹吸管输水系统成套设备

■智能虹吸管输水系统

■工程应用-基岩定向钻进拖管技术

■工程应用-多级斜拉式进水口改造

■工程应用-小型水库放水设施集中控制系统

技术名称：	小型水库放水设施改造技术
持有单位：	长江勘测规划设计研究有限责任公司
	重庆市水利工程管理总站
联 系 人：	尚斌
地　　址：	湖北省武汉市解放大道 1863 号
电　　话：	027 - 82827840
手　　机：	18502776062
传　　真：	027 - 82827840
E - mail：	shangbin@cjwsjy.com.cn

104　水利水电工程浅层三维地震勘探技术

持有单位

长江地球物理探测（武汉）有限公司

技术简介

1. 技术来源

依托两期水利部"948"计划项目，对美国SI开发的S-LAND、S-FLEX高保真度三维地震勘探数据采集系统及数据分析系统的核心应用技术进行研究和消化吸收；结合现有重点工程进行现场试验和工程应用，对水利水电三维地震勘探的野外工作方法、资料处理方法等关键技术展开研究；最后以南水北调工程、长江堤防工程等为研究对象，开展了有线和无线水利水电三维地震勘探的推广应用研究。成果获国家发明专利1项：一种采用同心圆等炮检距的地震反射数据采集方法，以及实用新型专利3项：一种微动台阵布设装置、一种机械式震源、一种用于地震勘探震源的人工夯锤。

2. 技术原理

地震勘探，由于其探测精度高、地质构造显示明晰，一直为地球物理勘探的主要手段之一，但随着工程勘探要求的提高，如要查明地层结构的细微变化及地质构造、岩溶、滑坡体的空间形态等，常规二维地震勘探在观测手段、信息、数据处理分析技术等方面受到制约。而高分辨率的三维地震勘探是在一定的面积上、以面的方式采集地下地震勘探信息、经数据处理后形成三维数据体（三维立体空间）进行多角度、多方位、多方法体波和岩性的研究、分析和解释，并可多角度、多方位切片方式显示目的层，使成果分析和解释更加充分、翔实。

3. 技术特点

(1) 三维地震勘探所取得的数据来自地下半空间，准确可信。

(2) 三维数据采集灵活多变，可适用于多种复杂地层。

(3) 三维资料包含了地震波的各种信息，更有利于进行地质构造、岩溶、滑坡体方面的研究。

(4) 三维资料解释利用人机交换解释系统，有利于对地层、构造做出更科学、精确的解释。

技术指标

(1) 自主研制的落重震源，能量为24磅大锤的3～4倍。

(2) 设计的有限道与基站条件下的"经济、高效、高质量"观测系统，可实现复杂地形条件下有线、无线混搭的技术融合，并可应用于隧洞超前地质预报。

(3) 技术成果填补了深度小于100m的浅层及深度小于50m的超浅层三维地震勘探在国内水利水电工程应用的空白。

技术持有单位介绍

长江地球物理探测（武汉）有限公司为长江水利委员会长江勘测规划设计研究院地球物理勘探、检测专业子公司。主要从事工程地球物理勘探，工程质量检测、监测及物探科研、仪器开发等。拥有国土资源部地球物理勘查甲级、建设部工程勘察专业类甲级、水利部水利工程质量检测甲级及湖北省工程勘察专业类乙级资质证书，是认定的高新技术企业。公司仪器设备先进，种类齐全，设备近400台（套），能满足工程勘察、检测、监测与试验需要，拥有美国Sland公司216道三维地震勘探系统、俄罗斯A1040 MIRA混凝土超声横波反射成像仪和TGS 360Pro隧道

三维地质预报系统、美国 GSSI 公司 SIR 4000 地质雷达系统，在工程物探界屈指可数。

公司承担过葛洲坝、三峡、南水北调中线等大中型水利水电工程的地球物理勘探、工程质量检测工作。先后承担了国家"七五""八五""863"、国家重点研发计划及水利部"948"等多个科研项目，获得省部级以上奖项 40 余项，拥有发明专利 15 项，实用新型专利 34 项、软件著作权 9 项。

应用范围及前景

适用于勘探地质构造，能为调水线路勘查、应急工程、水库病险排查等各种复杂地质问题的探测提供有力的技术支撑，为大坝的选址、设计和施工提供更科学更直观的决策依据。

水利水电工程浅层三维地震勘探技术已应用于南水北调中线工程、长江大堤咸宁邱家湾堤段覆盖层探测、乌东德工程、归化水库工程、南京秦淮河东河工程、安哥拉卡卡电站、刚果（金）英加 3 水电站等项目。

典型应用案例：

通过先进的地震勘探系统，展开了浅层三维地震试验研究，在某大型水利工程中获得了高精度的三维勘探成果；在某电站前期勘察中，将 6 条水上高密度电法横剖面进行三维立体成图展示，清晰地反映出地下断裂构造。

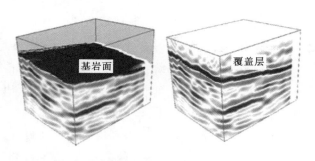

■三维地震勘探获得的覆盖层和基岩的分界面清晰可见

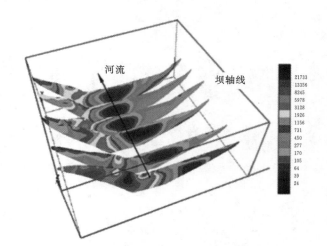

■水上高密度电法勘探，地下水通道一目了然

■南水北调中线工程中承担了线路及主要过河建筑物基础物探工作

■金沙江乌东德水电站工程中承担基础物探工作

技术名称：水利水电工程浅层三维地震勘探技术

持有单位：长江地球物理探测（武汉）有限公司

联 系 人：况碧波

地　　址：湖北省武汉市江岸区解放大道 1863 号

电　　话：027 - 82926243

手　　机：13811913118

传　　真：027 - 82926067

E - mail：106148027@qq.com

110　大体积块石生产技术

持有单位

陕西省河流工程技术研究中心

技术简介

1. 技术来源

水利部科技推广计划项目《人造备防石抢险材料技术推广》（TG1526）。

2. 技术原理

以河道细砂和工业废渣（粉煤灰、矿粉等）为原材料，配合专用的激发剂，采用科学合理的配方，通过机械挤压成型工艺，按照配料—搅拌—输送—挤压成型—养护的程序进行生产，制作出一定规格尺寸的大体积块石。首先，原材料中加入水泥，可保证凝胶体具有足够的初始固结强度；其次，掺加一定量的活性激发剂，可充分激发粉煤灰等工业废渣的活性，从而配制出符合设计强度要求的混凝土。在传统液压成型机械的基础上，采用加长油缸、加粗框架、加大电机、提高震动频率、加大料仓、加大模具等手段对现有设备进行改造，改造后块石尺寸为56cm×50cm×40cm。

3. 技术特点

（1）利用河道细砂及工业废渣，原材料来源于当地。

（2）原料配方经过室内试验优化和现场生产调整，科学合理。

（3）粉料封闭式液压成型生产，自动化程度高。

（4）模具尺寸可根据实际需要调整，最大可至112cm×50cm×40cm。

（5）成品抗压强度介于15～28MPa，具备河道抢险大块石功能。

（6）外观整齐、便于码放。

技术指标

该大体积块石尺寸为56cm×50cm×40cm，模具尺寸可根据实际需要调整，最大可至112cm×50cm×40cm；块石密度1690kg/m^3；经陕西省水利水电工程西安理工大学质量检测中心检测，块石产品抗压强度介于15～28MPa。

技术持有单位介绍

陕西省河流工程技术研究中心是经省科技厅同意组建、依托于陕西省江河水库管理局的省级工程技术研究中心，是陕西省委人才工作领导小组授予的陕西省院士专家工作站。下设泥沙研究所、水资源研究所、生态研究所、科研管理处和中心办公室以及西安桃园渭河原型监测试验基地、渭南苍渡大体积块石生产示范基地等内设机构，具有水文水资源调查评价甲级、建设项目水资源论证甲级等资质证书和省科技厅填发的技术贸易许可证。现有职工63人，专业涉及治河泥沙、水文水资源、河流生态等河流管理相关专业，是陕西省河流工程技术领域具有自主创新能力的科研开发和技术创新基地。

应用范围及前景

适用于河道工程抢险。该大体积块石具有强度高、抗冲性强、抗冻融、成型工艺简单等特点，性能优良，技术先进，适用性广泛，尺寸可以根据需要定制。既可以解决河道抢险石料来源不足问题，又兼具经济环保效益。同时，利用该技术配方和生产工艺还可以生产防汛石料、制作免烧砖、路缘石、护坡石等产品。因此，该项技术可以在水利防汛、建筑、基础设施建设等行业

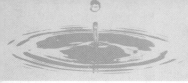
广泛推广应用。目前该项技术已在渭河下游苍渡工程进行了试验应用，效果良好。

■大体积块石成型机械研制过程 1

■大体积块石成型机械研制过程 2

■大体积块石生产线

■大体积块石成型机械正视图

■大体积块石产品

技术名称：大体积块石生产技术
持有单位：陕西省河流工程技术研究中心
联系人：雷波
地　　址：陕西省西安市未央区凤城二路 13 号凯
　　　　　发大厦 15 层
电　　话：029 - 62675050
手　　机：15102977016
传　　真：029 - 62675055
E - mail：517459167@qq.com

111 聚脲基复合防渗防护体系 SKJ 系列材料及 EP _ DTEW 工法

持有单位

中国水利水电科学研究院

技术简介

1. 技术来源

自主研发。该技术依托于南水北调中线穿黄隧洞防渗工程、溪洛渡水电站抗冲磨防护等工程，2010—2017 年，通过室内试验、地面试验及现场试验，对国内外现有防渗防护体系进行了充分的比选论证，研发了适应于复杂环境的聚脲基复合防渗防护体系 SKJ 系列材料，包括 SKJ 双组分喷涂型材料、SKJ 单组分刮涂型材料、SKJ 双组分天门冬刮涂型材料；在此基础上通过机理研究和设备研发，形成了完整的 EP _ DTEW 工法。

2. 技术原理

基于分子结构设计和逐步加成聚合技术，将仿生多巴胺链节和纳米级水滑石接枝于分子结构中进行改性，得到 SKJ 系列聚脲基膜材料和嵌缝材料；基于浸润理论和物理化学表面改性技术，研制了多界面粘结性的聚脲基复合防渗底漆材料及修补砂浆材料。根据材料反应时间及性能，研发了集喷涂、灌填一体化的多功能灌填设备，制定了工程质量控制标准，形成了聚脲基复合防渗体系施工工法（EP _ DTEW）。

3. 技术特点

（1）具有适应复杂环境的特点，复杂环境包括潮湿、低温、结露、混凝土早龄期等施工环境，以及高速水流冲刷、长期水浸、大变形等运行环境。

（2）具有施工方便、绿色环保、高耐久性、抗冲耐磨、抗冻融、抗腐蚀、高粘接力、适应三维变形、可承受反向高水压、可进行喷填一体化

快速施工、应用范围广等特点。

（3）从材料、质量评价、工法制定等方面，形成了完整的聚脲基防渗防护体系 SKJ 系列材料及 EP _ DTEW 工法。

技术指标

由南水北调中线建管局组织，对该推广技术的材料送检，其中 SKJ 双组分喷涂型聚脲的检测数据：

（1）固含量：99％；

（2）凝胶时间：13s；

（3）拉伸强度：20.8MPa；

（4）断裂伸长率：457％；

（5）撕裂强度：94N/mm；

（6）硬度：93（邵 A）；

（7）粘接强度：2.9MPa；

（8）耐磨性：1mg；

（9）完全绿色环保，满足饮用水标准。

经过实际运行调研，得到以下数据：

（1）该推广技术在南水北调中线天津支线箱涵和穿黄隧洞使用（100％空气湿度、5℃低温的施工环境，长期水浸和水流冲刷的运行环境），经过近 5 年运行，效果良好如初。

（2）该推广技术在溪洛渡水电站使用（40m/s 水流冲刷），经过近 4 年运行，效果良好如初。

（3）该推广技术在贵州道塘水库泄洪洞使用（26m/s 水沙流冲刷），经过近 4 年运行，效果良好如初。

技术持有单位介绍

中国水利水电科学研究院隶属中华人民共和国水利部，是从事水利水电科学研究的公益性研

究机构。历经几十年的发展，已建设成为人才优势明显、学科门类齐全的国家级综合性水利水电科学研究和技术开发中心。全院在职职工 1370人，其中包括院士 6 人、硕士以上学历 919 人（博士 523 人）、副高级以上职称 846 人（教授级高工 350 人），是科技部"创新人才培养示范基地"。现有 13 个非营利研究所、4 个科技企业、1个综合事业和 1 个后勤企业，拥有 4 个国家级研究中心、9 个部级研究中心、1 个国家重点实验室、2 个部级重点实验室。多年来，该院主持承担了一大批国家级重大科技攻关项目和省部级重点科研项目，承担了国内几乎所有重大水利水电工程关键技术问题的研究任务，还在国内外开展了一系列的工程技术咨询、评估和技术服务等科研工作。截至 2018 年底，该院共获得省部级以上科技进步奖励 798 项，其中国家级奖励 103项，主编或参编国家和行业标准 409 项。

应用范围及前景

适用于水利水电工程的防渗、抗冲磨防护等。

该推广技术已应用于南水北调中线穿黄输水隧洞及天津箱涵、溪洛渡水电站、道塘水库泄洪洞、大渡河浆砌石面板坝、高寒奋斗水库等水利水电工程的防渗、抗冲磨防护等。

典型应用案例：

案例 1：南水北调中线工程。该工程旨在缓解京、津、华北地区水资源危机的战略性工程，输水干渠总长达 1277km，沿途建筑物种类众多，技术要求高，面临着很多技术难题。其中，穿黄隧洞工程是南水北调工程中规模最大、单项工期最长、技术含量最高、施工难度最复杂的关键控制性"咽喉"工程。穿黄工程位于郑州市以西约30km 处，起自黄河南岸荥阳县王村的 A 点，于孤柏山湾李村线采用隧洞方案横穿黄河，终点为北岸温县马庄东的 S 点，全长约 19.3km，工程等别为一等。穿黄隧洞为双洞平行布置，中心线间距为 28m，单洞长 4250m，隧洞采用双层衬砌，外衬为预制钢筋混凝土管片，厚度 40cm，内径 7.9m；内衬为现浇预应力钢筋混凝土，厚

度 45cm，成洞内径为 7.0m。隧洞运行期最大水压力为 0.56MPa。另据统计，一个标准衬砌段长9.6m 范围内，内衬与外衬全部接缝长度共计251.8m，其中外衬接缝长度占 90.7%。鉴于部分洞段洞外为砂性围土，内衬作用高压内水，外衬又具分块拼装、接缝众多的特点，因而切忌内水外渗，造成外衬接缝外张，高压内水外渗，导致洞外砂土渗透破坏，危及隧洞安全。穿黄隧洞内具有潮湿、低温、结露、水下等复杂的施工环境以及长期浸水、高速水流冲刷、高反向水压的运行环境特点，利用该技术完成了南水北调中线穿黄隧洞防渗防护工程，保证了南水北调工程的按期通水，效益明显。

案例 2：天津输水箱涵内施工环境有明水，环境更为复杂，利用该技术完成了南水北调中线天津干线箱涵防渗防护工程，保证了南水北调工程的按期通水，效益明显。

案例 3：溪洛渡水电站具有泄洪水速大（40m/s）、间歇下雨、长期暴晒等特点，利用该技术完成了溪洛渡水电站抗冲磨防护工程，保证了泄洪期水电站的安全稳定运行，效益明显。

案例 4：四川武都水库引水渠道，具有间歇下雨、长期暴晒、工期要求短等特点，利用该技术完成了武都引水渠道的防渗防护工程，及时保障了汛期水库的安全稳定运行，以及周围人民生命和财产安全，效益明显。

技术名称：	聚脲基复合防渗防护体系 SKJ 系列材料及 EP_DTEW 工法
持有单位：	中国水利水电科学研究院
联 系 人：	李炳奇
地　　址：	北京市海淀区复兴路甲 1 号水科院大厦 D 座
电　　话：	010－68781210
手　　机：	18611718911
传　　真：	010－68588911
E－mail：	libq@iwhr.com

113   水性石墨烯防腐涂料

持有单位

河北长瀛六元素石墨烯科技有限公司

技术简介

1. 技术来源

自主研发。钢铁腐蚀无法完全避免，因此防止钢铁腐蚀是一个很严重的全球性问题，因此选择耐腐蚀性更佳的防腐涂料，延长维护周期就显得尤为重要。

2. 技术原理

石墨烯是目前人类已知最硬、最薄的二维片状结构纳米材料，具有极佳的物理、力学性质，同时具有十分稳定的化学性质，对水、氧气和腐蚀性药品具有很好的耐腐蚀性和稳定性，是优异的防腐蚀材料。利用石墨烯的独有特性，将其配伍于涂层中时，其片状结果具有迷宫效应，对水、氧气和腐蚀性药品起到良好的屏蔽作用，可阻碍水、氧气和腐蚀性药品等向金属基材的渗透速度，增加涂层的耐腐蚀性，进而对底材起到防护作用。

3. 技术特点

（1）环境友好，长效防护，带锈涂装，综合长期防腐优势明显。

（2）石墨烯的加入不但降低涂层厚度，同时也使涂层的物理、力学性能：附着力、耐磨性、柔韧性得到改善，其耐盐雾性可达 3000h 以上。

（3）水性石墨烯涂料性能明显优于普通油漆，但是受制于石墨烯原材料制备成本较高。

技术指标

（1）挥发性有机化合物（voc）：10g/L。

（2）乙二醇醚及其脂类含量：未检出；苯、甲苯、二甲苯、乙苯：未检出；卤代烃：未检出；可溶性铅、镉、汞、铬：未检出。

（3）耐盐雾腐蚀：＞3000h。

（4）耐水性：不起泡、不剥落、不开裂、不生锈。

（5）耐酸性：无异常（216h）。

（6）耐碱性：无异常（2400h）。

（7）耐湿热：不起泡、不剥落、不开裂、不生锈。

技术持有单位介绍

河北长瀛六元素石墨烯科技有限公司专注于新能源、新材料、新技术，是国内较早从事石墨烯纳米水性分散技术研发的企业。公司在 2016 年即实现了"水性基环氧树脂中石墨烯改性分散技术突破"并在 2017 年实现转化量产。在多年的应用使用中积累了大量的事实依据和经验，众多实例证明"环保型水性石墨烯重防腐涂料"较传统涂料性能更加优异。H5203 水性石墨烯重防腐涂料结合国际上防腐蚀涂料"无污染、无公害、绿色节能、经济高效"的发展趋势，可完全取代现有的普通油漆，锌粉防腐漆和传统环氧树脂漆、聚氨酯类漆等。此产品完全具有独立知识产权并获得国家发明专利申请，并且已经完成相关权威机构认证，在国内尝试使用的军工、铁路、电力、石油化工、船舶港务和热力、设备制造等领域取得了广泛好评。

应用范围及前景

适用于铁路车辆、桥梁、码头钢结构、造船、重型机械、电力机械、石油化工设备、矿山机械、水利工程钢铁结构等钢构的防腐、防锈。H5203 水性石墨烯涂料，现已成功应用在高铁轨

道系统，水处理水闸阀门领域，船舶港务领域以及工业化工领域。

典型应用案例：

华能北京热电厂热循环水系统、北京经济开发区污水处理系统蓄水箱防腐涂装、黄骅市旧城工业园石油化工存储罐体防腐涂装等项目。

■水利闸坝防腐

■污水处理系统蓄水箱防腐处理涂装

■石油化工存储罐体防腐涂装

■军工与航天领域

■循环泵叶轮防腐涂装

■陕汽重工应用

■钢结构防腐

技术名称：水性石墨烯防腐涂料
持有单位：河北长瀛六元素石墨烯科技有限公司
联 系 人：赵振亮
地　　址：河北省沧州市北京路华商大厦 302 室
手　　机：13910931000
E - mail：13910931000@139.com

114 GCS – 2 型混凝土防裂抗渗剂

持有单位

长江水利委员会长江科学院

深圳市砼科院有限公司

技术简介

1. 技术来源

混凝土防裂抗渗剂是专门针对大体积混凝土防裂抗裂而自主研发，可显著改善大体积混凝土、高强高性能混凝土、防水混凝土的体积稳定性、抗裂性和耐久性等性能，并克服了膨胀剂、轻烧 MgO 等材料对混凝土不利的影响。

2. 技术原理

混凝土防裂抗渗剂是由激发剂、多种膨胀源和活性组分组装而成的多元复合材料。掺入混凝土中，一方面可显著降低混凝土早期水化温升，同时通过激发水泥-掺和料复合胶凝体系中混合材和掺和料的活性，提高混凝土后期强度，增加混凝土密实性，改善耐久性；引入缓释技术，通过多膨胀源复合组装技术，使膨胀历程与大体积混凝土收缩历程相匹配，实现大体积混凝土补偿收缩历程中膨胀时间、膨胀时长和总膨胀量的"三个可控"。

3. 技术特点

（1）改善混凝土拌和物的黏聚性、提高抗分离性，减少泌水。

（2）降低胶凝材料早期水化热和混凝土绝热温升值，推迟温升峰值出现时间，简化温控措施、降低成本。

（3）可显著提高混凝土后期力学性能。

（4）降低混凝土干缩值。

（5）膨胀起止时间、膨胀量可控，有效补偿混凝土体积收缩，改善混凝土的体积稳定性。

技术指标

（1）细度：比表面积/（m²/kg）≥300（Ⅰ级）或 450（Ⅱ级）；80μm 筛筛余/%≤10（Ⅰ级）或 5（Ⅱ级）。

（2）需水量比/%：≤105。

（3）烧失量/%：≤5.0（Ⅰ级）或 4.5（Ⅱ级）。

（4）含水率/%：≤1.0；氯离子含量/%：≤0.06；碱含量/%。

（5）28d 胶砂抗压强度比/%：≥90（Ⅰ级）或 95（Ⅱ级）。

（6）沸煮法安定性：合格；7d 水化热降低率/%：≥15。

技术持有单位介绍

长江水利委员会长江科学院始建于 1951 年，是国家非营利科研机构，隶属水利部长江水利委员会。长科院为国家水利事业，长江流域治理、开发与保护提供科技支撑，同时面向国民经济建设相关行业，以水利水电科学研究为主，提供技术服务，开展科技产品研发。长科院下设 16 个研究所，7 个科技企业，并设有研究生部。长科院有在职职工近 900 人，其中专业技术人员 700 余人。现有享受国家政府特殊津贴专家 39 人，国家百千万人才工程国家级人选 2 人，湖北省重大人才工程"高端人才引领培养计划"首批培养人选 1 人，湖北省突出贡献专家 3 人，逐步形成一支以学科带头人为主、博士等青年为骨干的科技队伍。

深圳市砼科院有限公司是一家专门从事高性能混凝土相关产品、技术的研发、制造和技术服务的高科技企业。目前公司以具有知识产权的"混凝土防裂抗渗剂"系列产品为核心，开发大体积混凝土综合防裂技术，提供大体积混凝土裂缝防治与修复整体解决方案和技术咨询服务。

应用范围及前景

适用于大坝、地铁、机场、公路、铁路、桥梁、隧道、核电、房建、市政、港口、码头、水下、地下建筑等各类别各等级混凝土工程的梁、板、柱、块等各种结构。

典型应用案例：

案例 1：神农架龙潭嘴水电站，神农架龙潭嘴水电站全坝采用 45％磷渣粉和 15％混凝土防裂抗渗剂作为大坝复合掺合料，无温控措施，节约了温控成本，至今无裂缝。

案例 2：西部高寒地区（西藏拉洛）水利水电工程混凝土防裂技术示范项目。

可显著改善大体积混凝土、高强高性能混凝土、防水混凝土、泵送混凝土、钢筋混凝土、自密实混凝土的体积稳定性、抗裂性和耐久性等性能，并克服了膨胀剂、轻烧 MgO 等材料影响混凝土强度、品质稳定性及使用可靠性无法保证、施工质量难以控制等方面的弊端。

■水电站现场进行碾压混凝土工艺性试验

■2018 年 12 月西部高寒地区示范项目启动会

■神农架龙潭嘴水电站现场罐装 GCS 防裂抗渗剂

■神农架龙潭嘴水电站采用该产品作为大坝复合掺和料

■2019 年 1 月混凝土防裂技术培训会在拉萨召开

技术名称：GCS－2 型混凝土防裂抗渗剂
持有单位：长江水利委员会长江科学院
　　　　　深圳市砼科院有限公司
联 系 人：林育强
地　　址：湖北省武汉市江岸区黄浦大街 23 号
电　　话：027－82829757
手　　机：13071251605
传　　真：027－82829752
E － mail：linyq919@163.com

118 水利工程专用食品级润滑脂

持有单位

水利部水工金属结构质量检验测试中心

技术简介

1. 技术来源

自 2017 年 3 月，水利部水工金属结构质量检验测试中心与中国石化润滑油有限公司天津分公司签订战略合作协议，共同研发水利工程专用食品级润滑脂新技术。

2. 技术原理

依据启闭机设备在润滑性、高低温性能、抗水性、防锈性、黏附性、极压抗磨性等方面的要求，开发了水利工程专用食品级润滑脂，包括食品级钢丝绳表面润滑脂和食品级轴承润滑脂，制定了水利工程专用食品级钢丝绳表面润滑脂以及水利工程专用食品级启闭机轴承脂的技术指标。

3. 技术特点

水利工程专用食品级润滑脂通过理化分析、三方检测及现场工地试验表明，水利工程专用食品级润滑脂满足水利工程启闭机的润滑需要，延长润滑脂的使用寿命，拓宽了润滑脂的高低温适应性，提高了润滑脂的抗水性、抗滑落性及抗氧化性，提高了轴承脂的极压抗磨性能，同时能够达到食品级等要求，极大改善了目前水利工程用润滑脂的现状。

技术指标

为了保证饮用水安全，水利工程专用食品级润滑脂通过了第三方权威机构的重金属检测、毒理学、涉水试验等测试，保证该产品符合法律法规文件对饮用水水源保护区的管理及水中有害物质种类、限值等做出的规定，确保饮用水不会受到污染。

（1）长城 SLE - G 钢丝绳表面润滑脂技术指标。外观：浅黄色至白色均匀油膏；工作锥入度/0.1mm：220～295；滴点：≥260℃；防腐蚀性（52℃，48h，蒸馏水）：合格；盐雾试验（45 号钢，7d），级：不低于 A；低温性能（－40℃，30min）：合格；滑落实验（80℃，1h）：合格；重金属等（RoHS 指令）：合格；急性经口毒性试验：无毒；涉水相关试（饮用水防护材料要求）：合格。

（2）长城 SLE - Z 轴承润滑脂技术指标。外观：浅黄色至白色均匀油膏；工作锥入度/0.1mm：310～340（1 号）、290～320（T1 号）、265～295（2 号）、245～275（T2 号）；滴点≥240～260℃；防腐蚀性（52℃，48h，蒸馏水）：合格；盐雾试验（45 号钢，7d），级，不低于 A；极压性能（四球机法），烧结负荷（P_D 值/N）≥1961；抗磨性能（磨斑直径）≤0.6/mm；低温转矩（－40℃），启动转矩≤0.70～0.90/(N·m)，运转转矩≤0.15～0.20/(N·m)；重金属等（RoHS 指令）：合格；急性经口毒性试验：无毒；涉水相关试验（饮用水防护材料要求）：合格。

技术持有单位介绍

水利部水工金属结构质量检验测试中心是隶属于水利部的科学研究试验的事业单位。该中心建有郑州市院士工作站、河南省院士工作站和郑州市水工金属结构检测重点实验室，主编国家标准和行业标准 22 项，主编和参编书籍 4 部，申请专利 20 余项，多次获得水利部大禹奖、综合事业局昆仑奖和水力发电科学技术奖等奖项。该中心以行业需求为导向，以解决技术难题为目标，率先开展了先进检测技术的研究、引进、推广和应用工作，主要有金属结构设备实时在线监测及运行安全管理系统研究、闸门原型观测试验

技术研究、水利工程专用食品级润滑脂研究开发、振动时效消应和残余应力测试技术方法研究、大尺寸高精度测量技术研究、声发射应用技术研究等。

应用范围及前景

适用于水利工程启闭机、闸门、阀门等设备的钢丝绳及轴承的润滑和防护。

典型应用案例：

水利工程专用食品级润滑脂分别在南水北调中线河南分局管辖的双洎河渡槽固定卷扬式启闭机、小浪底水利枢纽下属西霞院水电站坝顶门机、广东粤港供水有限公司（生化站、金湖泵站和雁田泵站）启闭机及内蒙古自治区河套灌区永济灌域南边分干渠启闭机上进行了试验，试验范围包括中国的南、中、北地区，取得了良好的经济效益和社会效益。

■食品级钢丝绳润滑脂与锂基 3 号润滑脂涂装后对比

■食品级钢丝绳润滑脂与锂基 3 号润滑脂涂装后对比

■技术研讨会在郑州召开

■中国水利报专题报道该产品研制成功

■坝顶门机使用食品级润滑脂带载荷运行

技术名称：水利工程专用食品级润滑脂
持有单位：水利部水工金属结构质量检验测试中心
联 系 人：孔垂雨
地　　址：河南省郑州市惠济区迎宾路 34 号
电　　话：0371 - 65591878
手　　机：13526445396
传　　真：0371 - 67711090
E - mail：kongchuiyu@chinatesting.org

119　聚丙烯长丝针刺土工布

持有单位

天鼎丰聚丙烯材料技术有限公司

技术简介

1. 技术来源

自主研发。

2. 技术原理

聚丙烯长丝针刺土工布采用高强粗旦熔融纺丝技术，即利用气流加机械牵伸的方式，使聚丙烯高分子高度取向结晶，最终形成单丝纤度达到11dtex，单丝强力超过 3.5cN/dtex 的连续长丝。再经铺网和针刺加固工艺，最终形成各向均匀的非织造土工布。

3. 技术特点

（1）力学性能优异。同等克重下高强粗旦聚丙烯长丝针刺土工布抗拉伸性能比聚酯长丝针刺土工布高 20％，比短纤针刺土工布高 50％，特别是抗撕裂性能，高强粗旦聚丙烯长丝针刺土工布要比其他品类土工布高 80％以上。

（2）排水过滤等性能优异。该技术生产的聚丙烯纤维具有纤度大的特点（最高可达 15D，常规土工布纤维细度一般为 4D），透水、导水性能优异，其垂直渗透系数比常规土工布高 50％左右。

（3）优异的化学稳定性。聚酯土工布在大量水特别是碱性条件下会加速水解，直至失效，会给工程安全带来隐患。聚丙烯具有优异的化学稳定性，在土质酸碱性较强的地下或与水泥、石灰、盐渍土等呈现酸碱性部位的防护加强等效果好于聚酯。

（4）冻融稳定性。聚丙烯长丝针刺土工布具有优异的耐低温性能，能够适应高寒环境反复冻融性能不发生退化。根据国家冻土实验室权威检测，经过 20 次冻融循环，聚丙烯长丝针刺土工布强力保持率在 96.5％，而聚酯长丝针刺土工布强力保持率仅有 63.5％。

技术指标

（1）单丝纤度：4～11dtex。

（2）单丝强度：≥3.5g/D。

（3）单丝伸长率：≥150％。

（4）产品均匀度范围：±10％。

（5）产品伸长率：60％～100％。

（6）产品强度：100～300g/m² ≥76N·m^{-1}/gsm；400～1000g/m² ≥70N·m^{-1}/gsm。

（7）产能：8000～10000t/a。

（8）幅宽：≤5.5m。

（9）规格：100～1000g/m²。

技术持有单位介绍

天鼎丰聚丙烯材料技术有限公司位于山东省德州市临邑县，占地 300 亩，总投资 7.2 亿元，是中国非织造布行业 10 强企业天鼎丰控股有限公司旗下专业从事聚丙烯纺粘针刺土工布及相关土工合成材料生产及研发的全资子公司。天鼎丰公司于 2014 年开始启动"高强粗旦聚丙烯长丝针刺土工布"产业化生产技术攻关，2015 年成立天鼎丰聚丙烯材料技术有限公司，正式实施产业化建设。2016 年科技部将其列入重点基础材料研发产业化重点专项（"高强抗老化土工材料多重结构复合加工关键技术"，编号2016YFB0303203），天鼎丰为该专项课题承担单位。

应用范围及前景

长丝纺粘针刺非织造土工布是土工合成材料中的主要产品之一，在工程中可起过滤、排水、

隔离、防护、加强等作用。

机场铁路工程应用案例：高强粗旦聚丙烯长丝针刺土工布投入市场以来，先后在北京新机场、西安咸阳机场、郑万高铁、成都地铁 18 号线等国家重大工程中批量使用。同时在一带一路沿线国家工程建设中，如非洲亚吉铁路、尼泊尔博卡拉新机场、柬埔寨七星海国际机场等也得到广泛应用。经大量的实际工程验证，该产品与进口的 Tencate Polyfelt 系列土工布以及杜邦公司 Typar SF 系列土工布性能一致，关键指标，如拉伸强度、顶破强力等甚至超过进口产品，受到客户的一致认可。

典型应用案例：

东营港十万吨港口工程采用了由聚丙烯长丝针刺土工布与经编格栅复合的软体排进行航道护底，目前工程进展顺利，实际使用效果十分理想。2018 年下半年，天鼎丰聚丙烯长丝针刺土工布也顺利应用到引江济淮工程中，该工程采用了 $500g/m^2$、$300g/m^2$、$200g/m^2$ 的聚丙烯长丝针刺土工布用于河渠的混凝土护岸护底。

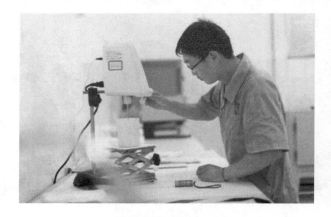

■天鼎丰图片

■聚丙烯长丝土工布

■公司总部

■天鼎丰聚丙烯生产基地

■北京新机场跑道停机坪道面隔离层使用了
聚丙烯长丝针刺土工布

技术名称：聚丙烯长丝针刺土工布

持有单位：天鼎丰聚丙烯材料技术有限公司

联 系 人：陈洋

地　　址：山东省德州市临邑县花园大街 18 号

电　　话：0550 - 3809831

手　　机：18021517273

E - mail：chenyang03@yuhong.com.cn

120　大中型泵站水泵汽蚀修补新材料

持有单位

江苏省骆运水利工程管理处

技术简介

1. 技术来源

大中型泵站水泵汽蚀修补新材料基于北京天山新材料技术有限公司的 TS216 耐磨修补剂为试样材料，根据各种不同磨损机理、不同流速、不同温度、不同颗粒大小、不同酸碱介质等工况，有针对性地设计不同的工艺配方，改良修补工艺及分析测试样本模型，研制出一种针对性更强的大中型水泵汽蚀修补新材料。

2. 技术原理

大中型水泵汽蚀修补新材料通过自制改性胺固化剂，制作以陶瓷粉作为增强相，纳米橡胶改性环氧树脂，改性胺为固化剂制备复合涂层。通过添加不同重量份数和不同粒径的陶瓷粉使得陶瓷粉与包覆在其表面的胶体所构成的刚性球体可以均匀地填充在大颗粒之间的空隙中，使陶瓷粉以最密集的方式排列，有效提高耐磨涂层与基材的结合强度，并且保持材表面良好的耐磨性与抗汽蚀性能，显著提高涂层与泵体基材的结合力，改善水泵抗汽蚀性能，延长水泵使用寿命，提高设备运行的安全可靠性，降低水泵检修成本。

3. 技术特点

大中型泵站水泵汽蚀修补新材料与传统的汽蚀修补技术相比，抗汽蚀涂层具有施工工艺简单、便捷，涂层强度高、效果好，施工操作简便以及投资少等特点，有效解决水泵汽蚀破坏的难题，具有良好的应用推广前景。

技术指标

北京天山新材料技术有限公司的 TS216 耐磨修补剂为公司专利产品。大中型泵站水泵汽蚀修补新材料研究及应用项目基于北京天山新材料技术有限公司的 TS216 耐磨修补剂为试样材料进行研究，相关参数与 TS216 耐磨修补剂相似。目前该汽蚀修补材料在北京天山新材料技术有限公司的产品内部编号为 TS5658 耐汽蚀材料。

主要物理机械性能。颜色：灰色；密度：2.43g/cm³；重量配比为 8∶1；体积配比为 4∶1；操作时间（200g 混合）：65min；抗压强度（GB/T 1041）：112.0MPa；拉伸强度（GB/T 6329）：32.0MPa；剪切强度（GB/T 7124）：14.0MPa；弯曲强度（GB/T 9341）：45.0MPa；满负荷需固化时间：24h；工作温度：-60～160℃。

技术持有单位介绍

江苏省骆运水利工程管理处是 1985 年由江苏省骆马湖控制工程管理处与江苏省第三抗旱排涝队合并组建而成，隶属江苏省水利厅，处机关坐落于宿迁市区古黄河畔，主要管理泗阳站、泗阳二站、刘老涧站、皂河站、沙集站等五座大型泵站和泗阳闸、黄墩湖滞洪闸、皂河闸、刘老涧节制闸、刘老涧新闸、沙集闸、六塘河闸、洋河滩闸、房亭河地涵、新邳洪河闸等十座大、中型涵闸；承担 2.1km 邳洪河大堤的管理维护。共有大型抽水机组 19 台（套），是南水北调第四、第五、第六梯级站，淮水北调第一、第二、第三梯级站，总装机容量 54400kW，抽水流量 666m³/s；所属十座涵闸与嶂山闸、宿迁闸等共同构成骆马湖、中运河防洪体系。拥有一支国家级防汛机动抢险队，配备 485 台（套）流动抗排机组及一大批防汛抢险设备。

骆运管理处还承担着江苏省骆马湖联防指挥部办公室的日常工作；承担江苏省骆马湖管理与保护联系会议办公室的日常工作，行使骆马湖、微山湖（江苏境内）的湖泊管理与保护职能；承担南水北调泗阳站（部分）、刘老涧二站、皂河二站、睢宁二站的管理工作，调水流量 530m³/s。所属工程在防洪、排涝、灌溉、供水、发电、航运、改善生态环境及保障人民生命财产安全和促进经济社会发展等方面发挥了重大作用。

应用范围及前景

可用于水利工程的泵站汽蚀修补，电厂、矿厂的管道、泵壳修补，轮船螺旋桨汽蚀修补等。

典型应用案例：

2014 年 5 月使用该技术材料对江苏省刘老涧抽水站 1 号机组水泵叶轮外壳和 2 号机组水泵转轮室进行修补；2017 年 12 月使用该技术材料对江苏省泗阳抽水 3 号机组水泵叶轮外壳进行修补。目前运行效果均保持良好。

■刘老涧泵站原 2 号机组水泵转轮室汽蚀情况

■刘老涧泵站应用汽蚀修补新材料

■汽蚀修补新材料生产

■应用汽蚀修补新材料修复后情况

汽蚀部位

■某泵站水泵转轮室部位发生严重汽蚀

技术名称：大中型泵站水泵汽蚀修补新材料
持有单位：江苏省骆运水利工程管理处
联 系 人：施翔
地　　址：宿迁市宿城区八一中路 2 号
电　　话：0527 - 81001062
手　　机：15951599911
传　　真：0527 - 81001011
E - mail：154632940@qq.com

121　环保型白蚁诱饵包（剂）及趋避缓释带

持有单位

杭州特麦生物技术有限公司

技术简介

1. 技术来源
自主研发。

2. 技术原理
（1）环保型白蚁诱饵包（剂）：用于水库堤坝和经济木本作物等白蚁防治。通过研究白蚁对不同木材、树皮的选择性取食，筛选出最优的饵料基质，再添加顺-3-己烯-1-醇信素物质，增强其引诱力，最后使用中结合德国拜耳特密得400倍稀释液，成为诱杀饵剂。

（2）白蚁趋避缓释带：经济木本作物（如香榧、杨梅、山核桃、柑橘等）和景观树木往往容易受到土栖白蚁的危害，阻止白蚁取食上树是防止白蚁的方法之一。以高聚橡胶为载体，利用褐藻酸钠为缓释材料，形成趋避性菊酯药剂的缓释带，捆绑于树干基部，阻止白蚁上树为害。

3. 技术特点
（1）技术产品能用于相关领域的白蚁密度控制，从而有效防止或控制白蚁危害，具有操作简单、高效和成本低的特点。

（2）诱饵剂剂型可以为灭蚁膏剂、纸型诱饵剂、胶冻诱饵剂和诱饵条等，甘蔗渣为基质的诱饵包对白蚁的为害率可以减少60%以上。

（3）白蚁趋避缓释带在园林树木处理后，白蚁上树率小于10.71%，在香榧苗等农林经济作物白蚁防治项目中，缓释带的使用能明显降低白蚁上树率，能在一定时间内很好地趋避土栖白蚁上树，达到防治效果。

技术指标

（1）环保型诱饵包（剂）投放区域，成年白蚁巢群死亡，出现炭棒菌等死巢指示物；泥被、泥线出现率低于15%。

（2）白蚁趋避缓释带应用于苗木作物等白蚁防治，白蚁上树率低于10%。

技术持有单位介绍

杭州特麦生物技术有限公司成立于2014年，是一家专业从事白蚁等有害生物的防治技术和药物的技术研发、技术咨询和成果转让的科技型企业，长期与浙江大学和浙江农林大学合作，主要从事白蚁防治技术的研究和推广，掌握白蚁诱杀的关键技术。公司2016年联合全国白蚁防治中心和浙江农林大学，开展了浙江省住房和城乡建设厅的"浙江省新农村建设白蚁危害防治研究"建设科研项目，申请受理了一项发明专利和一项实用性型专利，制备了阻止土栖白蚁上树的趋避缓释带，研制出效果较好的诱饵包（剂），通过在一些蚁害省的白蚁防治机构的应用证明，本公司的诱饵包（剂）能广泛用于园林绿化、水库堤坝和农林等领域的白蚁防治，而且效果显著。

应用范围及前景

环保型白蚁诱饵包（剂）和白蚁趋避缓释带，是针对当前白蚁诱杀技术的不足而完善形成的，能广泛用于水库堤坝、房屋建筑、园林绿地和农林经济作物的白蚁防治。

已应用于浙江、湖南、广西壮族自治区等蚁害地区白蚁防治所（站）的日常白蚁防治工作中，如杭州市白蚁防治管理中心、宁波市白蚁防治中心、温州市白蚁防治站、萧山区白蚁防治站、瑞安市白蚁防治所、永嘉县白蚁防治站、宁

海县白蚁防治站、海盐县白蚁防治站、郴州市白蚁防治站、柳州市白蚁防治站等单位，主要用于房屋建筑、园林绿化和水库堤坝的白蚁防治项目，均反应效果显著。

典型应用案例：

西湖风景区白蚁防治项目：杭州市西湖风景区气候湿润，植被丰富，适宜白蚁的滋生繁衍，往往危害园林绿化和古树名木。受管委会委托，开展了西湖景区的白蚁防治工作，重点是沿线绿化的白蚁危害控制。采用多种方法：路两侧遭受白蚁危害的树木下部距地面0.5m范围内的树干安装趋避缓释带，使树干表皮和周围土壤吸收白蚁药剂，阻隔白蚁上树危害；以及分飞孔投药、泥线泥被处投药、非泥线泥被处投药等方法，从而达到保护园林不受白蚁危害的目的。

■诱饵包施工

■防白蚁缓释带

■诱饵包安装

■诱饵包

技术名称：环保型白蚁诱饵包（剂）及趋避缓释带
持有单位：杭州特麦生物技术有限公司
联 系 人：罗江峙
地　　址：浙江省杭州市余杭区五常街道联胜路10
　　　　　号2幢3号门5层511室
电　　话：0571－86725351
手　　机：15705771980
传　　真：0571－86725351
E － mail：15154246@qq.com

122　堤坝白蚁综合防治技术

持有单位

杭州新建白蚁防治有限公司

技术简介

1. 技术来源

自主研发。目前针对堤坝的白蚁防治，传统的方法主要采用人工挖巢法、掺药灌浆法、烟剂熏杀法、毒饵诱杀法、监测控制装置、物理屏障法等。而该堤坝白蚁综合防治技术是从坝里（心墙）到坝外（表层）采取综合防治措施，达到比较彻底、有效地防治白蚁危害的目的。

2. 技术原理

堤坝白蚁综合防治技术是针对不同白蚁危害情况，综合运用"套井黏土毒土处理、药物灌浆、药物隔离"的白蚁防治技术，达到有效控制白蚁危害，确保堤坝安全运行。

3. 技术特点

（1）套井黏土毒土防蚁处理，是采用低毒、高效安全的10%吡虫啉可湿性粉剂，按1:80稀释兑水，在套井回填夯实至井口下适当深度时，开始对回填黏土松土层逐层喷洒药剂，直至坝顶，要求均匀喷洒，渗透土壤深度3cm以上，形成一连续的套接黏土防渗墙的防蚁屏障。

（2）药物灌浆，是把含有灭蚁药物的泥浆经高压通过导流管注入充填堤坝蚁巢、蚁道、裂缝、漏洞等空隙及松散层，形成黄泥帷幕，产生截水效果，达到固堤防渗之目的。同时最大限度地杀灭白蚁，抑止白蚁的生存和繁殖，在一定期限内防止白蚁再次危害。

（3）药物隔离，在山塘、水库大坝、堤防工程主体加固整治好后（填筑种植土前），采用低毒、长效和安全的10%吡虫啉乳油，按1:200稀释兑水，使用车载高压喷雾机对大坝土壤层进行全面喷洒，不留死角，要求喷洒均匀，渗透土壤深度3cm以上，形成最后一道药物隔离防蚁屏障，既能防止大坝周边、附近的白蚁蔓延、分飞侵入到新加固的大坝上来，建立新群体，繁殖危害，又能有效杀灭大坝表层的新生幼龄巢。

技术指标

（1）通用名称：吡虫啉（imidacloprid）。

（2）化学名称：1-（6-氯吡啶-3-吡啶基甲基）-N-硝基亚咪唑烷-2-基胺。

（3）分子式：$C_9H_{10}ClN_5O_2$。

（4）分子量：255.7。

（5）毒性：大鼠急性经口 LD50 为 1260mg/kg，急性经皮 LD50＞1000mg/kg。对兔眼睛和皮肤无刺激作用。

（6）有效期：药物有效期约为 5 年。

吡虫啉又称蚜虫净、朴虱蚜、咪蚜胺等。堤坝白蚁防治综合技术采用的吡虫啉主要剂型为10%可湿性粉剂、10%乳剂，具有广谱、高效、低毒、低残留，害虫不易产生抗性，对人、畜、植物和天敌安全等特点，具有内吸、触杀和胃毒等多重作用。作为神经性毒剂，作用于昆虫的乙酰胆碱受体，导致受药昆虫持续兴奋，最终麻痹死亡，对白蚁有很高的触杀作用，死亡较慢，适于土壤处理预防或灭治地下白蚁。

技术持有单位介绍

杭州新建白蚁防治有限公司成立于2008年，专业从事水利堤坝、水库、农业林业、房屋建筑、环境绿地、古建筑的白蚁防治施工。公司拥有较雄厚的技术力量，其中白蚁防治专业技术人员20人，占总职工人数的约80%。具有中高级

职称的 3 人，从事 15 年以上白蚁防治工作年限以上的有 8 人。拥有设施齐全的实验室、标本室、档案室。自 2009 年以来，先后自主完成多项灭蚁药物的研制，和浙江大学生物系、杭州市白蚁防治研究所具有良好的合作交流关系。公司率先在浙江省内开展堤坝白蚁综合防治技术的运用课题研究，该成果经温州、金华、嘉兴、杭州多地水利白蚁治理工程实施运用，效果显著，达到同行领先水平。

应用范围及前景

适用于水库大坝、重要山塘、设计防洪（潮）标准 20 年一遇以上的 1～4 级堤防工程及配套的附属水利设施的白蚁防治，其他土方工程可参照执行。此方法不污染水源、环境，不破坏坝体结构又能发现隐蔽处的白蚁隐患，灭杀白蚁效果良好。

典型应用案例：

永嘉县瓯江治理工程总长 18.577km 坝基白蚁防治工程、兰溪市钱塘江堤防加固工程 7 个防洪围片白蚁防治工程、安吉苕溪清水入湖河道整治安吉险工段应急加固工程白蚁防治等。

■某工程药物隔离现场

■某工程套进回填现场

■兰溪市钱塘江农防加固工程（第一期）施工现场

■灌浆作业

技术名称：堤坝白蚁综合防治技术
持有单位：杭州新建白蚁防治有限公司
联系人：程文冲
地　　址：浙江省建德市新安江新电路 17 号
电　　话：0571 - 64786661
手　　机：13805700209
传　　真：0571 - 64786661
E - mail：704053959@qq.com

123　一种防烧橡皮轴承自动给水装置

持有单位

江苏省骆运水利工程管理处

技术简介

1. 技术来源

自主研发。

2. 技术原理

该防烧橡皮轴承自动给水装置，包括自动补水装置，补水装置通过水管和填料函连接，水管上设置有直流电磁阀，补水装置包括水箱和补水管，补水管和水箱连接，水箱内设置有浮子和排气口，直流电磁阀和第一时间继电器、第二时间继电器、电源连接，第一时间继电器、第二时间继电器、220V 直流电源连接和主电动机开关柜连接。该实用技术结构简单，采用自动控制给水装置，拆除了原供水泵冷却系统，有效去除繁琐的人工操作，全面实现水泵填料部分的冷却润滑需要时自动给水冷却、不需要时自动关闭冷却水，可靠性高，能有效防止当主机组突然故障停机，值班人员来不及开启原供水冷却系统而导致填料处的橡胶轴承由于温度急剧升高而烧毁的事故。

3. 技术特点

（1）控制原理图表明：t_1、t_2 分别是两个时间继电器 T_1、T_2 的延时断开的常闭触点，时间继电器的动作时间可设定，图中（见下页）T_1、T_2 分别对应为时间继电器电磁线圈。T_1 设定的时间为泵站主机开机按钮开始按下到主机组完全稳定运行所持续的时间，一般为 20～40s。T_2 设定的时间为泵站主电动机停机按钮开始按下到主机组完全停转所持续的时间，假定此时 T_1 设定的时间为 30s，T_2 设定的时间为 20s。

（2）K_1、K_1' 以及 K_2、K_2' 分别是主机开关柜内的辅助常开、常闭触点。

（3）L 是钢球锁扣式常闭型直流 220V 电磁阀内的电磁线圈。

技术指标

（1）钢球锁扣式常闭型直流 220V 电磁阀，通电时，电磁线圈 L 产生的电磁力把关闭件从阀座上提起，阀门打开，整个开阀过程在瞬间（$t<0.5s$）完成；断电时，电磁力消失，弹簧把关闭件压在阀座上，阀门关闭。

（2）电源为 220V 直流电源。

（3）时间继电器为国家认可的标准产品，水箱体积按照理论计算里面的水量应该足够两个时间继电器延时的时间，取两个时间继电器延时时间长的一个为准。

（4）直流电磁阀和填料函之间的安装距离尽量小。

技术持有单位介绍

江苏省骆运水利工程管理处是 1985 年由江苏省骆马湖控制工程管理处与江苏省第三抗旱排涝队合并组建而成，隶属江苏省水利厅，处机关坐落于宿迁市区古黄河畔，主要管理泗阳站、泗阳二站、刘老涧站、皂河站、沙集站等五座大型泵站和泗阳闸、黄墩湖滞洪闸、皂河闸、刘老涧节制闸、刘老涧新闸、沙集闸、六塘河闸、洋河滩闸、房亭河地涵、新邳洪河闸等十座大、中型涵闸；承担 2.1km 邳洪河大堤的管理维护。共有大型抽水机组 19 台（套），是南水北调第四、第五、第六梯级站，淮水北调第一、第二、第三梯级站，总装机容量 54400kW，抽水流量 666m³/s；所属十座涵闸与嶂山闸、宿迁闸等共同构成骆马

湖、中运河防洪体系。拥有一支国家级防汛机动抢险队，配备485台（套）流动抗排机组及一大批防汛抢险设备。

骆运管理处还承担着江苏省骆马湖联防指挥部办公室的日常工作；承担江苏省骆马湖管理与保护联系会议办公室的日常工作，行使骆马湖、微山湖（江苏境内）的湖泊管理与保护职能；承担南水北调泗阳站（部分）、刘老涧二站、皂河二站、睢宁二站的管理工作，调水流量530m³/s。所属工程在防洪、排涝、灌溉、供水、发电、航运、改善生态环境及保障人民生命财产安全和促进经济社会发展等方面发挥了重大作用。

应用范围及前景

适宜在南水北调的泵站或其他泵站上推广使用，可以拆除原供水泵冷却系统，有效去除繁琐的人工操作，全面实现水泵填料部分的冷却润滑需要时自动给水冷却、不需要时自动关闭冷却水，可靠性高。能有效防止主机组突然故障停机，值班人员来不及去开启原供水冷却系统，导致填料处的橡胶轴承由于温度急剧升高而烧毁的事故。

目前，江苏省沙集闸站管理所的沙集泵站安装了5台（套）该种防烧橡皮轴承自动给水装置，使用效果很好，主机组突然故障停机时，值班人员不需要紧急去开启供水冷却系统。

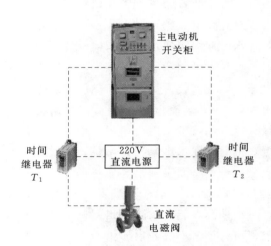

■防烧橡皮轴承自动给水装置示意图

■虚线为设备之间的电气联系

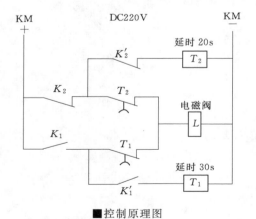

■控制原理图

技术名称：一种防烧橡皮轴承自动给水装置
持有单位：江苏省骆运水利工程管理处
联 系 人：张前进
地　　　址：宿迁市宿城区八一中路2号
电　　　话：18121789655
手　　　机：15805241353
传　　　真：0527 - 81001011
E - mail：zhqj789@126.com

125　聚乙烯 PE100 给水管制备技术

持有单位

福建恒杰塑业新材料有限公司

技术简介

1. 技术来源

自主研发。

2. 技术原理

通过将聚乙烯、合适的增刚增韧剂及相溶剂按一定比例进行配比混合，有效地诱导聚乙烯材料生成结晶体，使颗粒填料与 PE 聚合物基质之间形成良好的物理缠结，并通过选择先进的生产设备，合适的模具及设定恰当的生产工艺，将上述材料进行加工，使其具有较好的韧性、耐刮擦性和高抗点载性。

3. 技术特点

（1）具有超韧性。聚乙烯 PE100 给水管断裂伸长率在 500% 以上，抗冲击强度高，耐强震和扭曲。在不同的地沉和地震等地壳变动下，管道不会发生破裂，具有较高安全性。

（2）高抗应力开裂。聚乙烯 PE100 给水管具有超强韧性，如管道在运输或施工过程中，外壁被划伤，划痕深度≤20%壁厚，其耐裂纹扩展速度仅为 PE80 级材料的几十分之一。

（3）耐刮擦性。聚乙烯 PE100 给水管材表面硬度要比 PE80 级高，在同样的刮伤动作下，比 PE80 给水管材被划伤的深度要减少 1/3～1/2。

（4）高抗点载荷。管道在运行过程中，外壁受到土壤中石头鞯坚硬物持续长时间的挤压，造成管壁局部向内凹陷，内壁凸起称为点载荷。聚乙烯 PE100 给水管材可以有效防止点载荷破坏，使管道运行更安全、可靠。

技术指标

（1）液压实验（20℃，12.4MPa），合格（100h 无脆性破坏）。

（2）液压实验（80℃，5.5MPa），合格（165h 无脆性破坏）。

（3）液压实验（80℃，5.5MPa），合格（1000h 无脆性破坏）。

（4）纵向回缩率，≤3%。

（5）氧化导时间（210℃），≥20min。

（6）断裂伸长率，≥350%。

（7）耐慢速裂纹增长（80℃，4.6MPa，≥8760h），无渗漏，无破坏。

技术持有单位介绍

福建恒杰塑业新材料有限公司是一家专业生产聚烯烃类绿色环保系列产品的企业，公司创建于 2000 年 9 月，注册资金 1.51 亿元，年生产能力达到 5 万 t 以上。主要产品有中密度及高密度聚乙烯 PE 燃气管道、MPP 高性能改性电力电缆护套管、聚乙烯 PE100 给水管等高新技术产品。公司取得了中国驰名商标、国家级守合同重信用企业、福建省院士专家工作站、高新技术企业、省级技术中心、福州市政府质量奖等荣誉。拥有非开挖专用电力管材等 8 项发明专利、56 项实用新型专利、3 项外观专利等，并通过 ISO 9001 质量管理体系认证、ISO 14001 环境管理体系认证、节水产品认证、安全生产标准认证等认证。

应用范围及前景

该技术产品可广泛应用城市供水、城乡饮用水供水、工业液料的输送、农用灌溉、矿山砂浆输送等领域，尤其是适用于非开挖施工及无沙填埋的开挖施工对管道的需求。

典型应用案例：

案例1：西安市长安区自来水公司工程，使用恒杰牌超乙烯PE100给水管（规格φ200～400）约2000m，用于非开挖施工或原土回填施工方式。

案例2：漳州市长泰县岩溪镇自来水厂工程，PE100给水管（规格φ160～315），数量共计500m。

案例3：南安市自来水公司工程，使用PE100给水管DN400 SDR11系列912m，在非开挖施工中，最长单孔拖管长度达到626m，不但安装方便，同时还能保证工程质量。

■产品外观

■生产设备

■施工现场

■产品外观

■施工现场

技术名称：聚乙烯PE100给水管制备技术
持有单位：福建恒杰塑业新材料有限公司
联 系 人：郑境
地　　址：福建省福清市渔溪镇渔溪村
电　　话：0591－85680992
手　　机：13645015421
传　　真：0591－85680992
E－mail：3473098664@qq.com

126 防淤堵自振式水工闸门

持有单位

中国水利水电科学研究院

技术简介

1. 技术来源

我国的多泥沙河流和灌区渠道系统普遍存在水工闸门受泥沙淤堵的实际问题。严重的泥沙淤堵使闸门无法正常启闭，甚至有不少闸门由于多年淤堵已废弃不用。有些闸门则为了防止淤堵，需要不间断地小流量向下游放水，造成水资源的严重浪费。由此自主研发防淤堵自振式水工闸门，获系列专利及中国水利水电科学研究院科学技术一等奖。

2. 技术原理

饱和砂土振动液化后丧失抗剪强度，使土体同与其接触的结构物间的摩擦作用大幅降低。防淤堵自振式水工闸门，就是基于水工闸门前淤积饱和砂土振动液化后丧失抗剪强度、土体与闸门间摩擦力大幅降低、有效降低闸门启闭力的原理研发而成。在水工闸门上配套安装自振系统，当闸门前淤积土影响闸门的启闭后，对闸门进行有效控制的振动使门前淤积土发生振动液化，土体液化后对闸门的摩阻力大幅降低，然后利用较小的启闭力就可以顺利提起闸门。

3. 技术特点

（1）该防淤堵自振式水工闸门，可以在闸门前严重淤堵的情况下，使用相对较小的启闭力使闸门能够顺利启闭，同时对水闸起到冲砂排淤的作用，保证闸门长期正常使用，节约水资源，保证整个渠道系统的正常运转。

（2）该防淤堵自振式水工闸门，不仅使淤堵闸门顺利启闭，同时还可以使门前淤积土在闸门开启后自由运移到闸门下游，起到冲砂排淤的作用，保证闸门后续可以继续正常使用。该设备系统技术完善，投资小，见效快，运行维护成本低，实用性强。

技术指标

（1）自振系统使闸门前淤积土发生液化后，将大幅降低闸门同淤积土间的摩擦阻力。实例工程应用的测试结果表明，闸门自振使土体液化后将使闸门开启的启闭力较淤堵情况下降低 60%～75%，闸门在设计启闭力下就可以正常启闭。根据闸门规模的不同，自振系统的最大工作功率一般不超过 8kW。

（2）闸门前淤积土振动液化后，伴随着闸门的顺利开启，门前液化了的淤积土将自由流动到闸门下游区，对水闸起到冲砂排淤的作用，保证了水闸后续的正常使用和整个渠道系统的正常运转。

技术持有单位介绍

中国水利水电科学研究院隶属中华人民共和国水利部，是从事水利水电科学研究的公益性研究机构。历经几十年的发展，已建设成为人才优势明显、学科门类齐全的国家级综合性水利水电科学研究和技术开发中心。全院在职职工 1370 人，其中包括院士 6 人、硕士以上学历 919 人（博士 523 人）、副高级以上职称 846 人（教授级高工 350 人），是科技部"创新人才培养示范基地"。现有 13 个非营利研究所、4 个科技企业、1 个综合事业和 1 个后勤企业，拥有 4 个国家级研究中心、9 个部级研究中心、1 个国家重点实验室、2 个部级重点实验室。多年来，该院主持承担了一大批国家级重大科技攻关项目和省部级重点科研项目，承担了国内几乎所有重大水利水电

工程关键技术问题的研究任务，还在国内外开展了一系列的工程技术咨询、评估和技术服务等科研工作。截至 2018 年底，该院共获得省部级以上科技进步奖励 798 项，其中国家级奖励 103 项，主编或参编国家和行业标准 409 项。

应用范围及前景

适用于多泥沙河流和灌区渠道系统中的渠首闸、节制闸、分水闸和出口闸等各类水闸工程中。

典型应用案例：

防淤堵自振式水工闸门已经在山东省引黄济青打渔张进水闸和引黄济青调水工程渠首沉砂池出口闸进行了工程示范和实际应用。原两个水闸直接引进高含沙量的黄河水，存在严重的泥沙淤积，使闸门在设计启闭力下难以正常启闭、人工排沙启闭闸门成本剧增，应用后解决了实际问题。

■山东省引黄济青打渔张进水闸应用案例

■防淤堵自振式水工闸门系列专利

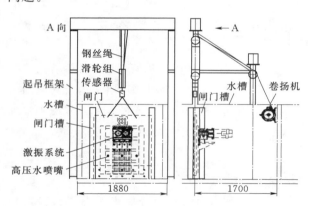

■防淤堵自振式水工闸门系统

■防淤堵自振式水工闸门

技术名称：防淤堵自振式水工闸门
持有单位：中国水利水电科学研究院
联 系 人：杨正权
地　　址：北京市海淀区车公庄 20 号
电　　话：010 - 68786691
手　　机：15001245623
传　　真：010 - 68786970
E - mail：yangzhq@iwhr.com

127 澳科智能一体化闸门

持有单位

澳科水利科技无锡有限公司

技术简介

1. 技术来源

自主研发。

2. 技术原理

智能一体化闸门将闸门、驱动、计量、控制、动力和远程通讯高度集成。闸门采用铝合金材质，寿命可达 40 年；闸板沿着底支铰转动，实现闸板的启闭，控制渠道流量。驱动机构由电机减速机组成，卷筒轴上连接绝对值编码器，通过卷筒轴转动的数据能够计算出闸门的挡水高度。驱动装置电机为直流电机，蓄电池组为电机供电，利用太阳能电池板为蓄电池充电。闸板上游和下游都安装有水位传感器，通过对上、下游水位检测结合闸板挡水高度数据，采用水工建筑物量水法计算出实时流量。控制系统可以控制闸门，整合传感器数据，能够直接显示出相关参数，可以接入视频监控设备；远程通信系统通过 4G 传输或者无线电传输，连接到云服务器。

3. 技术特点

（1）智能一体化闸门全面突破以往的建设模式瓶颈，闸门高度集成各种设备，配置先进的测控技术与内置的 MPC 预测模型算法。彻底改变了以往灌区信息化建设投入大的难题，不需要敷设动力电缆和光纤，不需要建设管理房。

（2）智能一体化闸门的应用不光可以节省人工成本，同时能够提高整个灌区调水、配水的效率。它是传统闸门技术与新能源和物联网技术结合的智慧水利设备，它的应用将完全改变以前粗放式的用水模式。

技术指标

（1）工作模式：闸位模式、上下游水位模式、流量模式。控制途径：SCADA 软件，手机 APP，现场 HMI。

（2）闸门主体材质：铝合金；轴、螺栓、钢缆、电控箱等：304 不锈钢。

（3）通信：4G，光纤，无线电；无线电波段：920MHz、115.5kb/s 带宽标准。

（4）供电：24V、220V、380V 可选；太阳能：12V；电池：24V，待机时间满足 7d 要求。

（5）计量精度：实验室 $\pm 2.5\%$，野外 $\pm 5\%$；水位传感器精度：$\pm 3mm$；闸位传感器精度：$\pm 5mm$。

智能一体化闸门检测符合：GB/T 14173—2008《水利水电工程钢闸门制造、安装及验收规范》，SL 582—2012《水工金属结构制造安装质量检验通则》，SL 381—2007《水利水电工程启闭机制造、安装及验收规范》要求。质量指标各单项评定：符合要求。

技术持有单位介绍

澳科水利科技无锡有限公司是一家专业从事水利设备设计、生产与安装的企业，已在国内多个地区设立了办事处和分公司。为了更好地服务市场，在无锡设立了营销和技术中心，在扬州设立生产基地，并与多所大学、研究机构达成合作伙伴关系。

澳科是在国内市场上首批推广利用物联网技术进行灌排管理的企业，公司给灌区提供个性化的解决方案，包括智能灌排管理软件、物联网通信技术、智能一体化闸门。澳科品牌产品采用澳大利亚的严苛标准，在生产上严格执行 ISO9001 质量体系要求。

应用范围及前景

适用于农场、各大灌区、水权交易示范区等。

通过智能一体化闸门，达到降低劳动强度、科学高效的调水配水、节约用水、精确计量、智慧物联的目的。

典型应用案例：

高邮灌区十支渠和十二支渠智能一体化闸门改造工程、中卫中宁县 2018 年全国新增千亿斤粮食生产能力规划田间工程建设项目、彭阳县茹河流域水污染防治工程二期、同心县丁塘镇固海扬水现代化灌区工程项目等。

■高邮灌区节水改造项目

■一体化闸门工厂制造

■中卫中宁县田间工程建设项目

■改造中

■彭阳县茹河流域项目

■同心县固海扬水现代化灌区项目

■改造后

技术名称：澳科智能一体化闸门
持有单位：澳科水利科技无锡有限公司
联系人：刘雪峰
地　　址：江苏省无锡市惠山区前洲街道塘村路
　　　　　8 号
电　　话：0510 - 82695636
手　　机：15951565158
传　　真：0510 - 82695636
E - mail：29388847@qq.com

128 多功能振动式桩井沉渣检测仪

持有单位

长江三峡勘测研究院有限公司（武汉）

技术简介

1. 技术来源

"多功能振动式桩井沉渣检测仪""振动式多点连测沉渣检测仪"获实用新型专利授权。

2. 技术原理

该技术涉及的仪器设备由控制仪、自动绞车、井下设备组成。井下设备包括顶板、底板、定向导杆、滑台、振动器、计米器、传动带和锥入杆；定向导杆两端分别固定于顶板和底板；顶板通过拉绳与绞车连接；滑台滑动安装于定向导杆；传动带一边与滑台连接，滑台滑动带动传动带转动再带动计米器转动；振动器固定于滑台上；锥入杆固定于振动器下方，锥入杆底部设摄像头，摄像头处的锥入杆外壁为透明罩。本仪器设备通过振动器带动锥入杆锥入沉渣层，即使沉渣中含有卵石、碎石，亦可将其挤压到一边，继续下探直至桩井底部的坚硬持力层；通过安装在锥入杆底部的摄像头，可以观测沉渣的物质成分。后经过改进，增加了振动台自动提升电机，可以实现井下设备在不上提出井外的情况下进行连续多点位连续测试，大大提高了测试效率。

3. 技术特点

（1）该仪器设备利用振动器的振动为锥入杆提供动力，不仅可以提供足够的动力，又不至于因振动力相对过大导致测试不准（因持力层硬度远大于沉渣层）。

（2）电动振动器采用电缆供电达到远程供力，且其尺寸小，重量轻，振动力可调节，是一种理想的动力源。研发的一种专用型变频振动器，不仅可以调节振动力大小、频率，且尺寸更小，使该仪器设备小型化、自动化得以实现。

技术指标

（1）适用桩井直径范围：0.4m 以上；适用桩井深度范围：120m 以下；测试精度：±0.5mm。

（2）设备小巧、便携，井下设备为圆柱形，直径200mm，可用于桩井400mm 至数米直径的桩井检测。

（3）设备的密封级别达到 1.5MPa，可以用于深度125m 以内的桩井（井液密度按 $1.2g/cm^3$ 计）或水深150m 以内的深水软土厚度检测。

（4）设备探杆中因加入微型摄像头，可以对桩井底部沉渣层的物质成分，如岩石碎屑、细沙、黏土层等进行判别、分层。

技术持有单位介绍

长江三峡勘测研究院有限公司（武汉）始建于 1958 年 11 月，隶属长江勘测规划设计研究院，是从事工程勘察、岩土工程设计、地震研究与监测、科研、咨询、岩土施工、地质灾害评估和治理、地下水资源评估及开发等业务的科技型企业，综合实力位于全国勘察行业前列，2013 年成功申报高新技术企业。该企业在涉及的技术领域内承接了数百个生产及科研项目，足迹遍布全国 20 多个省、自治区、直辖市。其中独立承担的葛洲坝工程、隔河岩工程及三峡工程的多个单项工程荣获全国和省部级优秀工程勘察金质奖以及多项科技进步奖。先后获得国家发明专利 11 项，实用新型专利 14 项，计算机软件著作权 22 项。

应用范围及前景

主要用于桩井沉渣检测、地下连续墙底部沉渣检测、河湖整治中的河床底部软土层、淤泥层厚度检测等领域。

该技术先后在宜昌市伍家岗长江大桥 PPP 项目施工阶段、远安县绕城路及城区接线段建设工程施工项目中运用，对提高工程的质量与安全有极大的促进作用，取得了显著的成效。

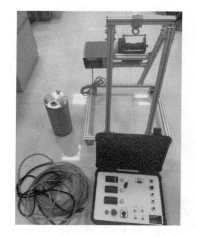

■多功能桩井沉渣检测仪全套设备

■沉渣检测仪井下设备

■夜间现场开展桩井沉渣检测

■多功能桩井沉渣检测仪及井下设备

■宜昌伍家岗长江大桥 PPP 项目应用

■井下设备底板

技术名称：多功能振动式桩井沉渣检测仪
持有单位：长江三峡勘测研究院有限公司（武汉）
联 系 人：孙冠军
地　　址：湖北省武汉市东湖高新区光谷创业街
　　　　　99 号
电　　话：027 - 87571860
手　　机：13657279255
E - mail：273126988@qq.com

129 水 景 钢 坝

持有单位

扬州楚门机电设备制造有限公司

技术简介

1. 技术来源

自主研发，20项专利，其中6项发明专利。

2. 技术原理

水景钢坝既是一个可调控溢流的双向挡水景观坝，又是一个可灵活快速立门蓄水、卧门行洪排涝、实时智能控制、美化环境功能的新型闸门。水景钢坝可实现快速启闭、河面拦污清污、水体水质净化，满足升坝蓄水、卧坝行洪排涝、改善河道生态环境等要求。

3. 技术特点

（1）大跨度风帆式钢坝闸门结构及成型技术。此技术解决了大跨度、大负载、大悬臂难题，实现钢坝闸门单跨 > 70m，承载负荷达2700kN，寿命长达50~60年。

（2）集成式液压启闭机双驱同步底轴驱动和实时锁定技术。此技术可实现闸门启闭开度0~90°无级可调，升坝或卧坝仅3min。

（3）钢坝闸门远程智能控制技术。此技术可实时采集上下游水位数据以及水质数据，进行闸门开度的自动调整，实时检测门体运行和启闭驱动系统数据，实现闸门的远程智能控制。

（4）浮动式河道拦污清污装置。此装置实现了河道闸坝上游侧漂浮物的高效清除（达到1.6m³/s以上）。

（5）阵列型水循环回路及声光喷泉集成技术。此系统内嵌于闸门，可实现河道水体气液界面更新、水体的鲜化与活化，同时营造绚丽多彩的视听氛围，实现人水和谐的城市景观。

技术指标

（1）水景钢坝闸门单跨最大跨度≥70m，高度≥3m。

（2）水景钢坝双拐臂同步驱动（误差≤1mm）、开度0~90°范围可调。

（3）水景钢坝防汛预警数据延时≤1min，水位监测精度误差≤1mm。

（4）河道闸坝水侧漂浮物的高效清除（达到1.6m³/s以上）。

（5）无阻水断面轴底密封止水结构，配合间隙≤1mm，止漏水量≤0.06L/(s·m)。

技术持有单位介绍

扬州楚门机电设备制造有限公司成立于2001年，是专业从事景观水闸、集成式启闭机、液压启闭机、船闸、电气自动化系统、视频监控系统、铸铁闸门等水工产品研发和制造的高新技术企业。公司现有机械、液压、水利自动化等各类技术人才90多名，高级管理人员20多名，成立了江苏省智能景观闸门工程技术中心，专门从事水工产品的开发、设计和技术创新等工作，开发的集成式启闭机和钢坝闸门等产品荣获高新技术产品称号，其中钢坝闸门得到水利部、科技部的奖励和推广。公司与河海大学、各大水利设计研究院保持着紧密的技术合作，推出的新产品在行业中始终保持着领先地位。

应用范围及前景

水景钢坝主要使用在防洪、景观水闸、湿地蓄水、城市蓄水、城市水景观、电站、船闸、水库、河道整治等场所。该技术已经在郑州、南阳、长汀、罗山、通江、太白等多个城市及地区的河道得到应用。

典型应用案例：

郑州航空港综合实验区梅河综合治理工程、通江县城区锦江花园闸坝建设项目、罗山县县城内河小潢河治理钢坝闸工程等。

■南阳温凉河水景钢坝安装竣工图

■陕西太白水景钢坝景观

■南阳温凉河水景钢坝白天景观

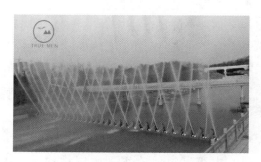

■郑州航空港水景钢坝白天景观

■南阳温凉河水景钢坝夜景

■福建长汀水景钢坝景观

■贵州望谟水景钢坝溢流

技术名称：	水景钢坝
持有单位：	扬州楚门机电设备制造有限公司
联 系 人：	杨继芳
地 址：	扬州广陵产业园元辰路 9 号
电 话：	0514 - 87467526
手 机：	18118218363
传 真：	0514 - 87467527
E - mail：	1040965702@qq.com

131　长福水利设施防雷工程技术

持有单位

上海长福信息技术有限公司

技术简介

1. 技术来源

自主研发防雷工程建设项目施工技术。水利电网、信号防雷对水利安全生产十分必要，该技术用科学的方法对水利电网、信号防雷技术进行改造，降低雷击跳闸率，减少配电网雷击损坏率，减轻电子元件受到的干扰，最终提高配电网供电的可靠性，确保水利生产安全经济的运行。

2. 技术原理

构建了建筑物电子信息综合防雷系统，该系统针对水利电气设备系统防雷保护装置实现监控与管理，主要有雷击环境检测器、防雷环境预警监控箱、接地电阻在线检测仪、防雷环境预警监测等。系统将各电气设备安装的 SPD 工作状态、接闪器雷击能量、接地电阻值进行在线监测，对防雷环境的相应物理条件进行检测、记录。通过整合数据后，有效地分析防雷器等设施的运行寿命管理，发布预警，防止或减少雷击危害和衍生事故隐患发生。

3. 技术特点

（1）该防雷技术强调全方位防护、综合治理、层层设防的原则，把防雷看作是一个系统工程。

（2）城市水利系统所处的地理位置一般都比较空旷，建筑物和设备等易遭受雷击，既要防御直接雷击的危害，又需防止感应雷的侵袭。水利设备系统的雷电防护，必须综合考虑，该技术从整体防雷的角度进行水利设施防雷方案的设计。

（3）除了架设良好的避雷针、避雷带外，还在建筑的电源系统（所有供电设备、用电设备、备用发电设备）、天馈系统、信号采集传输系统、程控交换系统等所有进行可靠有效的防护，在拦截、分流、均压、屏蔽、接地、综合布线等六大方面均做了完整的、多层次的防护。

（4）为提高防雷监管能力，增加雷电智能在线监测系统，将各级配电中的防雷保护进行数据采集和集中管控。

（5）通过"预警、健康状态"等分析数据综合的判断防雷保护设备的使用寿命，从而减少和避免雷击造成的危害，保护设备，保障用电设备的安全运行。

技术指标

（1）系统采集功能。产品采用型号：GPC1 - AP - A、GPC1 - AP - B、GPC1 - AP - C；采集电网数据：实时电压、电流；雷击数据：雷击计数、雷击峰值（能量）、雷击发生时间；防雷器数据：SPD 全生命周期的测算、SPD 状态（正常或劣化）、后备保护器状态（正常或脱扣）；接地电阻数据采集：接地电阻在线监测环境数据，即现场电气设备环境温、湿度。

（2）通信。采用通信方式：RS485 和无线通信；通信协议：工业标准 Modbus 通信协议（RTU 模式）；现场设备如无法使用有线进行连接，通过无线传输的方式进行转换连接。

（3）传感器配置：雷电流传感器（罗氏线圈、电流互感器）。

（4）全生命周期报警调整范围：按需求软件设置，出厂值为 80%。

（5）雷击次数保留范围：最近 30 次；雷击峰值测量范围：$1 \sim 100 kA \pm 10\%$。

技术持有单位介绍

上海长福信息技术有限公司是一家多年从事水利电力、科技、文旅、能源、基建工程等领域灾害防护体系系统、计算机系统、电气系统、工程设计、产品研发、工程实施与服务的应用产品与工程实施以及维护服务的基于目标为导向的贴身的综合信息化服务商；公司具体 20 年以上的综合信息化领域的产品研发、工程管理、维护服务的丰富经验；经营项目为机房工程、强弱电工程、防雷工程、电气工程、应用产品、安全服务、系统集成等综合信息化服务等。

应用范围及前景

适用于水利设施防雷工程、水利电气设备系统防雷保护装置实现监控与管理等项目建设。已应用于上海市浦东北路泵站、广中泵站构筑物防雷整改工程、上海市临江水厂防雷在线监测系统项目、上海桃浦工业园区防雷在线监测系统项目等。

典型应用案例：

上海市临江水厂防雷在线监测系统项目。上海市中心城区域现主要由杨树浦、南市、长桥、临江、陆家嘴、杨思、居家桥等 7 座水厂供水，水厂常用水源为黄浦江上游原水，取水地点为黄浦江上游松浦大桥附近的松浦原水泵站，原水经提升后，通过黄浦江上游引水系统输送至各水厂。城市供水系统的主体——自来水厂，一般都位于郊外，而且所处的地理位置一般都比较空旷，建筑物和设备等易遭受雷击；取水泵房与自来水厂距离较远，输水管纵横密布，通信方式复杂，有线传输的传输线路较长，而无线传输的发射天线一般都处于当地制高点，这些都是自来水供水系统易遭受雷击的重要因素。因此，对城市供水系统，特别是自来水厂的雷电防护，必须综合考虑，从整体防雷的角度进行防雷方案的设计，构建智能防雷在线监测系统，运营良好。

■雷电入侵示意图

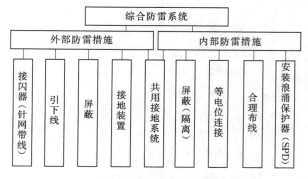

■构建的建筑物电子信息综合防雷系统

技术名称：长福水利设施防雷工程技术
持有单位：上海长福信息技术有限公司
联 系 人：何鹏
地　　址：宝山区梅林路 358 号 11 栋 614－615 室
电　　话：021－56473810
手　　机：13917606278
传　　真：021－56473810
E－mail：649310144@qq.com

135　气动盾形闸门智能协同控制系统

持有单位

湖南江河机电自动化设备股份有限公司

技术简介

1. 技术来源

自主研发。

2. 技术原理

气动盾形闸门系统主要由钢闸门、气袋、埋件、空气压缩系统和控制系统组成，利用空气压缩原理，通过气袋充气与排气，使钢闸门升起与倒伏，以维持特定的水位高度，允许闸顶溢流。闸门全开时，门体全部倒卧在河底，可高效泄水，不影响景观和通航；闸门全关闭时，可以蓄水，超过设定水位时，可形成溢流景观。

3. 技术特点

（1）该系统成本低、周期短，适用范围很广，可适用于任何环境的河道，不需要对河道作任何整治即可使用，尤其适合跨度大、坝顶高、要求设计新颖、布置紧凑的水利工程，也能满足现代水利工程生态化、景观化的要求。

（2）专家控制策略在协调层的应用，以协调各个闸门之间的开度，更好地控制水位；系统辨识方法在确定闸门开度设定值 θ_i 中的使用，θ_i 为协调策略的给定值；自适应模糊 PID 策略在闸门控制单元中的使用，用以实现水位的快速、精确控制。

（3）双 CPU 结构设计和多级电路隔离技术，有效保证了系统的安全可靠性和抗干扰能力；监控主机采用双机冗余技术，有效保证了监控系统的可靠性；多线程技术在系统通信过程的应用，可提高控制系统的实时性；OPC 技术为基于 Windows 的应用程序和现场过程控制应用建立了桥梁。

技术指标

（1）数据采集时间：状态和报警点采集周期 ≤1s；模拟量采集周期 ≤2s；事件顺序记录点分辨率 ≤2ms。

（2）控制响应时间：控制命令回答响应时间 ≤2s；从接收控制命令到执行该指令响应时间 ≤1s。

（3）人机接口响应时间：调用新画面的响应时间 ≤2s；在已显示画面上数据动态刷新时间 ≤2s。

（4）数据传输速度：RS485 总线数据传输速度 ≥1200bit/s；GPRS 数据传输速度 ≥40kbit/s；局域网数据传输速度 ≥10Mbit/s。

（5）数据精度：水位、压力采集精度为 0.5%；角度采集精度为 0.5%。

（6）系统可扩展性：备用点 ≥20%；中心站 CPU 负载和存储器容量预留的余度 ≥40%；中心站控制层硬盘容量 ≥50%；通信的备用接口 ≥30%；通道利用率留有余度 ≥50%。

技术持有单位介绍

湖南江河机电自动化设备股份有限公司于 2006 年 5 月在长沙市高新区注册成立，是中国核工业集团新华水力发电有限公司下属子公司，由江河机电装备工程有限公司绝对控股。公司一直专注于水利电力行业自动化与信息化系统建设，在水利电力行业积累了丰富的专业知识和行业经验。公司自主研发的软、硬件产品广泛应用于水力发电站、风力发电场、光伏发电站、变电站、泵站、自来水厂、污水处理厂等清洁环保型企业，其中"水利电力智能管理服务云平台"是国内首家将"互联网＋"理念和物联网、云计算、大数据、移动办公等信息技术引入水利电力传统

行业的信息化产品。公司共获得了 3 项实用新型专利证书、30 项软件著作权证书，获评为软件企业，拥有 18 个产品获得《软件产品认证》，已通过湖南省高新技术企业认证。

应用范围及前景

可广泛运用到河道治理及城市景观、大坝加高、分水、农田灌溉、防旱排涝、水力发电、海堤建设防海水倒灌、湿地及涵养地下水等工程。

典型应用案例：

北京新凤河气动盾形闸门工程；贵阳市南明河景观坝气动盾形闸门工程；贵州德江县玉龙湖气动闸工程；北京朝阳区清河气动闸工程；吉林市松花湖气动闸工程。

■闸门完全倒伏示意图

■贵州德江县玉龙湖气动盾形闸门工况 1

■贵州德江县玉龙湖气动盾形闸门工况 2

■气动盾形闸门现场图

■泄洪瀑布景观图

■贵阳南明河气动盾形闸门

■防洪挡水示意图

技术名称：气动盾形闸门智能协同控制系统

持有单位：湖南江河机电自动化设备股份有限公司

联 系 人：张龙

地　　址：湖南省长沙市高新区岳麓西大道 588 号
　　　　　长沙芯城科技园 5 号栋

电　　话：0731 - 82742301

手　　机：18692296858

传　　真：0731 - 82742503

E - mail：zlong0451@163.com

136　华亿新型环保组合式弹性水渠

持有单位

福建省华亿水处理工程技术有限公司

技术简介

1. 技术来源

自主研发。

2. 技术原理

新型环保组合式弹性水渠旨在提供一结构合理、能够以材料弹性抵抗热胀冷缩变形、延长工程寿命的渠道衬砌模式。弹性水渠渠体由内弹性渠板、中间支撑钢筋网架和外弹性渠板通过环保密封胶加压粘合固连而成。

3. 技术特点

（1）弹性水渠主体渠板材料由无卤阻燃高分子材料合成，胶水采用国际先进的无溶剂型环保胶黏剂，整体组合低碳环保，不会对环境造成污染，材料可以回收再利用。

（2）渠体由内弹性渠板、中间支撑钢筋网架和外弹性渠板通过无溶剂型环保胶黏剂加压粘合固连而成，材质弹性良好，韧性强，抗挤压，不易破损和变形。

（3）高分子材料具有柔软、耐化学腐蚀，力学性能高的特点，使用寿命长，抗酸碱、抗氧化能力强。

（4）高分子材料不吸水，不渗漏，表面平滑，可减少过水损失，节水高效；水渠不易沉积污垢造成淤堵，即便形成也容易清理。

（5）弹性水渠可抵抗热胀冷缩变形，密封效果好，抗紫外线照射老化。

（6）机械加工性强，可根据客户要求设计定制任意规格尺寸及颜色的 U 形水渠。

（7）弹性水渠渠板根据客户和设计需要可增加阻燃层，选用的无卤阻燃剂阻燃效果优良，水平燃烧达到 HB 级，垂直燃烧达到 V-0，且环保无毒。

（8）新型环保组合式弹性水渠渠体材质相对较轻便，渠槽材料可平板式运输，现场加工折弯，运输、搬运、装卸方便，省时省力。

（9）新型环保组合式弹性水渠施工简单快捷，渠槽规格均已在工厂预制成型，只需 2～3 人经过组合对接就可迅速完成装配，进行下一道工序，大大缩短工期，降低人工成本。

（10）新型环保组合式弹性水渠生产能耗低，无污染；施工场地整洁干净；维修、更换方便，维护成本低。

（11）新型环保组合式弹性水渠沿板采用 PP 和 TPV 作为主材制作，耐高温，延展性及韧性良好，连接方便快捷，卡槽固定牢固，与水渠配套组装，美观大方，整体感强，科技含量较高。

技术指标

（1）邵氏硬度：按 GB/T 531.1—2008 测试方法，45Shore A，合格。

（2）拉伸测试：按 GB/T 6344—2008 测试方法，拉伸强度 1000kPa，断裂伸长率 30%，合格。

技术持有单位介绍

福建省华亿水处理工程技术有限公司成立于 2011 年，是一家专门致力于水利工程材料、水处理应用设备研发和生产的公司。现有员工 126 名，几年来公司坚持把科技创新作为主线，注重新材料、新设备、新工艺、新技术与实际相结合，并获得了多项国家专利，部分水利工程产品已实现了系列标准化生产，产品和技术涵盖新型

环保组合式弹性水渠、田间灌溉防渗工程拼装水渠、田间输送水工程硅胶倾斜式蝶阀、混凝土管软连接柔性接头、公路防渗工程预制截水渗沟、垃圾渗漏液处理技术、中水处理与回用技术、海水淡化与污水处理技术等。

应用范围及前景

适用于农田水利灌溉工程、新农村建设排水工程、公路边坡排水、高速公路边坡天沟排水、园林景观绿化渠道。已应用于福建省水利厅渔溪科研基地示范工程、福建龙岩上杭镇水利工程、吉林市万昌镇高标准农田工程等项目。解决了传统渠道施工现场要求高，工期长，人员配置多，施工成本高，水易渗漏流失等问题。

■工程案例

A—A

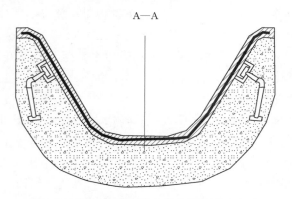

■新型环保组合式弹性水渠结构设计示意图

■产品应用于国家现代农业示范园

技术名称：	华亿新型环保组合式弹性水渠
持有单位：	福建省华亿水处理工程技术有限公司
联 系 人：	田华
地 址：	福建省厦门市湖里区高崎道 890 号舜弘国际中心 608
电 话：	0592 - 5613006
手 机：	13174675999
E - mail：	316915381@qq.com

137　华亿装配式硅塑水渠

持有单位

福建省华亿水处理工程技术有限公司

技术简介

1. 技术来源

自主研发。

2. 技术原理

装配式硅塑水渠包括硅塑材料制成的底座板、侧边板和上边沿板，底座板的两侧分别设置侧边板并固连，上边沿板置于侧边板的上方并固连，从而构成矩形水渠；在水渠的长度方向，相邻的底座板依次固连，在水渠的两个侧面，相邻的侧边板依次固连，在水渠的顶面，相邻的上边沿板依次固连。

3. 技术特点

（1）装配式硅塑水渠渠板材料，加入了阻燃材料和硅粉，耐火性能好，整体组合低碳环保，不会对环境造成污染。

（2）装配式硅塑水渠韧性强，抗挤压，不易破损和变形。

（3）装配式硅塑水渠具有耐化学腐蚀，力学性能高的特点，使用寿命长，抗酸碱、抗氧化能力强。

（4）装配式硅塑水渠不吸水，不渗漏，表面平滑，可减少过水损失，节水高效；水渠不易沉积污垢造成淤堵，即便形成也容易清理。

（5）装配式硅塑水渠可抵抗热胀冷缩变形，密封效果好，抗紫外线照射老化。

（6）装配式硅塑水渠是分件组装，长途运输方便，特别是在无道路的水田里更有单件重量轻，搬运、组装方便等优点。

（7）装配式硅塑水渠施工简单快捷，渠槽规格均已在工厂预制成型，只需 2～3 人经过组合对接就可迅速完成装配。

（8）装配式硅塑水渠生产能耗低，无污染；施工场地整洁干净；维修、更换方便，维护成本低。

技术指标

（1）荷载：按 GBJ 81—1985 测试方法，20kN，合格。

（2）耐老化：按 GBJ 81—1985 测试方法，(60±5)℃，氙灯及雨淋 500h，合格。

技术持有单位介绍

福建省华亿水处理工程技术有限公司成立于 2011 年，是一家专门致力于水利工程材料、水处理应用设备研发和生产的公司。现有员工 126 名，几年来公司坚持把科技创新作为主线，注重新材料、新设备、新工艺、新技术与实际相结合，并获得了多项国家专利，部分水利工程产品已实现了系列标准化生产，产品和技术涵盖新型环保组合式弹性水渠、田间灌溉防渗工程拼装水渠、田间输送水工程硅胶倾斜式蝶阀、混凝土管软连接柔性接头、公路防渗工程预制截水渗沟、垃圾渗漏液处理技术、中水处理与回用技术、海水淡化与污水处理技术等。

应用范围及前景

适用于农田水利灌溉工程、新农村建设排水工程、公路边坡排水、高速公路边坡天沟排水、园林景观绿化渠道。已应用于吉林省九台市 20km 装配式硅塑水渠、舒兰市 58km 装配式硅塑水渠、白城市 40km 装配式硅塑水渠等工程项目。解决了传统渠道施工现场要求高，工期长，

人员配置多，施工成本高，水易渗漏流失等问题。

■装车发货

■水渠结构示意图

■案例

■工程案例 1

■华亿厂区一角

■工程案例 2

技术名称：华亿装配式硅塑水渠

持有单位：福建省华亿水处理工程技术有限公司

联 系 人：田华

地　　址：福建省厦门市湖里区高崎道 890 号舜弘国际中心 608

电　　话：0592 - 5613006

手　　机：13174675999

E - mail：316915381@qq.com

138　灌溉用泵前高效无压滚筒过滤器

持有单位

新疆惠利灌溉科技股份有限公司

技术简介

1. 技术来源

自主研发。

2. 技术原理

该过滤器工作时悬浮于水面，滤网的 1/3 暴露在空气中，污水从过滤网外部进入过滤网内部，杂质被阻隔在过滤网的外侧，干净的水进入过滤网内，流经泵前高效无压滚筒过滤器出水管。同时，该过滤器配备了喷射支管，喷射支管上有若干喷嘴，形成过滤器的冲洗系统，形成过滤网的动力系统，配合喷射支管射出的高压水柱，过滤网可利用水力实现旋转，达到过滤与自清洗同步进行的效果。

3. 技术特点

该设备较传统的离心过滤器、网式过滤器、砂石过滤器、离心加网式过滤器和自清洗过滤器等常规过滤设备，具有以下特点：

（1）泵前高效无压滚筒过滤器可置于开阔水域中，是目前唯一一款悬浮于水面的泵前过滤器。

（2）该设备基于空气相对过滤网压力为零的原理设计，实现过滤网有效清洗。

（3）独特旋转清洗方式，将过滤与清洗合二为一，同步进行，实现不间断过滤。

（4）耗电量低，在运行过程中，该设备的水头压力损失小于 1m，较常规过滤器而言，极大降低了滴灌系统泵房的能耗，节约了运行成本，可配套发电机，在无电网覆盖区域进行灌溉过滤。

技术指标

（1）泵前高效无压滚筒过滤器具有全自动清洗功能，滤筒总过滤面积 3.5m²，过滤时过滤面积 2.4m²，滤筒工作转速 6r/min，反冲洗压力 0.8MPa，冲洗耗水量 2m³/h，设备总重 150kg，离心泵出口流量 150～600m³/h。

（2）电源要求用三相四线 AC380V；与水泵连接采用钢丝螺旋软管，过滤器出水口管径不超过 DN300。

技术持有单位介绍

新疆惠利灌溉科技股份有限公司成立于 2007 年，是一家集研发、设计、生产、销售、工程施工、出口创汇为一体的高新技术企业，现辖石河子、库尔勒、内蒙古、广西等节水灌溉产品生产基地以及种植产业园区，拥有国内顶尖的节水技术研发中心及团队，旗下拥有 6 家子公司。公司主营产品包括节水滴灌带（管）、输配水管材、配套管件、过滤器等 5 个大类 20 多个系列近 800 种节水产品。产品遍及国内节水灌溉市场，连续 6 年远销哈萨克斯坦、吉尔吉斯斯坦、塔吉克斯坦、乌兹别克斯坦等中亚海外市场。

应用范围及前景

适用范围广泛，可被广泛应用于水库、沉砂池等开阔水域的泵前过滤，对于鱼虫、藻类、泥沙有显著的过滤效果。

在无落差的河水、湖水或沉淀池中，该过滤器在工作时，其一半过滤网浸没在污水发挥过滤能力，一端直接连接输水管道，管道中设置的回流支管连接该过滤器支架上端喷射支管，利用喷射支管产生的水柱冲击力，作用于挡板上，实现过滤网水力旋转。

在具有一定落差的河水、湖水或沉淀池中，可利用水流形成的自然落差或人为设置的落差工作。工作时，该过滤器 2/3 浸没于水中，1/3 部分裸露在水面上。利用水流流动带动挡板旋转，从而同时带动过滤网支架以及过滤网旋转。

典型应用案例：

2016 年石河子天龙建设工程有限责任公司在新疆生产建设兵团农十师乌勒昆乌拉斯图河水资源配置及节约用水工程自压滴灌系统项目和 2017 年的天山西部国有林管理局尼勒克分局 2015 年国有林场（站）扶贫项目（三标段）中应用了研制的泵前高效无压滚筒过滤器，工程规模 2 万亩地。2018 年，尉犁县 10 万亩高标准农田滴灌工程项目中应用了 143 台新疆惠利灌溉科技股份有限公司研制的高效无压滚筒过滤器，对泥沙的过滤效果非常显著，田间灌水均匀，作物长势良好，滴灌系统运行稳定。

■泵前高效无压滚筒过滤器

■新疆第十师 188 团水质现场

■新疆玛纳斯现场会

■新疆维吾尔自治区水利厅组织
参观泵前高效过滤器

■中央农村工作领导小组莅临公司调研指导

技术名称：灌溉用泵前高效无压滚筒过滤器
持有单位：新疆惠利灌溉科技股份有限公司
联 系 人：井河义
地　　址：新疆石河子市北泉工业园区 389 号
电　　话：0993 - 2260858
手　　机：13999320080
传　　真：64829016@qq.com
E - mail：lvye@iwhr.com

139 水盐离子分离灌溉技术

持有单位

新疆惠利灌溉科技股份有限公司

技术简介

1. 技术来源

自主研发。

2. 技术原理

该设备作用于水时，通过铁件管道接地，将电子导入地下，水中及水中其他盐分中所带负电荷的电子被带出并分离。之后所有负电荷电子被吸附到接地棒上释放到地下。最后水体中的盐分物质只剩正电荷和正离子。由于水与盐分完成正电荷共享，它们不再粘结在一起反而互相排斥。

3. 技术特点

（1）研制的新型水盐正负电荷离子分离器，通过铁件管道接地，将电子导入地下，使水盐离子分离，属于物理变化，无需外接电源，节能环保，可靠性高，无副作用。

（2）中和灌溉水高盐度的不利影响；增加了所有土壤的入渗强度；增加作物质量和产量，降低水资源用量。

（3）无化学残留，无需人为操作，无需外部电源要求，可以安装于任何尺寸的管道上并且对过流量没有限制。

技术指标

水盐正负电荷离子发生器可以作用于含盐 $3\sim10$ g/L 以下的所有类型的水质，研制的 4 种类别的水盐正负电荷离子分离器，分别是：不锈钢水盐正负电荷离子分离器、镁离子水盐正负电荷离子分离器、锌离子水盐正负电荷离子分离器、多

孔管水盐正负电荷离子分离器，型号有 80 型、100 型、150 型和 200 型，过水流量分别是 $34\sim68$ m³/h、$68\sim136$ m³/h、$136\sim182$ m³/h 和 $182\sim272$ m³/h，长度分别是：153cm、164cm、170cm、178cm。

技术持有单位介绍

新疆惠利灌溉科技股份有限公司成立于 2007 年，是一家集研发、设计、生产、销售、工程施工、出口创汇为一体的高新技术企业，现辖石河子、库尔勒、内蒙古、广西等节水灌溉产品生产基地以及种植产业园区，拥有国内顶尖的节水技术研发中心及团队，旗下拥有 6 家子公司。公司主营产品囊括节水滴灌带（管）、输配水管材、配套管件、过滤器等 5 个大类 20 多个系列近 800 种节水产品。产品遍及国内节水灌溉市场，连续 6 年远销哈萨克斯坦、吉尔吉斯坦、塔吉克斯坦、乌兹别克斯坦等中亚海外市场。

应用范围及前景

主要应用于微咸水等劣质水灌溉处理，能够中和灌溉水高盐度的不利影响，增加作物质量和产量，促进植物健康生长，降低水资源用量。

由于其无需人为操作，无需外部电源要求，可以安装于任何尺寸的管道上并且对流量没有限制，接地电阻不应超过 5Ω，过水流量应控制在 $30\sim250$ m³/h。对试制设备盐水分离器进行再改进，显著提高了盐水离子分离器的综合性能。

水盐离子分离器可以作用于含盐 8g/L 以下的所有类型的水质，对于水质不够完善的地区，帮助种植者利用更少的优质水获得更大的种植收益。

多种结构的水盐正负电荷离子分离器被研制出来，将镁离子、锌离子、多孔管相结合，对微

咸水充分电离化处理的同时，补充作物生长所需的镁和锌等微量元素，促进作物生长，能够有效改善微咸水性状，可利用灌溉水矿化度达 3～6g/L。降低微咸水对作物的危害，促进作物生长，增产效果明显。

■水盐离子分离器应用 3

■水盐离子分离器制造

■水盐离子分离器应用 4

■水盐离子分离器应用 1

■水盐离子分离器应用 2

技术名称：水盐离子分离灌溉技术
持有单位：新疆惠利灌溉科技股份有限公司
联 系 人：井河义
地　　址：新疆石河子市北泉工业园区 389 号
电　　话：0993 - 2260858
手　　机：13999320080
传　　真：0993 - 2260858
E - mail：64829016@qq.com

140 药筒内置式水、肥、药一体化卷盘喷灌机

持有单位

江苏金喷灌排设备有限公司

技术简介

1. 技术来源

自主研发。解决目前国内市场上水肥药一体化卷盘喷灌机普遍存在的如下问题：国内现行的水肥药一体化卷盘喷灌机增设有储存肥料（或农药）的液料筒。但由于卷盘喷灌机在工作时处于旋转状态，因此液料筒常采用与卷盘喷灌机主机分开设置，同时还需输水管路绕经液料筒，这无疑使喷灌机卷盘的内部空间被浪费，因此这种水、肥、药一体化的卷盘喷灌机体积就显得较为庞大，不方便喷灌机的运输与使用。

2. 技术原理

药（或肥料）筒内置式水、肥、药一体化卷盘喷灌机有五个组成部分：即卷盘喷灌机主机、灌溉追肥或施药装置、自动加补液装置、电源动力装置和控制系统。它是将灌溉与施肥或灌溉与施药融为一体的农业新技术，是在灌溉的同时，借助卷喷灌机的压力水系统，将可溶性液体肥料或乳化类农药，使水肥或水药相融，并按土壤养分含量、农作物种类的需肥规律及特点、农作物病虫害的防治，将配兑成的肥液或药液与灌溉水一起，通过该设备均匀、定时、定量，把水分、养分、农药，按比例直接提供给农作物。该技术具有提高水肥药利用率、增产增收，降低水肥药施用量，保护环境的优点。

3. 技术特点

（1）新型药（或肥液）筒内置式水、肥、药一体化卷盘喷灌机，充分利用卷盘空间，设置了能储液、耐腐蚀、抗老化、可观察及可清理的轻型料筒，并选用以色列进口自动比例泵进行吸肥或吸药。

（2）卷盘喷灌机中心主轴为新式结构设计，在卷盘旋转回收 PE 管的过程中，新式主轴结构可始终保持卷盘空间内部的储液筒、自动比例泵及其他辅助装置处于平衡稳定的状态。

（3）对喷灌机的卷盘进行了轻量化设计。卷盘的一侧面设计了可拆装式筋管，方便对卷盘内部各功能部件保养与维护时取出。

（4）为满足田间不同作物（如玉米、大豆、马铃薯、甜菜、中药材）的灌溉作业模式，设置了 PLC 智能控制系统。可控制电动阀开度，达到对应作物灌溉水量的喷灌要求。在触控屏上还可显示水压与喷头车回收速度。

（5）机器自身配备了一种小功率低压交流发电机及防水控制柜，机器还配备了一套直流泵加液系统可及时补加液体肥或药。

技术指标

（1）置于卷盘内的药筒外形尺寸（长×宽×高）$0.8m \times 0.8m \times 0.4m$；工作电源（直流）DC24V；控制系统额定功率$\leqslant 100W$。

（2）药筒一次最大盛料（液体）220kg；比例泵流量控制范围 $20 \sim 2500L/h$，施肥精度控制（液体）$\leqslant 0.5(kg/100kg)$；比例泵注肥管路水压 $0.2 \sim 6Pa$。

（3）入机水涡轮驱动压力（MPa）范围 $0.3 \sim 1$；变速齿轮减速箱档位快、中、慢 3 个档位；PE 管回收速度 $5(Min) \sim 100(Max)m/h$；入机流量 $13 \sim 45m^3/h$；组合喷灌强度$\geqslant 6.0mm/h$；有效喷洒长度$\geqslant 300m$；灌水深度为 $8 \sim 50mm$。

技术持有单位介绍

江苏金喷灌排设备有限公司是轻小型喷灌机、卷盘式喷灌机、时针式喷灌机、平移式喷灌机、水泵、出水管、金属喷头的制造和销售等产品专业生产加工的公司，拥有完整、科学的质量管理体系，是一家集研发、生产和销售为一体的高新技术企业。公司建有江苏大学-金喷灌排产学研合作基地，2016 年承担江苏省科技厅《智慧灌溉轻巧型自循环多级自吸灌溉泵系统的研发》科技项目。公司现有员工 120 名，其中技术人员 40 人，已授权专利 20 多项。公司的环保型 PE 涂胶软管、高效节能型喷灌机组、喷灌水泵、喷头及喷灌管件、JP 或 JO 系列高效节能型卷盘喷灌机等产品，市场覆盖国内 30 多个省（自治区、直辖市），并远销亚洲、非洲及美洲的多个国家与地区。

应用范围及前景

当该机配套低压多喷嘴的双悬臂式（即桁架式）喷洒车工作时，特别适合在多风天气下、矮杆经济类作物及农作物幼苗期灌水追肥或灌水施药作业的大田块农村地区。

典型应用案例：

黑龙江省安达市高效节水灌溉项目（18 台套）、黑龙江乾安县农业生产救灾喷灌采购项目（26 台套）、大兴安岭地区圣绿生态高产标准农田项目（12 台套）。

■卷盘喷灌机辅助侧全图

■卷盘喷灌机内置药筒及自动比例泵

■卷盘喷灌机进水不锈钢波纹管

■卷盘喷灌机变速箱侧面全图

技术名称：药筒内置式水、肥、药一体化卷盘喷灌机
持有单位：江苏金喷灌排设备有限公司
联 系 人：严斌成
地　　址：江苏省常州市金坛区尧塘镇汤庄沿河西路 70 号
电　　话：0519－82444466
手　　机：13706148301
传　　真：0519－82444466
E－mail：13706148301@163.com

142 "润稼"系列自动控制地埋式伸缩喷水器

持有单位

河南及时雨节水灌溉设备有限公司

技术简介

1. 技术来源

自主研发。密封升降式升降柱、一种用于多功能灌溉施肥系统的升降柱，获国家发明专利。

2. 技术原理

依靠灌溉开始时管道内正压力和结束回流时产生的负压，灌溉开始时喷头自动顶出，结束时缩回原来的（地表下 400～500mm）位置，地埋伸缩式喷灌是一种融合互联网、物联网技术的高度集成自动喷灌系统。

3. 技术特点

（1）依靠管道内水压的正负变化，实现喷头的地表水下的自主伸缩，适合规模化机械化作业。

（2）在灌溉结束后，依靠管道内的水自然回流产生的负压，喷头自动缩回原来位置。

（3）喷头可以缩至低于地表以下 400～500mm 的位置。耕作前后喷头无需维护，省时省工。

（4）产品部件均为塑料材质，抗腐蚀，寿命长、造价低、不占地、易安装。

技术指标

（1）喷洒半径：13～15m。

（2）主喷嘴直径：4～6mm。

（3）底部接口：25mm 内螺丝。

（4）竖管高度：1.3～1.8m。

（5）钻土压力：0.3MPa。

（6）工作压力：0.25～0.50MPa。

（7）流量：1.7～2.2m³/h。

（8）喷头距地面高度 1000～1800mm。其他高度可以定制（距地面高度 1000～3000mm）。高低杆作物都能使用。

技术持有单位介绍

河南及时雨节水灌溉设备有限公司成立于 2015 年 11 月，注册资本 2000 万元。作为一家现代农业机械企业，公司集灌溉产品设计、研发、生产为一体，以"低成本、高效率"作为产品研发宗旨，拥有多项专利。2018 年核心产品"润稼"系列地埋伸缩式喷灌产品已投放市场，在河南各市、县大力推广。该系列产品在推动农业灌溉节水增效、增收节支，助力现代农业规模化、产业化发展方面获得广大客户的一致好评。

应用范围及前景

适用农业灌溉、园林绿化等多种用途。可用于山坡、丘陵、平原等不同地形地貌的环境，不仅适用于小麦、玉米、蔬菜等大田农作物，还适用于园林、草坪绿化等，使用范围广泛。

经过多年研发及优化升级，该产品适合不同土壤条件和气候条件，可在壤土、黏质和沙质土中使用，冬季也可在冻土层 1.5m 以内的地区使用。由于该产品具有自润功能，喷头常年在恒温地表以下 40～50cm，能够保持产品性能稳定和运行的高效。

该系列产品已在河南省新乡市桥北乡、周口市郸城县、鹿邑县、安阳市滑县等区域推广应用，累计推广面积 1650 亩，工程运行情况稳定，效益良好。

典型应用案例：

郸城县胡集乡李楼乡两万亩土地整治项目智

能地埋伸缩式喷灌系统应用，项目位于周口市郸城县胡集乡、李楼乡区域内。该项目2018年8月由承建方河南及时雨节水灌溉设备有限公司的施工人员及物料、机械设备进场，进行管道开挖、管材敷设、伸缩式喷头及控制阀门安装施工作业，2019年5月完成该项目的一期工程1000亩。内容包括泵房5座，各类阀门井640个，镇墩40个，伸缩式喷头3000个，不同管径塑料管材52000余m，弯头及配套管件3500余件以及土方开挖与回填等，现已投入使用。

■ "智能地埋伸缩式喷灌系统"项目概况公示牌

■ "润稼"系列自动控制地埋式伸缩喷水器产品

■河南省推广项目"智能地埋伸缩式喷灌系统"完工

■ "智能地埋伸缩式喷灌系统"水利新技术项目公示

■ "智能地埋伸缩式喷灌系统"项目自动操作面板

技术名称："润稼"系列自动控制地埋式伸缩喷水器

持有单位：河南及时雨节水灌溉设备有限公司

联 系 人：杨旗

地　　址：河南省周口市鹿邑县所望大道6号

电　　话：0394-7288995

手　　机：15290613098

E - mail：175657640@qq.com

146　机井灌溉控制器（FS. SIC－02）

持有单位

山东锋士信息技术有限公司

技术简介

1. 技术来源

自主研发。

2. 技术原理

机井灌溉控制器采用了现今流行的先进物联网、RFID、自动控制、大数据和防雷击保护等项技术。通过射频技术对 IC 卡进行数据读取，根据卡内水电余量判断是否开泵，开泵同时利用无线通信技术将相关信息实时传输至物联网云平台，云平台处理数据并展现在管理系统中，机井灌溉控制器实时监测运行状态，读取水电表数据，异常时及时保存断点数据，灌溉完毕进行结算处理，将数据写入 IC 卡内，设备处于等待灌溉状态。该款设备配备可读性极高的液晶显示屏，采用 IC 卡收费，一机多卡，卡内余额用完自动停泵；机井灌溉控制器只认卡不认人，成功解决了农村井灌区长期存在的电费、水费计量不准以及拖欠、人为浪费严重等现象。

3. 技术特点

（1）云平台管理。分配水权、进行远程计量和远程账户管理，实现灌溉机井的远程监管、实现水资源的合理配置。

（2）手机 APP 开泵。手机可以通过灌溉服务 APP 与灌溉设备进行通信，无卡也能灌溉。

（3）三种灌溉方式。支持刷 IC 卡开关泵灌溉、支持手机 APP 开关泵灌溉、支持云平台远程开关泵灌溉。

（4）多计量方式。支持单计水、单计电、水电双计量三种计量方式。

（5）一机多卡。一个控制器可支持同一组织内的多个账户使用，同一组织内的各用户卡号不能重复。

技术指标

（1）工业级 ARM，低功耗 32 位处理器。

（2）射频卡性能稳定，执行充值、刷卡等操作时读卡时间＜2s；读卡距离＞5cm；射频卡加密，保证用户数据安全。

（3）控制器计量精准，水、电实际检测值与控制器记录值的误差不超过 2%；计量水量精确到 0.01m³，计量电量精确到 0.01kW・h。

（4）储记录数据不小于 3000 条用水记录，且时间准确；支持多种水电表，能采集脉冲水电表或数字水电表信号。

（5）停电处理及时，停电恢复供电后，系统能完整结算本次交易，且不影响其他用户灌溉。

（6）支持仪表故障报警，水电表故障时自动停止灌溉。

技术持有单位介绍

山东锋士信息技术有限公司创建于 2002 年，是山东省水利厅水发集团控股的国家级高新技术企业，是山东省水利、农业行业自动化、信息化和智慧化的领军企业，是山东省水利信息化唯一技术支撑单位。公司实行集团化发展模式，在国内成立了多个分公司及办事处，现有员工 200 余人，服务内容涵盖智慧水利、智慧农业、农业灌溉领域，涉及信息及自动化技术与产品研发、工程设计、产品制造、工程实施、智慧灌溉云服务、智慧水利云服务、系统运维整个流程。公司在山东、河南、宁夏、内蒙古、江苏、河北、湖北等省（自治区）成功设计和实施了不同规模的

信息化自动化工程。拥有发明专利 3 项，实用新型专利 7 项，软件著作权 47 项。

应用范围及前景

适用于农业灌溉，实现灌溉机井的远程监管，保障水资源的有效配置与合理利用。

该技术设备已在济南章丘区、博兴县、肥城市、潍坊市昌乐县、临沂市平邑县等多个县市推广应用了该款设备，累计应用 20 多个项目超过 1 万套设备，受到农户及管理者的好评。

■农场田间用高规格全功能控制箱

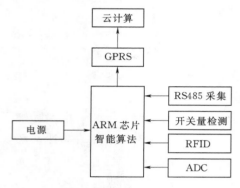

■技术原理示意

■现场动力线和水管线路基本都埋在地下

■机井灌溉控制器

■田间控制箱

■井房外控制箱

技术名称：机井灌溉控制器（FS. SIC - 02）
持有单位：山东锋士信息技术有限公司
联 系 人：谢丽娟
地　　址：山东省济南市经十东路 33399 号水发大厦副楼 6 楼
电　　话：0531 - 86018968 - 8876
手　　机：15215315819
传　　真：0531 - 86018968
E - mail：493002968@qq.com

147　锋士互联网＋水肥一体化智能管理设备

持有单位

山东锋士信息技术有限公司

技术简介

1. 技术来源

自主研发。

2. 技术原理

锋士互联网＋水肥一体化智能管理设备是通过灌溉系统给作物施肥浇水，作物吸收水分的同时吸收养分，通过与水系统有机结合，实现智能化控制。整个系统可协调工作实施轮灌，充分提高灌溉用水效率，实现对灌溉，施肥的定时，定量控制，节水节肥节电，减小劳动强度，降低人力投入成本。

3. 技术特点

（1）具备智慧灌溉模式，可联网云服务平台，自动下载平台的模型分析方案，按照方案自动控制水源泵、施肥泵和地块轮灌阀门，从而可真正实现按照作物需水量、需肥量、合理灌溉时间，进行科学、精准、全自动的灌溉施肥。

（2）具备人工灌溉模式，用户通过设备的触摸屏设定灌溉时间、灌溉水量、施肥种类和施肥量参数，设备按照设定的参数进行自动灌溉施肥。

（3）具备手动灌溉模式，操作人员通过触摸屏直接控制设备的运行，控制阀门的开关，进行手动灌溉。

（4）结构简单、占地面积小、安装简易、功能实用。

技术指标

（1）终端的分控制器可采集水利行业标准的0～5V 或 4～20mA 的模拟传感器信号，每个分控制器支持 8 路模拟量输入。

（2）终端的每个分控制器最多支持 16 路光耦隔离的开关量状态采集。

（3）终端的每个分控制器最多支持 16 路继电器的输出控制，可通过主控制器远程对分控制器执行常闭、常开控制，对应的继电器能正确动作。

（4）主控制器遵循标准 Modbus 协议，分控制器支持透明传输，因此终端可通过 485 接口与 PLC 及各类 485 仪表进行交互。

（5）整机最大功耗≤20W。

（6）终端支持直流电压 24V±2.4V、12V±1.2V、5V±0.5V，终端在正常网络条件下传感器数据更新延迟≤5s。

（7）正常大气条件下，终端交流电源输入端与外壳金属件之间应能承受 1500V，50Hz 交流电压，持续 1min，未出现飞弧或击穿现象。

技术持有单位介绍

山东锋士信息技术有限公司创建于 2002 年，是山东省水利厅水发集团控股的国家级高新技术企业，是山东省水利、农业行业自动化、信息化和智慧化的领军企业，是山东省水利信息化唯一技术支撑单位。公司实行集团化发展模式，在国内成立了多个分公司及办事处，现有员工 200 余人，服务内容涵盖智慧水利、智慧农业、农业灌溉领域，涉及信息及自动化技术与产品研发、工程设计、产品制造、工程实施、智慧灌溉云服务、智慧水利云服务、系统运维整个流程。公司在山东、河南、宁夏、内蒙古、江苏、河北、湖北等省（自治区）成功设计和实施了不同规模的信息化自动化工程。拥有发明专利 3 项，实用新型专利 7 项，软件著作权 47 项。

应用范围及前景

适用于日光温室、塑料大棚及连栋温室等设施。设备既能够与灌溉云平台远程联网，采集并上传现场的环境、土壤、作物信息，自动下载并执行云平台推送的水肥一体化灌溉方案，也可在人为参与下实施随机干扰式的灌溉施肥，从而实现灌溉施肥从科学决策到精准执行全链条的管理。

产品已在山东陵县德强农场节水灌溉高产示范区项目、莱芜市致远林果业合作社高效节水灌溉示范项目、新疆伽师县棉花示范田智慧种植、山东德州临邑县亿丰农场桃树智慧种植等项目中应用，使用该设备后，可节约 22％～26％ 的用水量，实现节肥 21％～23％，同时，还可提高作物产量。

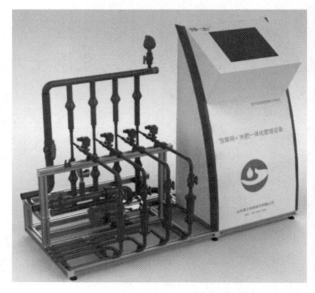

■锋士水肥一体化管理设备 2

■锋士水肥一体化管理设备 1

技术名称：锋士互联网＋水肥一体化智能管理设备
持有单位：山东锋士信息技术有限公司
联 系 人：谢丽娟
地　　址：山东省济南市经十东路 33399 号水发大厦副楼 6 楼
电　　话：0531－86018968－8876
手　　机：15215315819
传　　真：0531－86018968
E － mail：493002968@qq.com

149 ZGZK-01 型水肥一体化测控平台

持有单位

水利部农田灌溉研究所

技术简介

1. 技术来源

自主研发。

2. 技术原理

ZGZK-01 型水肥一体化测控平台系统设计功能主要包括：田间灌溉阀门控制（手动、自动）、气象/墒情信息采集、施肥程序控制。该平台将传统泵房内的水井控制、过滤反冲洗控制、灌溉控制、施肥控制、信息采集等功能，完全集成到施肥机控制系统上，实现了一机多能，降低了安装维护难度。

3. 技术特点

（1）系统可实时监控田间土壤墒情、实时气象、管道运行、肥液浓度等信息。

（2）采用多种决策方法进行轮灌制度设计，确定最佳灌溉时间和灌溉量；提供时间控制、流量控制、水肥比控制、EC 控制多种配肥方法，实现精准施肥。

（3）施肥机控制器与田间阀门通信方式有两种：两线制总线和无线 LoRa 通信方式，根据不同应用场合可以采用不同控制模式。

（4）两线制控制系统是基于低压电力载波技术，通过两线解码器系统与田间的电磁阀进行通信，控制电磁阀的开关。

（5）通过中央控制平台、施肥机控制端和手机控制终端三种模式，使管理者对园区整体运行情况实时掌控。

技术指标

（1）ZGZK-01 型水肥一体机主要由手动隔膜调节阀、浮子流量计、施肥电磁阀、单向阀、文丘里施肥器、施肥泵、进排气阀、控制柜、脉冲流量计等部分组成。

（2）集施肥和灌溉控制于一体，除控制 4 路施肥通道和 2 路灌溉水泵之外还可以控制 32 个田间阀门和 1～2 个主阀门。

（3）主管流量：最大 30m³/h，主管道承压最大 1.0MPa。

（4）可扩展至 8 个施肥通道，施肥通道流量 200～600L/h，充分满足不同用户不同浓度肥液下的使用。

（5）通过手动隔膜调节阀，能够对各通道进行施肥流量控制。

（6）带 EC/pH 值监测功能，EC 检测范围：0～10ms/cm，pH 值检测范围：0～14。

（7）解码器 2 线制传输距离可以到 2000m，传输速率：9600bit/s。

（8）解码器全防水工艺，可实现地埋，防护等级 IP67。

技术持有单位介绍

水利部农田灌溉研究所是我国专业从事农田灌溉排水领域研究工作的国家级科研机构，是国内最早从事喷灌、微灌等技术研究的单位之一。始终围绕我国农田水利建设与节水农业发展需求，以"服务我国节水农业实践，引领我国灌溉排水科技发展"为使命，开展农田灌溉排水相关的应用基础研究、技术创新和技术示范推广工作。重点开展作物需水过程与调控、非充分灌溉原理与新技术、非常规水资源安全利用、农业水资源优化配置与调控、节水高效灌溉技术与装备、现代节水型灌区建设与改造、农田排水技术、涝渍灾害恢复等 8 个方向的科技创新工作，是我国独具特色、方向明确、支撑能力强的农田

灌溉科研单位。

应用范围及前景

适用于规模化种植的果园、园艺花卉、山地烟草、茶叶、温室群以及规模化大田作物。通过将各模块进行优化配置，形成针对不同作物、不同种植模式、不同种植规模的多种水肥管理解决方案，实现田间灌溉和施肥无人值守自动控制，方便管理员对种植园区进行全方位水肥管控。能够大大提高水肥利用效率，降低人力成本和劳动强度，提高产量和品质，增加农民经济效益。

典型应用案例：

石家庄藁城高效节水灌溉项目水肥一体化工程。该工程为华北节水压采项目，包括田间灌溉管网工程、排渠工程、蓄水池工程和自控工程等部分。其中水肥一体化部分采用了 ZGZK－01 型水肥一体机，与原有灌溉系统相比，节水节肥效益显著，节水约 25％，节肥 30％，经济效益显著。

■施肥机应用于小麦水肥一体化试验地

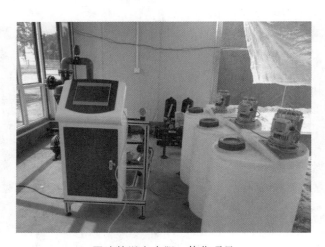

■连栋温室水肥一体化项目

■高品质小麦试验田水肥一体化推广项目

技术名称：ZGZK－01 型水肥一体化测控平台
持有单位：水利部农田灌溉研究所
联系人：邓忠
地　　址：河南省新乡市牧野区宏力大道（东）
　　　　　380 号
电　　话：0373－3393335
手　　机：15836018927
传　　真：0373－3393241
E－mail：dengzhong1976@126.com

150 灌区标准化管理监督和服务平台 V1.0

持有单位

亿水泰科（北京）信息技术有限公司

技术简介

1. 技术来源

自主研发。

2. 技术原理

通过 Quartz 定时器及 cron 表达式精确到任务执行时间；移动巡检 APP 实时上传巡检轨迹，自动切换定位机制；通过 WebComponentsKit 控件，接入工程建筑监控。系统涵盖工程概况、范围定界、运行管理、工程监测、台账备案、制度建设、考核管理等标准化管理环节，实现视频可控、巡查留痕、数据入库、工程上图。

3. 技术特点

（1）跨平台架构设计，支持多种运行环境。

（2）APP 巡检任务由后台任务自动创建，巡查任务可根据时段、频次、人员、建筑物的巡查任务创建。

（3）可实现建筑物、巡查点、巡查项的配置管理。

技术指标

（1）软件功能测试中测试用例执行率为 100%。

（2）软件可靠性测试中，整个系统运行平稳。

（3）软件安全性测试中，数据的安全性和准确性得到了保证，检测结果通过。

（4）软件易用性方面，整体设计简洁，操作方便，用户交互输入校验均有友好提示，保证易用性；整体响应时间满足设计标准，压力测试满足预期设计。

技术持有单位介绍

亿水泰科（北京）信息技术有限公司是一家专业提供涉水行业信息化服务的高新技术企业，公司成立于 2007 年，专注于涉水行业信息化相关的设计咨询、软件开发、系统集成、运行维护、水文测验预报以及相关仪器设备的研发、生产和销售。公司已具有北京市高新技术企业证书、中关村高新技术企业证书、软件企业认定证书、水文水资源调查评价资质证书（甲级），通过了 ISO 9001 质量体系标准认证，具有信息系统集成及服务三级等资质。公司成立以来，扎根水利、海洋、气象、环保、应急等行业，致力于提供行业信息化全域解决方案。

应用范围及前景

适用于水利工程标准化管理，可实现各种水利工程标准化的管理，提升水利工程专业化管理水平。

典型应用案例：

江西省赣抚平原灌区标准化管理运行平台。赣抚平原灌区设计灌溉面积 120 万亩，有效灌溉面积 98.01 万亩，属自流引水模式灌溉工程，是江西省最大的集灌溉、防洪、排涝、航运、小水电、城镇供水为一体的大型综合水利开发工程。赣抚平原灌区标准化管理运行平台以"互联网＋"的理念推动水利工程的信息化管理，整合现有信息资源，把水利工程各项管理内容逐项细化为管理人员职责和岗位工作流程，实现工程管理精细化、痕迹化和溯源化，实现了水利工程运行管理全过程监管，保障水利工程安全、规范、专业运行。

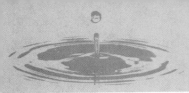

■赣抚平原灌区标准化管理运行平台

■视频监控

■台账管理

■统一用户管理

■文档资料管理

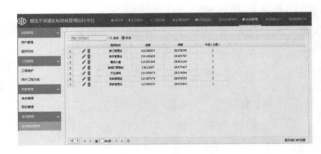

■闸位数据

■系统管理

技术名称：灌区标准化管理监督和服务平台 V1.0
持有单位：亿水泰科（北京）信息技术有限公司
联 系 人：王冬雪
地　　址：北京市海淀区阜外亮甲店 1 号恩济西园
　　　　　产业园产业孵化区一层 126 室
电　　话：010 - 88629399
手　　机：13811913118
传　　真：010 - 88629399
E - mail：1060823934@qq.com

151   金田农业水价改革智能控制系统

持有单位

山东金田水利科技有限公司

技术简介

1. 技术来源

自主研发。

2. 技术原理

金田农业水价改革智能控制系统，以用水总量控制和定额管理为目标，通过配套软件、硬件、网络等技术手段，实现水权配置下达到用水户进行取水权许可管理，采用射频卡水电双控智能水价处理器根据各类水价自动扣费。实现水权配置、水费征收、水权交易及用水实时监测，加强过程监管，实现水量、电量、水权、用水数据信息上传。

3. 技术特点

（1）实现射频卡水电双控，满足计量管理控制要求。

（2）智能卡计费控制，按照各种水价进行水费结算，实现自动征收水费。

（3）液晶汉字显示用水总量、水费总额、用电总量、电费总额、用水配额。

（4）防偷电、偷水：检测到偷电、偷水行为可自动切断电源。

（5）采集、处理用水户的计量数据，并实时远传数据至软件平台。

技术指标

（1）标准电压：$U_n = 380V$；极限工作电压：$(0.7 \sim 1.3)U_n$。

（2）功耗：电流线路小于1VA，电压线路小于1.5W/6VA。

（3）环境工作条件：温度为 $-22 \sim 55℃$；湿度 $0 \sim 100\%$（不凝露）、$0 \sim 85\%$（年平均）。

（4）通信方式：通过GPRS通信模块远程通信发送各用水户数据至系统软件管理平台，及时更新传输用水户数据。

（5）显示方式：液晶汉字显示；有源供电，实时在线传输更新传输数据；自动数据纠错，最大上传速率85.6kbit/s。

（6）具备相关数据分析、存储、预警与报表统计、输出管理功能。

技术持有单位介绍

山东金田水利科技有限公司位于山东省济南市莱芜高新区，注册资本3000万元，具有6000m² 标准化厂房及实验用智能温室，是具有自主知识产权的高新技术企业、山东省节水灌溉产业技术创新战略联盟理事单位。公司先后获得实用新型专利14项，外观专利15项，发明专利2项，软件著作权15部，参与起草山东省地方标准 DB 37/T 2733—2015《射频卡灌溉智能控制系统通用技术条件》。公司致力于云计算、物联网技术在节水灌溉、水肥一体化、精准农业、智慧水务等领域的应用开发，先后获得水利部科技推广中心颁发的水肥一体化物联网智能管控云平台、隐蔽式智能井房、无机房射频卡灌溉控制器等水利先进实用技术推广证书。

应用范围及前景

该产品以其技术高新、经济适用、节约水资源、防盗防破坏等特点，适用于农田机井灌区的推广应用，目前产品已经推广应用至山东、北京、陕西、黑龙江、新疆、内蒙古等地。

典型应用案例：

菏泽市定陶区2018年农业水价综合改革项

目、定陶区 2018 年农田水利设施维修养护项目、夏津县 2016—2017 年农田水利项目县结余资金建设项目、莱芜农高区农业综合水价改革建管一体化服务项目、阳谷县 2017 年农业水价综合改革项目、菏泽开发区 2017 年农业水价综合改革项目滨州惠民县水利局农业水价改革信息化建设工程、桓台县 2017 年农业水价综合改革设施配套项目信息化平台及计量设施采购、临清市农田水利项目县建设项目等。

■以电定水、水电双控显示

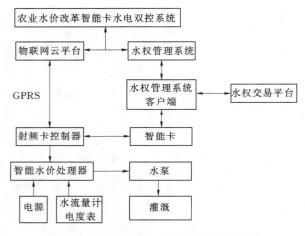

■金田农业水价改革智能控制系统结构图

■显示用电量、电费、用水量、水费、配额等

■农业水价水权管理控制箱（电线杆安装）

■手持式管理机与卧式管理机

■金田 e 通 GPRS 远程传输模块

技术名称：	金田农业水价改革智能控制系统
持有单位：	山东金田水利科技有限公司
联系人：	田中
地　址：	山东省莱芜高新区节水灌溉装备产业园井冈山路以西
电　话：	0634 - 8867978
手　机：	18906345667
传　真：	0634 - 8867917
E - mail：	sdjtsl@126.com

155　灌区量测水管理 e – IDS. WM 系统

持有单位

北京润华信通科技有限公司

技术简介

1. 技术来源

自主研发。

2. 技术原理

结合灌区在量水测水管理工作中的实际情况，以 GB/T 21303—2017《灌溉渠道系统量水规范》为依据，将目前灌区实际应用的量测水方式，以计算机方式抽象到系统中，各种量水方法固化到系统中，系统根据预先设定的各量水站点的量水方式和参数，选用相应的计算公式，对传输过来的信息进行处理，快速生成相对准确的流量、水量数据。

3. 技术特点

（1）数据管理：通过自定规则自动/手动读入遥测数据；可人工维护水情相关监测数据。

（2）流量关系：提供多种方式人工维护水位-流量关系提供简单、便捷的水位-流量关系拟合工具。

（3）数据整编：按选择的水位流量曲线进行初整/年终整可根据过水测站流水过程设置，进行日平流平差管理。

（4）预警报警：统计时可选择数据源来自初整或年终整，可对测站按旬/月/年进行逐日流量统计可对管理站按日/旬/月/年进行水情统计。

技术指标

（1）"灌区量测水管理 e – IDS. WM 系统"软件在测试环境中运行稳定，测试合格。

（2）软件支持 GB 2312 编码标准，符合中文使用习惯。

（3）软件提供了水位流量关系管理、观测数据录入、水情查询、水情整编、监测数据统计、渠系水利用系数和测点分水比例设置的功能，所有功能在测试期间运行稳定。

技术持有单位介绍

北京润华信通科技有限公司成立于 2004 年，是中国灌溉排水发展中心全资子公司润华农水实业开发公司与哈尔滨鸿德亦泰数码科技有限责任公司共同全资成立的专业从事农村水利信息化设计、施工的高新技术企业。主要业务是面向全国农村水利行业，以"一个龙头、三驾马车"为主要业务框架，即以"全国农村水利综合管理系统"为业务龙头，以"灌区信息化系统、旱田节水灌溉系统、饮水安全管理系统"为三驾马车，为全国水利部门提供专业的信息化技术服务。

应用范围及前景

适合灌区有用水管理。通过量测水系统，只要存在合理可用的水位流量关系数据，系统就可以自动对应计算流量，提高了灌区工作效率。

目前该软件应用系统已在全国多处大中型灌区进行推广应用，通过量水测水应用，使灌区水量的测量计算更加快速和准确，帮助灌区实现精准灌溉。通过整编计算实现历年水文资料的汇编和对比，发现灌区水资源变化规律，辅助灌区引配水的调度决策，节省国家水资源，促进粮食生产，切实帮助灌区实现节水增粮的目标。

典型应用案例：

案例 1：2017 年山东聊城市位山灌区续建配套与节水改造工程。

案例 2：2017 年青海省西宁市湟源县湟海灌

区农业水价综合改革试点项目。

通过以上项目，系统替代了灌区原来人工为主的量测水方式，实时采集的数据结合预设公式，快速计算出各量水点的流量，水量计算精度高，节约人力和物力，极大地提高了灌区量测水效率。

■ 测站管理

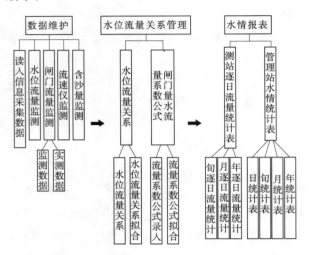

■ 系统主要流程图

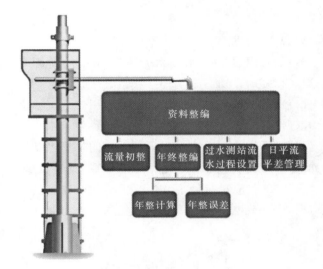

■ 管理水情资料整编

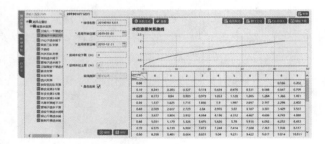

■ 水位流量关系曲线图

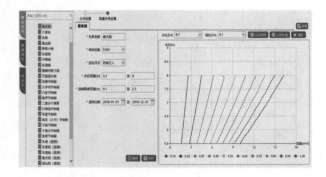

■ 闸门量水流量关系图

技术名称：灌区量测水管理 e - IDS. WM 系统
持有单位：北京润华信通科技有限公司
联 系 人：林波
地　　　址：北京市西城区广安门南街 60 号院 3 号楼 3111 室
电　　　话：010 - 83494677 - 116
手　　　机：13810759827
传　　　真：010 - 83402101
E - mail：570579899@qq.com

156　灌区信息采集处理 e – IDS. IA 系统

持有单位

北京润华信通科技有限公司

技术简介

1. 技术来源

自主研发。

2. 技术原理

主要从数据存储、业务处理以及信息展示三个层次来实现用户需求。数据层主要实现对灌区遥测设备上报数据的接收存储，对灌区人工观测数据的补录存储，为业务处理提供数据基础。分析层主要是根据灌区提出的需求对收集的数据进行业务分析、数据整合以及统计计算。展示层实现用户关注信息的显示，通过表格、图表、地图、图片等多种形式显示。

3. 技术特点

（1）数据层以 Oracle 和 SQLServer 数据库作为存储介质，实现数据的存取。

（2）展示层主要采用当下比较流行，应用比较广的 html＋css3 技术，可以为客户端提供更加多样、绚丽的展示数据及图像等信息。

（3）处理层在服务器端以 java 的 spring 框架为基础，处理前端的各种请求，并与数据库进行连接。

（4）展示层与处理层中间，以 nodejs 作为隔绝前后端的物理屏障，实现对前端请求和后端响应的路由分发，降低前后端的耦合度。

技术指标

（1）"灌区信息采集处理 e – IDS. IA 系统"软件在测试环境中运行稳定，系统合格。

（2）软件支持 GB 2312 编码标准，符合中文使用习惯。

（3）软件提供了安装和卸载功能，还提供了实时查询、历史查询、远程设置、召测查询、测站管理、RTU 管理、对应关系管理、服务管理和日志查询的功能。

技术持有单位介绍

北京润华信通科技有限公司成立于 2004 年，是中国灌溉排水发展中心全资子公司润华农水实业开发公司与哈尔滨鸿德亦泰数码科技有限责任公司共同全资成立的专业从事农村水利信息化设计、施工的高新技术企业。主要业务是面向全国农村水利行业，以"一个龙头、三驾马车"为主要业务框架，即以"全国农村水利综合管理系统"为业务龙头，以"灌区信息化系统、旱田节水灌溉系统、饮水安全管理系统"为三驾马车，为全国水利部门提供专业的信息化技术服务。

应用范围及前景

适合灌区信息化管理。通过自动监测设备的建设及配套软件的实施，逐步取代灌区原有的人工监测方式，不仅大幅解放灌区人力资源，还可根据灌区具体管理需求自定义设定设备采集和上报数据的时间间隔，以满足灌区管理人员全天候、随时随地准确掌握灌区水情等信息，真正实现实时数据采集、上报、查询的高效管理模式。

目前该软件应用系统已在全国多处大中型灌区进行推广应用，实现对灌区引供水口的水位监测、流量监测、雨情监测、地下水监测、气象监测、土壤含水量监测等多种数据采集处理。能解决灌区在日常工作中的一大部分细致繁琐的观测、记录、统计工作，进而提高预警响应能力，保障用水安全。

典型应用案例：

案例 1：河南省陆浑灌区续建配套与节水改造项目信息化建设项目。

案例 2：2017 年山东聊城市位山灌区续建配套与节水改造工程。

案例 3：2017 年青海省西宁市湟源县湟海灌区农业水价综合改革试点项目。

通过以上系统建设，将灌区以往建设的设备信息采集也纳入到一个平台中，实现了信息的共享与管理。

■图像监视

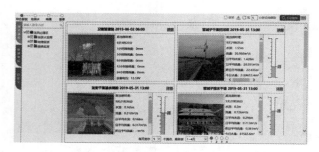

■信息采集-实时数据查询

■历史数据查询

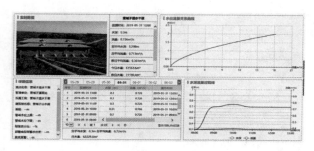

■地表水

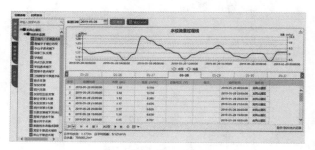

■时段历史数据查询

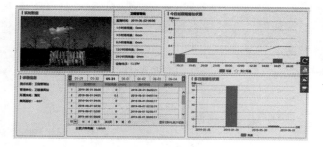

■雨情

■统计分析

技术名称：灌区信息采集处理 e - IDS. IA 系统

持有单位：北京润华信通科技有限公司

联系人：林波

地　　址：北京市西城区广安门南街 60 号院 3 号楼 3111 室

电　　话：010 - 83494677 - 116

手　　机：13810759827

传　　真：010 - 83402101

E - mail：570579899@qq.com

157　灌区灌溉水有效利用系数模拟分析系统软件 V1.0

持有单位

中国水利水电科学研究院

技术简介

1. 技术来源

自主研发，一种基于耗散-汇合结构的灌区水循环模型构建方法，获发明专利授权。

2. 技术原理

灌区灌溉水有效利用系数模拟分析系统软件 V1.0 采用主流软件开发平台 VisualStudio. Net2008 和成熟的 Visual Basic 技术，以灌区分布式水循环模型为核心，通过精细化模拟灌区引水、排水、蒸散发、地下水等关键要素，系统核算不同尺度灌区用水效率，评估灌区节水效果及未来节水潜力。软件核心模块包括：气象信息分析模块、作物需水模块、作物灌溉模块、引水分析与查询、排水分析与查询、地下水分析与查询、节水潜力评估模块。

3. 技术特点

（1）采用通用软件平台开发，便于移植及扩展。

（2）采用模块化架构设计，支持灌区依据不同需求选取适用的功能模块。

（3）基于空间拓扑关系，支持按照不同时空尺度进行灌溉用水量及用水效率分析与查询。

（4）支持按照不同用水主体进行用水量及用水效率的分析与查询。

（5）具备良好的扩展性和适应性，能够满足不同类型灌区用水效率、节水潜力分析测算需求。

技术指标

（1）灌区水循环通量计算与输出：输出数据的时间尺度为年、月、旬、日尺度。

（2）灌区灌溉水有效利用系数分析模块：在完成关键参数率定后，可实现用水效率快速分析。

（3）灌区节水措施效果及情景分析：结合灌区管理和应用需求，定量模拟节水改造措施带来的资源与环境效应。

（4）该软件可显著提高灌区管理水平和计算精度，与实测数据相比，灌区径流、地下水等水循环关键要素模拟相对误差可保证在 10% 以内，相关系数 0.85 以上、纳什效率系数 0.8 以上。

（5）系统客户端。①硬件：中央处理器（CPU），酷睿 i5 及以上；内存，2GB 及以上；磁盘可利用空间 50GB 以上；显卡：NVIDIA Ge-Force 6800 及以上处理器，1GB 或以上显存。②软件：Windows 7 及以上（64 位）；Microsoft Office 2003 及以上；VisualStudio. Net2008 及以上版本。

技术持有单位介绍

中国水利水电科学研究院隶属中华人民共和国水利部，是从事水利水电科学研究的公益性研究机构。历经几十年的发展，已建设成为人才优势明显、学科门类齐全的国家级综合性水利水电科学研究和技术开发中心。全院在职职工 1370 人，其中包括院士 6 人、硕士以上学历 919 人（博士 523 人）、副高级以上职称 846 人（教授级高工 350 人），是科技部"创新人才培养示范基地"。现有 13 个非营利研究所、4 个科技企业、1 个综合事业和 1 个后勤企业，拥有 4 个国家级研究中心、9 个部级研究中心，1 个国家重点实验室、2 个部级重点实验室。多年来，该院主持承担了一大批国家级重大科技攻关项目和省部级重

点科研项目，承担了国内几乎所有重大水利水电工程关键技术问题的研究任务，还在国内外开展了一系列的工程技术咨询、评估和技术服务等科研工作。截至 2018 年底，该院共获得省部级以上科技进步奖励 798 项，其中国家级奖励 103 项，主编或参编国家和行业标准 409 项。

应用范围及前景

适用于灌区规划、水资源管理。该软件考虑了复杂灌溉系统水循环上下游之间、地表水与地下水之间水资源重复利用问题，合理还原了农田灌溉水利用的过程，为计算区域灌溉水利用系数提供了新的途径，可显著提高灌区灌溉水有效利用系数的核算精度及可靠性，极大提高灌区节水管理工作效率，为落实最严格水资源管理制度和"三条红线"管理提供技术支撑。

典型应用案例：

河北省水资源税取用水信息管理系统、山东聊城位山灌区用水管理项目、河南新乡灌区用水管理工程、沈阳市浑蒲灌区用水管理项目等。该软件通过灌区水循环模拟、灌溉水有效利用量和耗水量的计算，合理还原了农田灌溉水利用的过程，为灌区规划、水资源管理提供了模拟分析的技术工具，为灌区节水改造与规划管理提供了技术支撑。

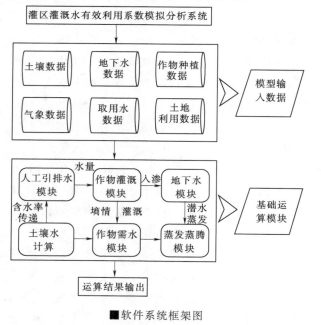

■软件系统框架图

■系统界面

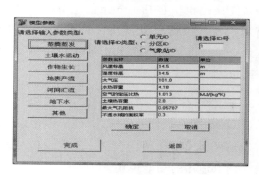

■系统功能主界面

■模型参数

技术名称：灌区灌溉水有效利用系数模拟分析系统软件 V1.0
持有单位：中国水利水电科学研究院
联 系 人：吕烨
地　　址：北京市海淀区复兴路甲 1 号
电　　话：010 - 68781072
手　　机：13811913118
传　　真：010 - 68456006
E - mail：lvye@iwhr.com

158 农村分散生活污水处理设施智慧运营管理平台

持有单位

北京清流技术股份有限公司

技术简介

1. 技术来源

为解决北京市农村分散生活污水处理设施分散、监管困难等问题，针对监管部门和运营企业的监管运营需求，自主研发了农村分散生活污水处理设施智慧运营管理平台技术，用以规范运营管护，确保生活污水处理设施的长效运行，提升行业监管运营水平。

2. 技术原理

该技术采用符合 SOA 体系架构的设计思想及当前业界主流的 J2EE 技术路线，满足跨硬件平台、跨操作系统的要求，应用 Web 技术、数据存储与管理技术、地理信息技术、数据交换技术等，构建系统框架，实现建设项目目标。按照采集传输层、通信与计算机网络平台、数据资源层、应用支撑层、业务应用层及应用交互层体系结构进行建设。

3. 技术特点

（1）农村分散生活污水处理设施智慧运营管理平台技术包括在线远程智能监控管理系统模块、排水信息管理系统模块等。

（2）排水信息管理系统模块具有综合展示、地图展示、视频监控、问题报警管理、巡查情况查看、经费补贴管理、考核报告管理、基础信息管理、系统管理功能。

（3）在线远程智能监控管理系统模块具有监测数据接收、服务器、基础信息、上报情况统计分析、监测数查询、运行参数设置、综合展示、地图展示、视频预览、问题报警、移动 APP 功能。

技术指标

（1）农村分散生活污水处理设施智慧运营管理平台技术集在线远程智能监控管理系统，排水信息。

（2）管理系统等模块功能于一体。

（3）测试报告表明：排水信息管理系统属于应用软件，包括综合展示、地图展示、视频监控、问题报警管理、巡查情况查看和系统管理等功能，各种信息易理解、易浏览，均满足测试要求。

技术持有单位介绍

北京清流技术股份有限公司是国内专业从事智能水务建设的高新技术企业，公司主营业务为水利信息化相关软件及硬件的产品销售、技术开发和技术服务，提供水利信息化综合解决方案，包括项目的方案设计、标准制定、咨询论证、项目实施、产品提供与售后服务等。公司业务涵盖水利、市政、环保、农业、国土等多个行业，具体业务领域为：水污染防治，涵盖饮水安全、污水处理、水环境管理、地下水管理、水资源管理等；节水灌溉，涵盖机井灌溉控制、灌区管理、农业用水计量管理、农业水资源费征收管理等；防汛抗旱，涵盖水雨情管理、抗旱信息管理、山洪预警建设、中小河流洪水预报、城市内涝等。

应用范围及前景

适用于各级市区水务局（市排水中心）、环保局、财政局、运营管护单位、第三方巡查单位、运行维护单位等。主要解决农村分散生活污水处理设施分散、监管困难等问题，提升农村污水处理设施的监管水平。

北京市新建和升级了大批农村污水处理设

施。面对众多分散建设的农村污水处理设施，亟须采用信息化手段对农村污水处理设施进行集中监管，提高农村治污工作的管理水平。目前该技术已在北京朝阳区、顺义区、丰台区得到推广应用，分别建立了朝阳区小型污水处理站工况在线监测系统、顺义农村污水处理和再生水利用设施运行监测系统、丰台排水监控管理系统。

典型应用案例：

朝阳区小型污水处理站工况在线监测系统，9 座小型污水处理站，建设投资 616 万元；顺义区农村污水处理与再生水利用设施运行监测系统，建设投资 649 万元；丰台区 11 座农村污水处理设施在线监测、3 座城镇污水设施在线监测信息采集系统、排水管理软件及监控中心工程，建设投资 239 万元。

■视频监控界面

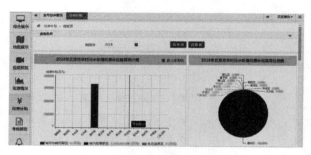

■经费补贴统计图

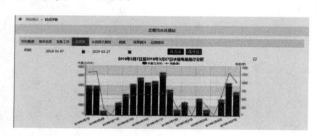

■水量电量联合分析

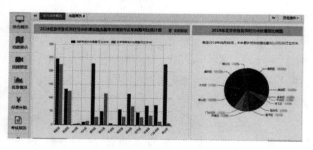

■污水处理量统计对比图

技术名称：农村分散生活污水处理设施智慧运营管理平台

持有单位：北京清流技术股份有限公司

联 系 人：王春棉

地　　址：北京市丰台区西三环南路乙 6 号银河大厦 9 层

电　　话：010－51791290

手　　机：18901334455

传　　真：010－51791291

E － mail：bjqingliu@126.com

159　鑫源物联网十水厂智能云管理系统 V3.0

持有单位

青岛鑫源环保集团有限公司

技术简介

1. 技术来源

自主研发。

2. 技术原理

该系统采用了 PLC 数据采集与控制、组态软件、GPRS、物联网、云平台等多项技术。

3. 技术特点

（1）控制系统采用现场设备、物联网模块和云平台软件三层架构，利用 PLC 对整个供水系统中的设备进行数据采集和控制，并通过以太网通信由上位计算机的人机接口对系统设备发出控制命令。

（2）系统内安装物联网模块，该模块可以通过连接以太网、WiFi、4G 及以下数据专用卡与公网进行数据交换；该模块留有标准以太网接口及标准 modbus 接口，可以使用标准的通信协议与现场设备进行通信，实现现场数据的采集及现场设备的控制；该模块具备 GPRS 功能，可以将采集的数据及控制信号通过云平台与远程控制端进行数据交换，实现跨地域控制。

（3）云平台软件为可编程软件，在云平台可以进行二次组态，将云数据库的数据进行处理，在云平台软件开发的人机界面中进行显示，并且可以形成数据图表，用于对下游设备状态及后续运行方式进行分析、决策。

技术指标

（1）私有云技术与组态软件结合应用，存储及查阅系统历史数据，保证了数据的稳定性及可追溯。

（2）支持 GPRS 功能，基于 4G 网络和无线网络的手机客户端可以跨地域、无时间限制访问，保证了系统响应的实效性。

（3）现场设备支持标准以太网及标准 modbus 通信，兼容性强。

（4）系统设有报警功能，如现场设备有异常状态时，会及时在人机界面显示并外发短信息提醒。

技术持有单位介绍

青岛鑫源环保集团有限公司创立于 2009 年，是集市政工程施工、水工业设备研发、设计、销售、制造、安装、维护、运营为一体的综合性高新技术企业。集团共辖 4 个全资子公司：青岛鑫源水务科技有限公司、邯郸鑫源迪奥环保科技有限公司、青岛康润鑫源环保设计有限公司、青岛康润鑫源水质检测有限公司。公司多次获得"质量、服务、信誉 AAA 企业""全国重质量、守信誉先进单位""质量、信誉双保障示范单位""工程建设推广产品"等多项荣誉。2014 年公司获得山东省水利厅"鲁水杯"优质水利工程奖。公司主营的"康润鑫源"牌 SK 系列集成式一体化净水设备已发展到第五代，四个产品系列入水利先进实用技术推广目录。

应用范围及前景

适用于水利部门及自来水公司、净水厂系统、污水处理厂系统等水利系统管理单位。该系统的应用也变得更加方便，可在网络机房，移动 APP 等多种环境下使用，方便、先进、便捷。

典型应用案例：

案例 1：河北省邯郸市邱县城区供水水厂工程。邱县县城供水水厂工程为城乡净水厂供水工

程，供水规模为 30000t/d，其中净水设备主体为 6 台 5000t/d 集成式一体化净水设备。

案例 2：山东省青岛市城阳区前海西 3600t/d 一体化设备项目为城镇农村饮水工程改造项目。

案例 3：山东省日照市岚山区日照岚山中楼 2400t/d 水处理设备，中楼 2400t/d 一体化设备项目为城镇农村饮水工程建设项目。

案例 4：山东省潍坊市安丘市华安 25000t/d 水厂农村饮水工程改造项目。

案例 5：河北省邯郸市馆陶县南水北调配套水厂净水设备及配套设施项目等。

通过应用"鑫源水厂远程数据采集与监控系统软件 V1.0"系统，实现集成式一体化净水设备运行全自动产水供水。

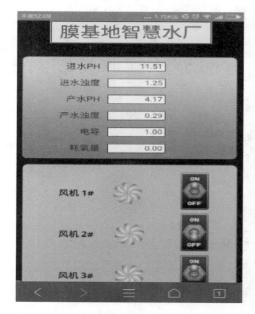

■软件界面 1

■馆陶县南水北调配套水厂

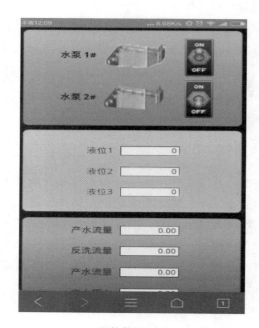

■软件界面 2

■魏县南水北调配套水厂控制室

技术名称：鑫源物联网＋水厂智能云管理系统 V3.0
持有单位：青岛鑫源环保集团有限公司
联 系 人：吴莹
地　　址：青岛市高新区正源路 35 号
电　　话：0532 - 87700827
手　　机：15753216098
传　　真：0532 - 87701287
E - mail：xinyuanep@xinyuanep.com

160 鑫源集成式一体化生态水厂

持有单位

青岛鑫源环保集团有限公司

技术简介

1. 技术来源

自主研发，取得发明专利。占地面积小、控制先进、排泥水资源化利用的生态水厂，符合自来水行业 2000 年技术进步发展规划中提出"三降"——降低能源消耗、降低药剂消耗、降低漏耗的要求。

2. 技术原理

针对现有的给水处理厂中存在的不足，提出一种所有构筑物全地下式，处理设备均为集成式、撬装模块化，各构筑物和设备在不同标高分层垂直分布，集"提升、混合、反应、絮凝、沉淀、过滤、反洗、消毒、排污、净化"等工艺高智能于一体的集成式一体化生态水厂，解决现有的给水处理厂存在的投资成本高、占地面积大、控制方式落后等问题，设备高度集成，控制灵活方便，整个水厂全部建于地面以下，不占地面用地，地面以上为人工生态湿地，实现土地合理化利用。

3. 技术特点

（1）力排泥水和反洗废水直接排入人工湿地，节约脱泥脱水工艺能耗，实现零排放。同时以排放的泥水为肥料，进行调质，并种植生态植物，实现资源的可循环利用。

（2）使污泥絮凝沉淀污泥得到了资源化利用。

（3）自动化程度高；系统模块化；工艺运行成本低；工艺占地面积少；成本投资较小。

技术指标

出厂水设计指标浊度小于 1NTU，余二氧化氯大于 0.1mg/L。

技术持有单位介绍

青岛鑫源环保集团有限公司创立于 2009 年，是集市政工程施工、水工业设备研发、设计、销售、制造、安装、维护、运营为一体的综合性高新技术企业。集团共辖 4 个全资子公司：青岛鑫源水务科技有限公司、邯郸鑫源迪奥环保科技有限公司、青岛康润鑫源环保设计有限公司、青岛康润鑫源水质检测有限公司。公司多次获得"质量、服务、信誉 AAA 企业""全国重质量、守信誉先进单位""质量、信誉双保障示范单位""工程建设推广产品"等多项荣誉。2014 年公司获得山东省水利厅"鲁水杯"优质水利工程奖。公司主营的"康润鑫源"牌 SK 系列集成式一体化净水设备已发展到第五代，四个产品系列入水利先进实用技术推广目录。

应用范围及前景

适用于各类江、河、湖水等地表水的净化处理，供作生活用水及生产用水；适用于传统水厂的二次改造、扩建、搬迁或移地再用，解决了传统水厂投资规模大、占地广、运行成本、动力消耗、人工成本高以及排泥水的资源化利用率过低等问题。

典型应用案例：

案例 1：魏县经济开发区配套水厂续建工程建设项目。该项目产水量为 1 万 t/d，采用 2 台 5000t/d 集成式一体化净水设备，配套 PAC 加药设备、高锰酸钾加药设备、二氧化氯消毒设备，集成式一体化生态水厂运行，其核心工艺包含了

气水反冲洗系统、絮凝区网格和沉淀泥斗，自2017年12月运行使用，产品运行良好。产水量为1万t/d的集成式一体化生态水厂，自2017年12月运行使用，运行良好。

案例2：馆陶县南水北调配套水厂净水设备及配套设施项目，产水量为2万t/d的集成式一体化生态水厂，自2016年3月运行使用。

案例3：日照岚山中楼水处理设备项目，产水量为2400t/d的集成式一体化生态水厂，自2017年10月运行使用。

■山东高崖水厂

■集成式一体化净水设备

■魏县南水北调水厂

■10000t/d集成式一体化净水厂局部

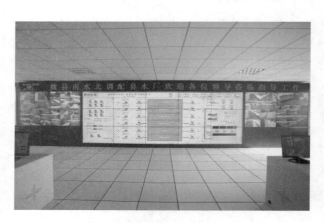

■魏县南水北调配套水厂控制中心

技术名称：鑫源集成式一体化生态水厂
持有单位：青岛鑫源环保集团有限公司
联 系 人：吴莹
地　　址：青岛市高新区正源路35号
电　　话：0532 - 87700827
手　　机：15753216098
传　　真：0532 - 87701287
E - mail：xinyuanep@xinyuanep.com

161 顺帆牌组合式净水设备

持有单位

杭州临安环保装备技术工程有限公司

技术简介

1. 技术来源

自主研发，专利授权。

2. 技术原理

该净水设备包含絮凝、沉淀、过滤、消毒4个功能部分。通过投加聚合氯化铝絮凝剂和氢氧化钙助凝剂在水中水解形成矾花吸附水中颗粒物，矾花经过该公司自主知识产权专利——弱循环絮凝技术加速矾花凝聚形成更易沉淀的较大颗粒，并在沉淀区分离；清水流经过滤部分，进一步除去水中小颗粒物，降低水的浑浊度，同时使水中微生物失去附着物而更容易被杀灭。通过投加二氧化氯消毒液杀灭水中微生物，从而使出水达到 GB 5749—2006《生活饮用水卫生标准》的要求。

3. 技术特点

（1）设备配备全自动的水质在线监测及药剂投加量调节系统，水质监测传感器采集的水质指标数据连接 PLC 控制系统，经过内置编程数据转换后再将收到的实时信息在 LED 电子显示屏幕上显示。

（2）根据用户需求，可安装手机终端 APP远程监控检测设备收集的水质信息，实现远程可视化控制管理，既方便又快捷。如发生水质情况不符合出厂要求时，系统可通过微信、短信的形式及时通知管理人员，具备远程预警功能。

技术指标

（1）处理量 5～100m³/h；工作压力 0.02～0.5MPa。

（2）混合时间 0.8s；絮凝反应时间 9.2min；弱循环回流比 0.1～0.4；沉淀停留时间 45.2min；比表面负荷 5.3m³/(m²·h)；滤速 6m/h。

（3）二氧化氯投加量 0.5～1mg/L；絮凝剂投加量 2～5mg/L。

（4）浊度测量范围 0～200NTU；余氯测量范围 0～2mg/L；pH 值 0～14。

经设备处理后水质符合 GB 5749—2006《生活饮用水卫生标准》。研制的"顺帆牌组合式净水设备"，获得浙江省卫生和计划生育委员会颁发的"涉及生活饮用水生产卫生许可批件"。

技术持有单位介绍

杭州临安环保装备技术工程有限公司创建于1993 年，主要产品为环境保护设备、消毒器械、消毒药剂、生活饮用水净化成套设备、其他水处理设备等。年产环境保护类设备 50 余套，饮用水净化设备 50 余套，生活饮用水消毒设备 800余套，二氧化氯消毒粉 50t。公司年产值 5000 余万元。公司已被评为浙江省科技型中小企业、杭州市高新技术企业。拥有 8 项实用新型专利，多项技术被列入水利先进实用技术重点推广指导目录。

应用范围及前景

较适宜农村日供水 100～2000m³ 规模的中小型净水项目，适用于流量≤100m³/h 的地表水净化消毒（生活饮用水适用）。

目前在临安天目山镇桂芳桥水厂（25t）、临安於潜横鑫水厂（10t）、临安河桥秀溪水厂（两套 5t＋10t）、临安河桥泥骆水厂（304 不锈钢材

质 15t）等地进行了进行应用推广。经实际运行，"顺帆牌组合式净水设备"因为使用方便，运行成本低，故障少，水质净化效果好，受到用户的一致好评。

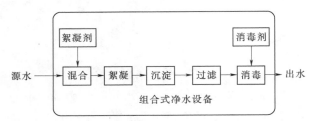

■净水工艺流程

■全自动消毒剂投加装置

■单村供水工程 15t/h 净水设备

■絮凝剂/助凝剂投加装置

■净水设施智能运行控制系统

■浙江临安区夏村联村 70t/h 净水设备

技术名称：	顺帆牌组合式净水设备
持有单位：	杭州临安环保装备技术工程有限公司
联 系 人：	平彐鹏
地　　址：	浙江省杭州市临安区青山湖街道安村
电　　话：	0571－63813308
手　　机：	18958162552
传　　真：	0571－63813307
E － mail：	linanhb@163.com

163 LH 型一体化净水设备

持有单位

浙江亮华环保科技有限公司

技术简介

1. 技术来源

自主研发。

2. 技术原理

节能型净水设备（一体化）集絮凝、沉淀、过滤三部分于一体。其工作原理为：利用原水高位压差水射式投加混凝剂后到达絮凝区，经过模块式的折板把水中悬浮颗粒物凝结成大颗粒的絮状物（俗称矾花），到达沉降区，经斜管沉淀，去除绝大部分悬浮物后进入过滤区，由配水管进入过滤室，经滤层自上而下进行过滤，清水即从连通管由下而上汇入反冲水箱内，水箱充满后，水通过出水管进入清水池。

3. 技术特点

（1）利用原水高位压差进行水射式投药、反应、沉淀、过滤、消毒、控制一体化技术，保证了净水设备出水水质，使之达到国家 GB 5749—2006《生活饮用水卫生标准》的要求。

（2）采用模块式絮凝反应技术，迅速混合，充分反映，有效促进矾花形成，加快沉淀速度。

（3）采用可调式斜管集水技术，使沉淀池出水均匀分布至过滤器，解决了滤池进水量及工作负荷边不一致造成的滤池反冲周期不一致及滤料使用情况不同的问题。

（4）采用新型整体式滤池，方便了观察及清理，降低了运行管理成本。

（5）采用智能集成控制技术，更进一步优化了设备，使设备从人工操作转向了智能化操作，不仅节约成本，更提高了水质净化效果。

技术指标

（1）进水浊度不高于 2000NUT，出水浊度 ≤1NUT。

（2）处理水量：10～1000m³/h。

（3）总停留时间：>45min。

（4）反应时间：10～15min。

（5）斜管区上升流程：1.6～1.8mm/s。

（6）过滤池表面负荷：6.5～9m³/m²。

（7）反冲洗历时：3～8min（可调）。

（8）进水压力：不小于 0.06MPa（6m 水头）。

（9）反冲洗强度：10～12L/m²。

（10）设备故障率：低于 3‰。

技术持有单位介绍

浙江亮华环保科技有限公司是一家全力专注于饮用水净化消毒设备、消毒设备研发、设计、制造、安装、调试、经营及售后服务于一体的科技型企业。公司拥有一批全力专注于水处理净水设备、消毒设备技术研究、应用及工程实践的研发团队，并与浙江理工大学、绍兴文理学院产学研合作，可及时为客户提供从方案设计、设备选型、施工安装到售后质量跟踪保障的高品质一条龙服务。

应用范围及前景

适用于生活饮用水供水。

典型应用案例：

案例 1：三门县浦坝港镇浦坝村，选用该技术生产的 LH - 20t 节能型净水设备（一体化），小时供水量 20m³，受益人口 1500 多人。由于该村地处沿海山区，城区集中供水无法供达，利用该村山塘水库水水泵抽取到节能型净水设备（无

动力一体化），净化处理后出水水质达到国家生活饮用水 GB 5749—2006 标准，供全村用户使用。

案例 2：海东市平安区水利局三合镇集中人饮工程选用该技术生产的 LH - 150t 节能型重力式一体化净水设备，每小时处理量 150m³，受益人口 4000 余人，利用水厂附近的高位的小溪水蓄水池通过 PE 管道引入到节能型净水设备（无动力一体化），净化处理后出水水质达到国家生活饮用水 GB 5749—2006 标准，供全镇居民使用。

■平安区三合镇集中供水一体化净水设备

■三门县浦坝港镇浦坝村一体化净水设备

技术名称：LH 型一体化净水设备
持有单位：浙江亮华环保科技有限公司
联 系 人：胡茜娜
地　　址：浙江省绍兴市上虞区丰惠镇永庆村西蒲
电　　话：0575 - 82390690
手　　机：13867526209
传　　真：0575 - 82390989
E - mail：lvye@iwhr.com

164　MagBR - MBBR 一体化磁性生物膜污水处理装置

持有单位

中国水利水电科学研究院

环能科技股份有限公司

技术简介

1. 技术来源

自主研发。获专利 4 项：一体化 MagBR - MBBR 磁性生物膜污水处理装置、一种磁性微生物载体及其制备方法、一种磁性 MBBR 悬浮生物填料及加工制备方法、一种气力提升装置。

2. 技术原理

MagBR - MBBR 一体化磁性生物膜污水处理装置工艺原理是通过向反应器中投加一定数量的磁性生物膜挂膜悬浮载体，提高反应器中的生物量、生物种类以及提高微生物活性，从而提高反应器的处理效率。由于填料密度接近于水，所以在曝气的时候，与水呈完全混合状态，微生物生长的环境为气、液、固三相。载体在水中的碰撞和剪切作用，使空气气泡更加细小，增加了氧气的利用率。每个载体内外均具有不同的生物种类，内部生长一些厌氧菌或兼氧菌，外部为好养菌，每个载体都为一个微型反应器，使硝化反应和反硝化反应同时存在，从而提高了处理效果。

3. 技术特点

（1）磁性生物填料改良：挂膜速率高、效果好，生物膜量大。

（2）硝化液回流方式的优化：采用环形回流装置。

（3）斜板沉淀池污泥气提回流装置的优化。

（4）保证斜板沉淀池出水效果：挡泥板及浮泥排泥管设计。

（5）设备智能化控制及远程监控：RTU 智能化。

（6）成套设备集成及其他：设备高度集成化。

技术指标

经具备计量认证合格证书的检测机构（CMA），典型项目进出水水质指标如下：

项　目	数据		
	进水/(mg/L)	出水/(mg/L)	去除率/%
COD	221.00	22.30	89.91
氨氮（NH₃ - N）	34.50	3.01	91.28
总氮（TN）	40.90	14.70	64.06
总磷（TP）	2.92	0.28	90.41
悬浮物（SS）	96.00	7.00	92.71

技术持有单位介绍

中国水利水电科学研究院隶属中华人民共和国水利部，是从事水利水电科学研究的国家级社会公益性科研机构。通过了国家计量认证、ISO 9001 质量管理体系认证等，被遴选为国家发展改革委、北京市政府固定资产投资项目咨询评估机构以及水利部水利水电建设工程蓄水安全鉴定、大中型水闸安全评价和水土保持设施验收技术评估单位。

环能科技股份有限公司于 2015 年 2 月 16 日正式在深交所挂牌上市。环能科技专注于水体净化技术的研发及应用，公司以磁分离水体净化技术为依托，同时结合生化处理技术、生物-生态水体修复技术、膜技术等污水处理领域其他适用技术，业务涵盖工业及市政水处理项目的投融资、咨询评估、方案设计、设备集成、施工建设

及运营管理等全过程综合服务，为水处理整体解决方案和综合环境服务提供商。公司被评为"水业最具成长性工程公司""最具成长力水业品牌""水业最具投资价值奖"等。

应用范围及前景

适用于：①村镇分散式污水治理项目，如居民小区、学校、酒店及小型企事业单位生活污水的处理及回用；农村、小城镇分散式生活污水的处理；医院、工业园区等污水的处理及回用；土地填埋场/垃圾渗滤液的处理；高速公路服务区、旅游景区、度假村等分散式污水的处理及回用。②黑臭河截污及泵站水截污应急处理场合。③污水处理厂溢流场合。

典型应用案例：

四川崇州桤泉镇胡碾新村农村生活污水处理工程、四川崇州廖家镇新桃村农村生活污水处理工程、重庆市万盛区百果坪湿地公园污水处理工程等。

■MagBR－MBBR 一体化设备投入使用

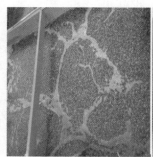

■好氧池（左）与出水效果（右）

■斜板沉淀池

■砂滤池（左）与清水池（右）

■进出水对比

技术名称：	MagBR－MBBR 一体化磁性生物膜污水处理装置
持有单位：	中国水利水电科学研究院 环能科技股份有限公司
联系人：	秦培瑞
地　址：	四川省成都市武侯区武兴一路 3 号
手　机：	18306422849
E－mail：	qpr@scimee.com

165　中科绿洲水体原位微生物群落净水技术

持有单位

中科绿洲（北京）生态工程技术有限公司

技术简介

1. 技术来源

自主研发。

2. 技术原理

该技术涉及一种水体原位微生物群落净水系统，土著微生物群落调控系统基于传统水体净化的生物膜技术，通过激活剂有选择性的将水体中的土著功能微生物群落富集，扩大其在水体微生物群落中的比例；连续不断激活水体中的微生物，使之不断大量繁殖，利用水体持续的微循环，不断释放到水体中，增强其对水体的污染物降解能力，强化水体的自身净化能力；新增的微生物量逐级激活生态食物链中的上级消费者，同时配合水生生态系统构建技术，逐步改善水生动植物系统的生长环境，促使水体生态系统恢复自净能力，实现整个水体生态系统的恢复。

3. 技术特点

该技术将整个水体作为一个大的生物反应器，采用原位修复技术，加快水体中有益土著微生物种类的繁殖速度和增加繁殖数量，提升水体自净能力，提高自净效果。

技术指标

（1）总功率：15kW。

（2）主体尺寸：$(L \times W \times H)$ 3.4m×2.3m×2.6m。

（3）微生物菌种：3 种。

（4）发酵菌剂数量：发酵菌剂大于 $2 \times$ 108cfu/mL；冠菌培养器菌剂出口菌剂大于 $1 \times$ 108cfu/mL。

（5）主要净化指标：$NH_3 - N$ 去除率为 50%～70%，TP 去除率为 40%～60%。

技术持有单位介绍

中科绿洲（北京）生态工程技术有限公司，是一家专业型环境咨询和技术服务机构，提供生态规划、河湖流域整治、土壤污染治理、矿山修复及产业化全链条式解决方案的综合性服务商，是集咨询、研发、技术、产品、施工于一体的高新技术企业。公司由多名环境咨询专家以及中科院资深教授作为长期顾问和技术支持，团队已经在国内完成了多个环境影响评价项目和环境调查项目。公司拥有 30 余项实用新型专利，4 项发明专利。公司参与场地调研项目几十项，土壤修复类工程 4 项，水环境修复类工程 6 项，参与国家课题和地方科研课题 4 项。

应用范围及前景

适用于黑臭水体治理、尾水湿地水质、污染湖泊治理等相关领域工程。利用水体微循环，大量培育水体有益土著微生物，建立和强化微生物循环系统，提高水体生态系统的呼吸强度和新陈代谢能力，增强自净能力，改善感官及水质。

以 30000m² 水域为例进行经济指标分析，使用该技术系统成本为 90 万元，运行费用约 2 万元/年，投资效益比约为 300%，应用推广前景广阔。

典型应用案例：

包头市白云鄂博矿区湿地公园水土一体化生态治理工程、邯郸市峰峰矿区新坡镇后朴子村生活污水治理工程、邯郸市峰峰矿区彭城镇张家楼村生活污水治理工程等。以上工程，通过本土微

生物系统的引导，形成新的微生物菌群，水体水质大幅改善，保障水体的自我净化能力。

■水体原位微生物群落净水系统外观

■水体原位微生物群落净水系统内部

■白云鄂博矿区湿地公园水质明显提升

■白云鄂博矿区湿地公园沉水植物清晰可见

■净水系统与白云鄂博矿区湿地整体环境融合

■峰峰矿区后朴子村案例的生物处理池及周边景观

■峰峰矿区张家楼村案例的生物处理池及周边景观

技术名称：中科绿洲水体原位微生物群落净水技术
持有单位：中科绿洲（北京）生态工程技术有限公司
联 系 人：阚凤玲
地　　址：北京市海淀区西三旗建材城东路 10 号院 9 号楼
电　　话：010 - 62670766
手　　机：18910266146
传　　真：010 - 62672355
E - mail：2128074063@qq.com

166　中科绿洲 BVW 强化水质提升技术

持有单位

中科绿洲（北京）生态工程技术有限公司

技术简介

1. 技术来源

自主研发

2. 技术原理

该技术包括兼性氧化塘、垂直型潜流湿地、生态氧化塘和生态稳定塘四部分，主要模拟自然湿地的功能、特点，采用人工基质、水生植物和微生物三种处理要素，是一种基于人工湿地为模型功能提升的生态系统。该技术在减少动力的前提下，利用系统中基质、水生植物、微生物的物理、化学、生物的三者协同作用，通过基质过滤、吸附、沉淀、离子交换、植物吸收和微生物分解来实现对污水处理厂或污水处理站尾水的高效净化。该技术有效降低水体中的 N、P 含量，提升尾水水质，降低排入河道或水库的污染负荷。其主要设计参数包括：污水类型、水流负荷、渗滤介质、滞水深度和时间、流路的可控性、植物类型及管理模式等。

3. 技术特点

（1）利用微生物对污染物质的降解作用促进水体净化，减少动力运行，与常规水体修复技术相比，降低了运营维护成本，具有明显的优势。

（2）能增加水生态系统的生物多样性，有效提升水体景观，依据排放地的景观需求塑造系统形态，提升尾水湿地周边的景观，具有良好的生态效益。

技术指标

（1）该技术可以有效降解水体中有机氮的含量，利用人工湿地的过滤作用，进一步降低水体中的 N、P 含量，提升尾水水质，降低排入河道或水库的污染负荷。

（2）根据统计 $NH_3 - N$ 的含量降低 80%，TP 的含量降低 90% 左右。

技术持有单位介绍

中科绿洲（北京）生态工程技术有限公司，是一家专业型环境咨询和技术服务机构，提供生态规划、河湖流域整治、土壤污染治理、矿山修复及产业化全链条式解决方案的综合性服务商，是集咨询、研发、技术、产品、施工于一体的高新技术企业。公司由多名环境咨询专家以及中科院资深教授作为长期顾问和技术支持，团队已经在国内完成了多个环境影响评价项目和环境调查项目。公司拥有 30 余项实用新型专利，4 项发明专利。公司参与场地调研项目几十项，土壤修复类工程 4 项，水环境修复类工程 6 项，参与国家课题和地方科研课题 4 项。

应用范围及前景

可广泛用于提升污水处理厂或者处理站的尾水，也可适用于受损湿地系统的生态系统重建。该技术主要解决污水处理厂或处理站尾水的水质问题，增加水生态系统的生物多样性，同时提升尾水湿地周边的景观，改善尾水排放地脏乱差的景观问题。

使用该技术的项目建设成本单价 $100 \sim 1200 m^2$（根据项目的难易程度而定），运行无成本，需要人工简单维护（费用约 2 万元/年），投资效益比约为 400%，可作为一项可持续的水体生态修复技术。该技术的使用能带来较好的生态、经济和社会效益，应用范围广，推广前景广阔。

典型应用案例：

包头市白云鄂博矿区湿地公园水土一体化生态治理工程、邯郸市峰峰矿区新坡镇后朴子村生活污水治理工程、峰峰矿区彭城镇张家楼村生活污水治理工程等。

■白云鄂博矿区湿地公园 BVW 强化水质提升系统

■BVW 强化水质提升系统中水流及水质清澈度

■BVW 强化水质提升系统中潜流湿地地上景观

■BVW 强化水质提升系统与周边景观有效融合

■BVW 强化水质提升系统中生态稳定塘

■峰峰矿区后朴子村人工湿地及周边景观

■峰峰矿区张家楼村稳定塘及周边景观

技术名称：中科绿洲 BVW 强化水质提升技术
持有单位：中科绿洲（北京）生态工程技术有限公司
联 系 人：阚凤玲
地　　址：北京市海淀区西三旗建材城东路 10 号院 9 号楼
电　　话：010 - 62670766
手　　机：18910266146
传　　真：010 - 62672355
E - mail：2128074063@qq.com

167　天然矿物剂原位水土修复技术

持有单位

山东广景环境科技有限公司

技术简介

1. 技术来源

通过与郑州大学等院校联合攻关、研发，形成了专业核心技术——天然矿物原位水土修复技术，并获得了国家发明专利。

2. 技术原理

该技术以天然矿物修复材料为核心实施，修复材料由斜发沸石、蒙脱石、高岭土等多种矿物成分构成，为纯天然矿物，按严格的技术配方并经选矿、清洗、焙烧、纯化、改型等几十道制作工艺加工而成，为纳米级材料。通过吸附、离子交换、生物膜作用，对水体中的污染物进行聚集、分解和去除，水体水质被逐步改善直至恢复水体的生态自净能力。

3. 技术特点

（1）修复材料的晶体结构特性，它的理化性能包括吸附性能、阳离子交换性能、催化性能和耐酸、耐热、耐辐射性能等，在水处理领域中，修复材料的应用主要为吸附性能、离子交换性能及在水体中形成的生物膜作用。

（2）修复材料的静电力和色散力，使材料具备极强的吸附性，投入水体后能快速降解有机物、氨氮、磷等污染物，消除水体黑臭、提高水体透明度；修复材料的离子交换性能，能大大降低水体中的金属离子、氨氮（NH_4^+）等污染物的含量。

（3）修复材料为多孔状，能快速增加水体溶解氧、激活微生物，形成生物膜，微生物生态系统中的好氧菌、厌氧菌、兼性菌、聚磷菌等对有机物、氨氮、磷等污染物进行分解，达到去除的目的。

（4）修复材料能调节 pH 值、消解有害物质和重金属离子，在土壤修复中也得到良好应用。

（5）天然材料、原位修复、无二次污染，节能环保、适用面广。

技术指标

能够去除有机物、氨氮、总磷、蓝绿藻等污染物，有效降低 COD、BOD_5。

以潍坊市寒亭区虞河寒亭段部分水体应急修复工程为例：

指标	COD	NH_3-N	总磷
治理前/（mg/L）	268	33	3.6
治理后/（mg/L）	26	1.27	0.33
地表水 V 类/（mg/L）	40	2	0.4
去除率/%	90	96	90

治理后经现场取样检测结果显示各项主要污染指标均已恢复到地表水 V 类标准。

技术持有单位介绍

山东广景环境科技有限公司是一家集水污染修复治理、土壤调节修复、园林绿化施工、环保材料研发与生产、环保技术研发与咨询于一体的综合型环保专业服务商。总部位于山东潍坊北海工业园，占地 7 万 m^2，厂房面积 3 万 m^2。"一种污水处理剂及其制备方法"获国家发明专利，并通过了中科高技术企业发展评价中心的科学技术成果评价和科技成果登记。

应用范围及前景

可广泛用于江河、湖泊、水库、饮用水源、

蓝绿藻、养殖污水、垃圾渗透液、黑臭水体及黑臭底泥等水体污染的修复、水质净化及土壤改良修复。典型案例：潍坊市寒亭区虞河寒亭段部分水体应急修复工程；潍坊滨海经济技术开发区白浪河重点区域及干河、南一横河、水渠应急水体修复工程；广州市天河区蓝屋风水塘修复项目等。

■天然矿物原位水土修复材料

■白浪河支流水渠修复前

■白浪河支流水渠修复后

■潍坊市虞河寒亭水体应急修复工程修复前

■潍坊市虞河寒亭水体应急修复工程修复后

技术名称：天然矿物剂原位水土修复技术
持有单位：山东广景环境科技有限公司
联系人：胡瑞荣
地　址：山东省潍坊市寒亭区北海工业园珠江西街 04088 号 102 室
电　话：400 - 0651 - 001
手　机：13385365800
E - mail：hrr2161@163.com

168 新型薄膜扩散梯度（DGT）被动采样技术

持有单位

长江水利委员会水文局

中国科学院南京地理与湖泊研究所

南京智感环境科技有限公司

技术简介

1. 技术来源

薄膜扩散梯度（Diffusive Gradients in Thin - films，DGT）技术是 1994 年由 Lancaster 大学的 Davison 和 Zhang 发明，最初被用于水体重金属形态的测定，由于其突出的优势，该技术相继被应用到沉积物、土壤以及污水中。

2. 技术原理

DGT 技术主要利用自由扩散原理（Fick 第一定律），通过目标物在扩散层的梯度扩散及其缓冲动力学过程的研究，获得目标物在环境介质中的（生物）有效态含量与空间分布、固 - 液交换动力学的信息。

DGT 装置主要由固定层（固定膜）和扩散层（扩散膜加滤膜）组成（如下图）。

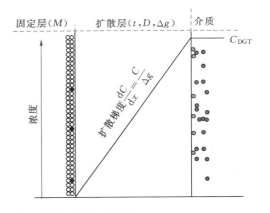

C_{DGT} 的计算公式如下：

$$C_{DGT} = \frac{M\Delta g}{DAt}$$

式中：A 为 DGT 装置暴露窗口面积，cm^2；Δg 为扩散层厚度，cm；D 为目标离子在扩散层中的扩散系数，cm^2/s；C_{DGT} 为扩散层线性梯度靠近环境介质一端的浓度，mg/L。

3. 技术特点

DGT 吸收目标物中的自由离子态组分，将促使弱结合络合物的解离，因此 C_{DGT} 反映水体目标物自由离子态组分的含量及弱结合络合物对该形态的解离和缓冲能力。

技术指标

新型 DGT 技术可原位测定水体和沉积物中营养盐或重金属的有效态含量，不同类型 DGT 可单独或者同步测定。

测定时间：24h；空间分辨率：一维 1.0mm×1.0mm；二维分辨率 42mm×42μm；环境条件：pH 值 3.0～9.0，离子强度 0.01mM～0.75M；检出限：大量元素＜0.1μg/L，微量元素＜0.01μg/L；空白值：大量元素＜0.5μg，微量元素＜1ng；测定容量：大量元素＞99μg/cm^2，微量元素＞30μg/cm^2。

技术持有单位介绍

水利部长江水利委员会水文局成立于 1950 年 2 月，总部位于湖北省武汉市，是为长江流域综合治理、防汛抗旱、工程建设、水资源开发和可持续利用等开展流域水文站网建设、水文水资源监测、水环境监测评价、河道水库测绘、水资源调查评价、水文气象预报、水文分析计算、水文自动测报、河道泥沙演变研究等工作的专业水文机构。在长江干流及重要支流控制断面设有水文站 118 个、水位站 233 个、雨量站 29 个、蒸发试验站 2 个、水环境、水生态监测断面 734 个，

河道固定断面 4700 多个，具备长江流域完整的水文-水环境生态监测站网体系。其中目前已建 7 个水环境监测中心和 7 个分中心，监测能力覆盖地表水、地下水、大气降水、污水与中水、生活饮用水和饮用天然矿泉水、土壤与底质、海水等七大类百余项水质参数。

中国科学院南京地理与湖泊研究所现设有湖泊与环境国家重点实验室、中国科学院流域地理学重点实验室、湖泊生态与环境工程研究中心、区域发展与规划研究中心、湖泊野外观测与数据中心。目前承担国家重点研发计划、"973"计划、"863"计划、支撑计划、国家水体污染控制与治理重大专项项目以及中国科学院重大、重点部署和战略性先导科技专项等项目或课题 80 余项。

南京智感环境科技有限公司成立于 2014 年，当年入选南京市领军型科技创业人才计划（南京321），现为高新技术企业。目前产品以环境被动监测技术为主，包括薄膜扩散梯度（DGT）、高分辨孔隙水采样器（HR－Peeper）、平面光极（PO）等，已在全国近百家高校与研究所推广。

应用范围及前景

DGT 技术可广泛应用于水体、沉积物、土壤等环境基质中多种元素单一或同步测定，应用对象可拓展到高污染、高营养、高 pH 值的复杂环境介质，满足绝大多数水体和沉积物的测定要求。目前已与近百家单位合作，实际销售 DGT 产品达 10000 套。客户主要应用到水体、土壤和沉积物中，用于营养元素和重金属元素有效态的获取与评价。

典型应用案例：

长江干流武汉段的水质监测、贵州红枫湖营养元素及重金属有效态含量监测、常州市河道沉积物中有效磷的监测。

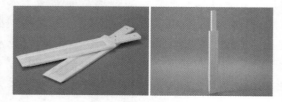

■平板式 DGT 产品平面图与纵向图

■双模式 DGT 产品用于水体测试的组装形式（左）
双模式 DGT 产品用于沉积物测试的组装形式（右）

■平板式 DGT 用于长江岸边污染物监测

■平板式 DGT 用于河道污染物监测

■平板式 DGT 原位投放至湖泊

■DGT 原位测定湿地系统水体和沉积物中污染物

技术名称：	新型薄膜扩散梯度（DGT）被动采样技术
持有单位：	长江水利委员会水文局
	中国科学院南京地理与湖泊研究所
	南京智感环境科技有限公司
联 系 人：	钱宝
地　　址：	武汉市解放大道 1863 号
电　　话：	027 – 82820063
手　　机：	13720271783
传　　真：	027 – 82820067
E – mail：	zyqianb@cjh.com.cn

174 Phoslock®水体深度除磷技术

持有单位

北京林泽圣泰环境科技发展有限公司

技术简介

1. 技术来源

Phoslock®水体深度除磷技术，于1997年由澳大利亚联邦科学与工业研究组织研发成功，2005年Phoslock Water Solutions Ltd购买其专利和商标，并开展国际应用，迄今在全球拥有300多个成功案例，2016年在浙江长兴设立生产工厂供应全球，2017年开始在中国开展大规模市场应用推广。

2. 技术原理

Phoslock®水体深度除磷技术主要成分是镧改性膨润土，其深度除磷原理是利用膨润土构架结构中的层间阳离子镧与磷酸分子结合，形成稳定的磷稀土矿（$La^{3+} + PO_4^{3-} \longrightarrow LaPO_4 \downarrow$），这种矿物质在水中溶解性极低，Ksp沉淀平衡常数仅为1×10^{-25}，不产生二次释放污染。

3. 技术特点

该技术的特点是安全、降磷效率较高，并具有多重功效，主要由镧稀土矿和膨润土矿两种矿物质混合形成，取自于自然回归于自然；镧可以入药，碳酸镧可以治疗人体肾病晚期高磷血症；镧存在于Phoslock®锁磷剂的分子结构当中，游离镧浓度极低，生态风险低。不仅可以去除水体中的磷还可以吸收底泥释放的磷，可以将总磷降至0.01mg/L，并长期稳定。降低总磷浓度后，可以降低藻类水平，控制富营养化，并促进水生态恢复。

技术指标

主要技术指标和参数：$9.5 \sim 10.5gPO_4 - P/$

kg锁磷剂。

主要成分：镧改性膨润土，经鉴定分类为一般环境物质。

除磷效果：可溶性磷酸盐去除率可达90%～99%。

性状：颗粒状粒径0.5～5mm；粉状粒径0.15～0.3mm。

色和味：灰白色至棕色，无气味。

含水率：<10%，不溶于水。

pH值（1%～2%溶液）：7～7.5。

比重（水=1）：1.1～1.5。

包装规格：编织袋包装，25kg/袋，1050kg/袋。

其他指标：分散到水体中后游离镧浓度＜0.04mg/L。

技术持有单位介绍

北京林泽圣泰环境科技发展有限公司成立于2018年3月，注册资金3000万元；北京枫斯洛克生态工程技术有限公司成立于2017年6月，注册资金5000万元。两家企业均是澳大利亚Phoslock Evironmental Technologies（澳大利亚上市公司股票代码：PET）在华投资企业。公司以Phoslock®水体深度除磷技术为核心，致力于湖库富营养化防治、水质应急提升、饮用水源地水质保障、黑臭水体消除、人工湿地建设等水环境综合治理与生态修复领域，为受污染的湖泊、水库、饮用水源地、河流、湿地、景观水体等提供综合解决方案和运维服务，为业主提供最专业和信赖的水处理服务。

应用范围及前景

适用于河湖的总磷考核、富营养化治理和水

生态修复。

Phoslock®水体深度除磷技术作为一种已在发达国家应用 20 余年并具有安全、高效、稳定、经济而又使用方便的成熟技术，必将成为我国湖库富营养化的治理和水生态修复的有效技术，尤其湖库水体降磷。在全球开展水环境治理业务，已成功实施 300 多个案例。如浙江长兴县白溪门前港河道水质提升工程、贵阳白鹭湖生态治理工程、大理洱海松鹤里库塘除磷示范工程、北京大兴老凤河治理示范工程等。

典型应用案例：

东湖天鹅湖位于武汉东湖宾馆之内，水域面积 13.5hm²。治理前，水体中总磷含量为 0.24mg/L，超过 GB 3838—2002《地表水环境指标标准》湖库类 V 类水标准，因此水体富营养化导致湖中藻类肆意生长。通过除藻、Phoslock 锁磷剂技术内源控磷、沉水植物种植等重建了水生态系统，治理后天鹅湖水体主要指标上升为地表水 Ⅳ 类，总磷低于 0.1mg/L。水体透明度由 40cm 以下上升到 60cm 以上，整个水域生态景观得到大幅提升。

■项目设计和施工

■某案例现场

■经 Phoslock 锁磷剂治理的水体前后对比

■锁磷剂（Phoslock）

技术名称：Phoslock®水体深度除磷技术
持有单位：北京林泽圣泰环境科技发展有限公司
联 系 人：廖苗
地　　址：北京市亦庄经济技术开发区荣华南路 2
　　　　　号院 6 号楼 902 室
电　　话：010－67862208
手　　机：13070170039
E－mail：lm@phoslock.cn

175   工程切挖创面植生基材配制技术

持有单位

四川大学

技术简介

1. 技术来源

自主研发。水利、道路、矿山等工程建设产生了很多的工程切挖创面，工程切挖创面需要大量植生基材进行生态修复。

2. 技术原理

工程切挖创面生态修复的植生基材组成是根据不同立地条件以及植被恢复目标而确定的，其主体部分是被称作植生土的自然土壤，另一部分是适应工程切挖创面特殊生境并具有多种功能的外源物质，通常是由自然土壤、肥料、植物纤维、保水剂、粘结剂、团粒剂等组成的人工土壤。工程切挖创面植生基材配制技术是从农业废弃物、工业废渣、边坡挖方弃石、生物制剂、熟化土壤等材料中，以自然土壤或泥炭用量、废弃物资源化利用、土壤质量、材料来源、环境影响、生产成本等综合因素为依据，筛选出生产植生基材的主要材料及其配方工艺，制造出对工程切挖创面具有一定护坡强度和抗冲刷能力的人工土壤。

3. 技术特点

（1）工程切挖创面植生基材配制技术既能使植生基材这一人工土壤土层不产生龟裂，又能营造良好植物生长环境的人工土壤，形成资源节约、功能完善、成本低廉的植生基材配制技术。

（2）该技术对工程切挖创面土壤重建、植被恢复具有明显促进作用，在工程切挖创面退化生态系统恢复重建方面具有良好的效果。

技术指标

植生基材容重为 $1.0\sim1.3g/cm^3$、植生基材有机质含量 $\geqslant 1.5\%$、植生基材 CEC $\geqslant 15cmol/kg$。

技术持有单位介绍

四川大学是教育部直属全国重点大学，由原四川大学、原成都科技大学、原华西医科大学三所全国重点大学于 1994 年 4 月和 2000 年 9 月两次"强强合并"组建而成。四川大学学科门类齐全，覆盖了文、理、工、医、经、管、法、史、哲、农、教、艺等 12 个门类，有 34 个学科型学院及研究生院、海外教育学院等学院。现有博士学位授权一级学科 45 个，博士学位授权点 354 个，硕士学位授权点 438 个，专业学位授权点 32 个，本科专业 138 个，博士后流动站 37 个，国家重点学科 46 个，国家重点培育学科 4 个，是国家首批工程博士培养单位。

应用范围及前景

适用于水利、道路、矿山等工程建设产生的工程切挖创面修复。

典型应用案例：

汉源县环湖路创面生态修复示范工程。四川省汉源县位于大渡河中游两岸，为四川盆地与西藏高原之间的攀西河谷地带。四川省汉源县因水利、道路、矿山等工程建设产生了大量的工程切挖创面，对当地生态环境的破坏现象十分严重。该技术在汉源县环湖路创面生态修复示范工程的 16300m² 切挖创面生态治理中得到了成功应用。

■道路修建形成的工程切挖创面

■框架梁防护的工程切挖创面

■堆放在工程切挖创面周边的植生基材部分原料

■工程切挖创面植生基材配制所需的秸秆

■生长在工程切挖创面植生基材上的植物

技术名称：工程切挖创面植生基材配制技术
持有单位：四川大学
联 系 人：艾应伟
地　　址：成都市一环路南一段 24 号
电　　话：028 - 85412053
手　　机：13699005798
传　　真：028 - 85412571
E - mail：aiyw99@sohu.com

176 泥岩源基材客土喷附生态防护技术

持有单位

四川大学

技术简介

1. 技术来源

自主研发。

2. 技术原理

在水利、电力、道路、矿山等工程建设中，经常要开挖大量的边坡，造成了很多缺乏土壤植被覆盖层的裸露边坡。裸露边坡生态防护是在坡面构建基质—植被综合保护体系，通过体系本身的护坡工程性能保护整个坡面。泥岩源基材客土喷附生态防护技术由制备含植物种子的泥岩源基材、客土喷附两个技术环节组成。制备含植物种子的泥岩源基材的过程是将原料组分泥岩岩石、熟化土壤、含蚕粪或/和蚯蚓粪或/和藻渣的混合物、秸秆、畜禽粪便、保水剂、粘合剂、化肥在一定条件下进行有效复混制得。客土喷附的过程是在裸露边坡坡面上先进行平整等工程处理，然后将含植物种子的泥岩源基材用喷射机喷附于裸露边坡坡面上，并用无纺布或草帘覆盖喷附有基材的裸露边坡坡面。

3. 技术特点

该技术既可减少对农田熟化土壤的需求，又可充分利用开挖边坡所产生的泥岩资源，而且泥岩源基材与裸露边坡相容性强、容易成土熟化，植被恢复快速，在边坡防护、生态修复方面具有良好的效果。

技术指标

泥岩源基材厚度为 7~13cm、植生基材有机质含量≥0.8%、植被覆盖率≥80%。

技术持有单位介绍

四川大学是教育部直属全国重点大学，由原四川大学、原成都科技大学、原华西医科大学三所全国重点大学于 1994 年 4 月和 2000 年 9 月两次"强强合并"组建而成。四川大学学科门类齐全，覆盖了文、理、工、医、经、管、法、史、哲、农、教、艺等 12 个门类，有 34 个学科型学院及研究生院、海外教育学院等学院。现有博士学位授权一级学科 45 个，博士学位授权点 354 个，硕士学位授权点 438 个，专业学位授权点 32 个，本科专业 138 个，博士后流动站 37 个，国家重点学科 46 个，国家重点培育学科 4 个，是国家首批工程博士培养单位。

应用范围及前景

适用于水利、道路、矿山等工程建设产生的裸露边坡以及荒山、荒滩、石漠化等形成的裸露边坡的生态修复。

典型应用案例：

云南省大理市海东开发区工程创面生态修复工程。大理海东开发区的水利、道路、矿山等工程建设产生了大量的裸露边坡。泥岩源基材客土喷附生态防护技术可充分利用开挖边坡所产生的泥岩资源，减少对农田熟化土壤的需求，而且泥岩源基材与裸露边坡相容性强、容易成土熟化，植被恢复快速，在边坡防护、生态修复方面具有良好的效果。该技术在大理海东开发区一处面积约 9300m² 的裸露边坡生态治理中得到了成功应用。

■框架梁防护边坡上的泥岩源基材

■未经治理的裸露边

■泥岩源基材客土喷附

■山体开挖形成的裸露边坡

■喷附技术对裸露边坡的治理效果

技术名称：泥岩源基材客土喷附生态防护技术
持有单位：四川大学
联 系 人：艾应伟
地　　址：四川省成都市一环路南一段 24 号
电　　话：028 - 85412053
手　　机：13699005798
传　　真：028 - 85412571
E - mail：aiyw99@sohu.com

177 高山亚高山工程扰动区植生混凝土生态防护技术

持有单位

三峡大学

技术简介

1. 技术来源

自主研发。高山亚高山区工程创面具有规模大、创面形态高陡、成土过程漫长等特征，同时长期受到冻融循环作用、高频强降雨作用等特殊气候环境影响，现有边坡生态修复材料的耐久性受到极大挑战。针对上述问题，该技术通过实践与示范制定了植生混凝土生态防护技术配方，形成了扰动边坡生态防护新技术，关键技术获国家发明专利3项："一种提高生境基材加筋效果和防止基材喷植过程中飞溅的方法""一种坡面设有槽坑的边坡生态防护基材构筑方法""一种抗冻型生态护坡基材"。

2. 技术原理

针对目前生态修复植生基材强度耐久性差长期稳定性不足植生基材在扰动边坡上会出现塌落而难以长久固着的问题，研发形成扰动边坡生态修复基材加筋固持技术，以提高生态修复基材强度与长期稳定性；针对生态修复植生基材在强降雨条件下容易从坡面流失的问题，研发形成扰动边坡生态修复基材防冲刷技术，以提高生态修复基材抗侵蚀抗冲刷能力；针对生态修复植生基材在冻融循环作用下强度降低的问题，研发形成扰动边坡生态修复基材抗冻强度耐久性改良技术，以提升生态修复基材的抗冻耐久性。通过技术的集成，结合在国内众多水电、交通、采矿、市政工程中的技术推广应用，形成高山亚高山工程扰动区植生混凝土生态防护技术。

3. 技术特点

（1）工程扰动区植生混凝土生态防护技术保障了生态修复基材能长期有效发挥作用，提升了边坡生态修复工程的稳定性、持续性、耐久性。

（2）采用扰动边坡生态修复基材加筋固持技术，使生态修复基材能在工程扰动边坡上长久固着。

（3）采用扰动边坡生态修复基材防冲刷技术，能够增强基材抗蚀能力，可以显著降低坡面径流量，减少坡面水土流失。

（4）采用扰动边坡生态修复基材抗冻强度耐久性改良技术，使生态修复基材具有很好的抗冻性耐久性。

技术指标

（1）研发的扰动边坡生态修复基材加筋固持技术，使基材抗剪强度比加筋前提升1倍以上，整体稳定性提高22%以上，提高了生态修复基材强度与长期稳定性。

（2）研发的扰动边坡生态修复基材防冲刷技术，在暴雨（80mm/h）条件下侵蚀模数小于$100g/(m^2 \cdot h)$，提高了生态修复基材抗侵蚀抗冲刷能力。

（3）研发的扰动边坡生态修复基材抗冻强度耐久性改良技术，在20次气冻气融循环后基材无侧限抗压强度大于0.36MPa，提升了生态修复基材的抗冻耐久性。

技术持有单位介绍

三峡大学是国家水利部和湖北省人民政府共建大学，是教育部"卓越工程师教育培养计划"高校。2018年，学校被省人民政府列为"国内一流大学建设高校"。学校现有1个博士后科研流动站，4个一级学科博士点、25个一级学科硕士点；十二五期间获批11个省级重点一级学科；十三五期间获批2个省级优势特色学科群。学校

现有专任教师 2041 人，其中教授 383 人，副教授 1060 人，具有博士学位的教师 813 人；有博士生导师 128 人，硕士生导师 1045 人；拥有全学科的教授任职资格评审权。近年来，学校承担各级各类科研项目 5400 余项，其中国家级课题 630 余项，年均科研经费超过 2 亿元；有 110 余项科研成果获省部级及以上奖励，其中，获国家科学技术进步二等奖 6 项。

应用范围及前景

适用于一般山区、多年冻土区、强降雨地质复杂区水电工程建设产生的各类裸露岩质、土质与弃渣边坡的生态修复，以及交通、采矿、市政等工程扰动边坡的生态修复。

典型应用案例：

案例 1：贵州省遵义市乐理至冷水坪高速公路应用，工程规模 9800m²。在遵义南环高速公路修建过程中形成了大量的公路裸露边坡。2018 年 5 月，位于该项目石板镇停车区内的三级岩质边坡于应用了三峡大学高山亚高山工程扰动区植生混凝土生态防护技术。该边坡为典型的喀斯特地貌岩质边坡，坡面较为破碎但整体稳定，坡度 60°左右，分三级开挖，每级高 10～12m。通过该技术的实施，不仅基材具有很强的抗侵蚀性能，在灌草植被与基材共同作用下，基材的抗侵蚀性又得到进一步增强。目前，坡面植被生长状况总体良好，快速覆盖了原有裸露坡面，形成了稳定的坡面植被生态系统。经历多次强降雨后，坡面基材整体稳定，无脱落、冲刷迹象。

案例 2：福建永泰抽水蓄能电站工程，工程规模 31000m²。该项目在建设过程中形成了大量的裸露边坡，针对该区域降雨强度大的特点，业主单位最终采用三峡大学针对工程创面开发的生态修复防冲刷专利技术（一种坡面设有槽坑的边坡生态防护基材构筑方法），在强降雨以及径流冲刷作用下基材长久固着。

案例 3：高寒高海拔地区水电工程区（西藏山南地区桑日县大古水电站）扰动边坡生态修复，工程规模 25000m²。根据高寒高海拔地区水电站施工扰动区特点，2017 年项目应用三峡大学

高山亚高山工程扰动区植生混凝土生态防护技术，选取大古水电站典型的施工扰动区，按土质边坡、岩质边坡、土石混合边坡、弃土弃渣堆垫面、一般施工场地、施工场地硬化地表等不同的立地条件情况进行示范和推广。该技术为高寒地区岩石裸露边坡营造了结构合理、抗冲刷性和抗冻性好、肥效高的植被生境。

■技术研究专著

■遵义乐理至冷水坪高速公路边坡
生态修复工程修复前后

■福建永泰抽水蓄能电站工程边坡
生态修复工程修复前后

技术名称：高山亚高山工程扰动区植生混凝土生态防护技术

持有单位：三峡大学

联 系 人：许文年

地　　址：湖北省宜昌市西陵区大学路 8 号

电　　话：0717 - 6393080

手　　机：13972603699

传　　真：0717 - 6393022

E - mail：xwn@ctgu.edu.cn

178　钙基膨润土改性及其应用技术

持有单位

河海大学

江苏省农村水利科技发展中心

高邮市水务局

宿迁市宿豫区水务局

河海大学设计研究院有限公司

技术简介

1. 技术来源

自主研发。已授予发明专利权：一种钙基膨润土钠化改性方法、一种利用光固化技术搭接膨润土防水毯的施工方法。实用新型："一种高吸水性和耐盐性复合钠基膨润土防水毯"。

2. 技术原理

该技术有效利用劣质膨润土资源并采取新型改性技术对其改性使其符合钠基膨润土的标准。自主研发出"一种利用光固化技术搭接膨润土防水毯的施工方法""一种钙基膨润土钠化改性方法""一种高吸水性和耐盐性复合钠基膨润土防水毯"等专利生产技术，集成应用于改性膨润土及生态渠道构建工程，形成自主研发"钙基膨润土改性及其应用技术"技术。

3. 技术特点

（1）大量地利用了江苏地区钙基膨润土资源，对其改性使其成为优质的钠基膨润土。

（2）该技术集膨润土改性技术、施工方法、生态渠道建设、农业生态修复等技术于一体，具有施工方便、应对低温条件、经济适宜、生态环保、局部沉降自修复等功能。

（3）有效解决了防渗差、不保水、传统硬质防渗渠道施工进度慢、易毁坏、生态适宜性差等技术难题。

技术指标

（1）膨胀系数。膨胀系数改性前后钙基膨润土由 29.6mL/2g 变为 28mL/g，提升了近一倍，具有良好的耐盐性和抗污染性能。

（2）渗透系数。经改性后钙基膨润土渗透系数 $\leqslant 5 \times 10^{-10}$ m/s，满足渠道防渗。

（3）改性膨润土防水毯耐静水压。在（0.4MPa，1h）连续条件下，无渗漏。

（4）拉伸强度。纵（横）向平均：800N/100m，断裂伸长率：13.2%。

（5）膨润土耐久性。经改性后钙基膨润土达到 22mL/2g，满足渠道耐久要求。

（6）适应修复。12% 尺度下产生不均匀沉降，可以适应修复。

（7）安全稳定。渠道两岸安全稳定系数 $\geqslant 1.20$。

技术持有单位介绍

河海大学是国家首批具有博士、硕士、学士三级学位授予权的单位，是国家"211 工程"重点建设、"985 工程优势学科创新平台"建设以及设立研究生院的高校，是国家"双一流"世界一流学科建设高校。环境学院先后承担了国家"973"项目、"863"项目、国家自然科学基金重点项目、国家重大水专项和省部级直接服务于国家经济建设的重大科研任务等 200 余项。部分研究成果处于国际先进和国内领先水平，获得包括国家科技进步一等奖、国家自然科学二等奖、国家技术发明二等奖、国家科技进步二等奖等国家级、省部级以上科技奖励 40 余项，出版专著与教材 30 余部。

应用范围及前景

适用于利用钙基膨润土资源改性使其成为优

质的钠基膨润土构建生态防渗渠道等。

利用该技术拓展制备的膨润土防渗毯已经在江苏宿迁市、南通市、高邮市等地的多处项目中被使用和推广,其中利用膨润土防水毯构建的生态防渗渠道其直接成本是普通混凝土渠道的84%左右,经济效益显著。

典型应用案例:

宿迁市宿豫区来龙灌区渠道综合防渗项目。该项目验收结果表明,新型灌溉渠道防渗阻水性能:$\geqslant 2.95 \times 10^{-8}$ cm/s;结抗压强度:$15\text{MPa} \leqslant f_{cu}, k < 18\text{MPa}$;防水毯耐静水压:在(0.6MPa,2h)连续条件下无渗漏;防水毯复合膨润土膨胀系数:$\geqslant 15\text{mL/g}$,相当于原体积的16倍以上。

■防渗材料构建护坡前

■防渗材料构建护坡后

■防渗材料铺设

技术名称:钙基膨润土改性及其应用技术
持有单位:河海大学
　　　　　江苏省农村水利科技发展中心
　　　　　高邮市水务局
　　　　　宿迁市宿豫区水务局
　　　　　河海大学设计研究院有限公司
联系人:祝建中
地　　址:江苏省南京市鼓楼区西康路1号
电　　话:13739186298
手　　机:13739186298
E-mail:zhuhhai2010@hhu.edu.cn

181 国基生态砌砖及砌砖墙体

持有单位

安徽国基通用技术有限公司

技术简介

1. 技术来源

自主研发。

2. 技术原理

结构上，将花盆和砌砖两个不同功能体有机结合到一起，吸收各自特色，取长补短；材质上将自主研发的植物基质与砌块融合一体，基质模块含有活性菌群，能分解转化各种有机污染物；基质模块具有高保水、透气、营养；其惰性强，在水下稳定；施工工艺上，独特的套扣拉筋方式使得挡墙整体稳定性提高。

3. 技术特点

（1）双体结构比单体结构提升了挡墙的稳定性；通过砌块自带锁扣，不需外部辅助部件，达到砌块之间稳固连接。

（2）独特的套扣拉筋方式使挡墙与拉筋之间牢固连接，从而形成墙体与背土的整体稳定性。

（3）无底花盆设计，墙体内的土体上下贯通，形成了实质性的土墙，并与背土（回填土）融合，为挡墙上植物的生长提供了良好的生长环境，大大提高了绿化的成活率，同时植物根系将上下层砌块牢牢连接，增加了墙体的剪切强度和稳定性。

（4）挡墙为柔性结构，适应变形，对地基、基础要求低，抗测压能力强。

（5）透水、透气性能做到排水迅速，减轻挡墙背体压力，同时具有良好的生态功能，建立起阳光、水、生物、土体、护岸之间的生态平衡系统。

（6）墙体上绿色植物吸收水中大量的磷、氮等富养成分，在改善河道水质中发挥积极作用。

技术指标

（1）产品种类：圆头，平头。

（2）产品尺寸：340mm×600mm×150mm；挡墙仰角：0～15°；重量：31～36kg。

（3）抗水流速：≥4m/s。

（4）抗压强度：20～30MPa。

（5）吸水率：10%；容重：18kN/m³。

（6）砌砖之间的最小抗剪强度：12kN/m²；砌砖之间的摩擦角：24°。

技术持有单位介绍

安徽国基通用技术有限公司是专门从事生态挡墙（护坡）技术、产品研发、生产销售为一体的绿色环保解决方案提供商。产品主要应用在水利、市政、公路及园林等行业。除了能满足传统技术和产品的各种功能之外，还充分体现了现代社会所要求的绿色、环保、生态等新观念和新需求。生态绿化砌砖通过了专家鉴定，先后被安徽省建设厅、安徽省水利厅、安徽省经信委、安徽省科技厅评为安徽新产品推广应用产品，并颁发了新产品证书。公司充分利用设计与施工、科研与创新、人才与技术的综合优势拓展市场承接项目，2016—2018年公司先后承担了国家和省重点工程项目建设，营业收入每年保持在50%左右的稳定增长，企业状况处于良好的发展态势。

应用范围及前景

适用于水利、市政、交通、园林等方面的各种挡土建筑，如湖河岸堤生态修复。

典型应用案例：

合肥二十埠河一期整治、合肥十五里河（巢湖的重要入湖河流）综合治理、合肥鹭山湖度假山庄、金寨三岔河干渠防洪渠治理、合肥许小河综合治理等项目。

■金寨三岔河右侧采用国基生态
绿化挡墙（高度 4m）

■涵洞两边的生态挡墙示范比较（左边双体生态
绿化挡墙，右边单体挡墙）

■合肥许小河生态挡墙施工

■生态绿化砌砖应用于合肥二十埠河（总长 12km）

■合肥许小河生态挡墙上的植物对
水体也发挥良好作用

■合肥十五里河两岸采用生态挡墙
（总长 7km，挡墙高 2.5～3.5m）

技术名称：国基生态砌砖及砌砖墙体
持有单位：安徽国基通用技术有限公司
联 系 人：张玉树
地　　址：合肥高新区天波路天怡国基商务中心
　　　　　三楼
电　　话：0551 - 65317370
手　　机：13955196161
传　　真：0551 - 65317370
E - mail：zys1189@163.com

182 立体连续框架式钢筋混凝土结构挡土墙

持有单位

海南恒鑫土木工程建设有限公司

技术简介

1. 技术来源

该技术来源于实践，起初为了解决高填方区域的超高挡墙问题，通过传统与现代设计理念的推导演绎对比最终发现的新设计理念。该技术的核心理念是将结构与岩土结合的复合受力模式，应用证实框架式超高挡土墙，稳定、安全、耐久。2015年9月获得国家发明专利授权。

2. 技术原理

拥有自主知识产权的立体连续框架挡土墙是一种采用少量桩基结合钢筋混凝土框架墙身的新型挡土墙结构，其优点是挡土墙墙根能稳定的植于地基持力层上，保证了挡土墙的稳定性和耐久性。该技术的原理是结构与岩土结合的复合受力体，依可变化的三维框架群体与框架空腔填充物的配重与扶持增强挡土墙的稳定和安全。

3. 技术特点

（1）技术的突出特点是稳定安全耐久。改变了传统支挡结构的受力传导方式，易实现平衡和调节重力与侧压力的关系。安全稳定、抗倾覆、抗滑移能力强、安全系数高。

（2）自身重量轻，传力途径简洁，抗剪性能好、结构强度高且稳固耐久。

（3）框架空腔与填充配重，充分发挥框架结构和填充物重力的共同作用。

技术指标

以金山寺框架挡墙为例。金山寺框架挡墙建成于2014年，检测观察结构稳固未见变形，地面裂隙轻微不连贯，东西两侧地面仅见6～8mm间断裂隙，未见沉降。经4年气候周期考验，未发现开裂、沉降、滑移、变形、水土流失等不稳定现象。检测单位结论：该框架挡土墙基本稳定未见变形。

技术持有单位介绍

海南恒鑫土木工程建设有限公司成立于2001年，持有房屋建筑工程、人民防空工程、市政公用工程、钢结构工程、防腐保温工程、起重设备安装工程、送变电工程、城市及道路照明工程等资质。公司是中国腐蚀学会理事单位、国家科技支撑示范项目承担单位。公司设技术研发中心，人防设备厂、速捷模架厂及标准垫块厂。

技术研发中心从事的工作有：立体连续框架式挡土墙（国家发明专利）——解决开山造城工程中边缘永久稳定及预防次生自然灾害等问题；围堰造岛及码头建造；河道清淤及河流整治。

应用范围及前景

适用于建筑超高挡墙、交通（公路、铁路）路基路肩超高支护、水运（海工）围堰海堤码头、水利拦水坝、河堤河道清淤、矿山尾矿坝等领域。

（1）土建工程：超高挡土墙。作用：填土区域稳定，预防次生地质灾害（泥石流），弃土环境灾害预防。

（2）水利水电工程：框架河堤，框架拦水坝。作用：河道控沙、清淤，改造地上河，防止溃堤溃坝，改善城市排水，缓解洪涝灾害。

（3）交通工程：易垮塌滑坡重复建设的路基、护坡、挡墙。稳定抗滑优势明显，稳定、安全、永久。

（4）港口与航道水运工程：框架海堤、码头，围堰造岛。作用：框架体的整体稳定性及

（消浪）抗海浪冲击能力优于传统的方法。

（5）矿山工程：永久解决尾矿溃堤溃坝的安全难题。

典型应用案例：

海南澄迈金山寺佛塔广场框架挡墙工程，墙高 19.5m（不含基础部分），工程量 11692m³，造价 800 多万元，建成于 2014 年。使用以来未发现沉降、滑移、变形、开裂等不稳定现象。

■框架式挡土墙——表面格栅

■框架模型

■框架式挡土墙——基础桩墩

■框架式挡土墙——左立面

■框架式挡土墙——框架结构

■框架式挡土墙——右立面

■框架式钢筋混凝土挡土墙效果图

■河北沧州水渠损毁（本技术可解决或预防此问题）

■传统毛石挡土墙对比图

技术名称：立体连续框架式钢筋混凝土结构挡土墙
持有单位：海南恒鑫土木工程建设有限公司
联 系 人：王恒国
地　　址：海口市国贸路 48 号新达商务大厦 1704 室
电　　话：0898 - 68555168
手　　机：13807651578
传　　真：0898 - 68555568
E - mail：19610816@qq.com

183　久鼎现浇绿化混凝土护坡结构

持有单位

上海久鼎绿化混凝土有限公司
南京瑞迪建设科技有限公司

技术简介

1. 技术来源

自主研发。

2. 技术原理

现浇绿化混凝土是由碎石、水泥、水与科绿牌现浇绿化混凝土专用添加剂配伍,并采用专利设备在现场浇筑成型的新型绿化混凝土。其孔隙率高达 25％～35％,最大抗压强度在 8N/mm² 左右,适应根系 3mm 以下的各种草本及水生植物生长。其表面产生分布均匀、均为 ϕ25mm、深 60～100mm 的孔洞。在内部能存储一定数量营养土及水分,能使植物生长更为理想,绿化覆盖率达 90％以上。

3. 技术特点

(1) 包括 8N/mm² 的高强度、90％以上的高绿化覆盖率、高透气性、耐久性、5m/s 的抗冲刷性、高于国家标准的抗冻融性、免土工布、免伸缩缝以及免格梗。解决了现浇绿化用混凝土的抗压强度、孔隙率、抗水土流失、除碱沉浆等一系列对工程绿化效果及工程的牢固性、稳定性等各方面带来影响的技术难题。

(2) 现浇绿化混凝土具有良好的反滤效果,所以其底部无需土工布,既节约了成本,同时对植物的生长提供了纵深空间。

(3) 植草根系在现浇绿化混凝土纵横交错的孔隙里自由穿梭,吸收其中的养分,并经过一段时间后植草根系将会穿透绿化混凝土,扎入坡堤土壤中吸收土壤中的水分和养分,使得植草生长更茂盛。

(4) 密集的植草根系在穿透绿化混凝土后宛如钢筋网一般扎入坡堤土壤中,使得护坡不会出现开裂、滑坡等现象,并且随着时间的推移越来越稳固。

技术指标

(1) 绿化混凝土厚度,具体根据现场土质确定;绿化混凝土坡度 i 根据现场自然地形确定。

(2) 绿化混凝土最高强度:C20;绿化混凝土孔隙率为:25％～35％;绿化混凝土抗冲刷能力:5m/s 左右。

(3) 绿化覆盖率 90％以上;绿化混凝土沉浆率为零;表面孔洞 120 个/m²(ϕ25×60);石子粒径为 5～20mm,风化石不可用,含泥量不超过 3％;平整度允许偏差±15mm。

(4) 需要采用专用的现浇绿化混凝土添加剂;需采用专业振动模具进行振动,振动时间为 3～7s,确保每粒石子包裹在水泥浆中。

(5) 顶梁和底梁规格根据现场实际情况确定;绿化混凝土上绿化部分养护一年。

技术持有单位介绍

上海久鼎绿化用混凝土有限公司是国内技术领先的一家专业生产"现浇绿化混凝土"的企业,其主要产品"现浇绿化混凝土"广泛应用于江堤河湖水系、农田水利及道路交通护坡工程中。公司自 2004 年开始对现浇绿化用混凝土的结构原理等多方面进行不断深入的摸索和研究,解决了现浇绿化用混凝土的抗压强度、孔隙率、抗水土流失、除碱、沉浆等一系列对工程绿化效果及工程的牢固性、稳定性等各方面带来影响的技术难题,实现了混凝土上长草。目前已拥有绿化用混凝土块的生产方法、全空隙混凝土块、底

柱表孔型现浇绿化混凝土等授权专利，已被水利部列入水利先进实用技术重点推广指导目录。

南京瑞迪建设科技有限公司是南京水利科学研究院出资成立的国有独资集团公司，公司业务已有 30 多年发展历史，现设有分公司 7 个、子公司 7 个，是国家级高新技术企业。公司主要从事水利、水电、交通、能源、铁路、市政、建筑、海洋、石油、化工、环境等行业相关技术领域的研发；从事工程勘测设计、施工、监理、咨询评估、监测检测、项目总承包、投资与项目管理。

应用范围及前景

可应用于江河湖海水系如河道护坡、黑臭河道治理、硬质护坡改造、引（排）水渠道建造及护坡、桥梁护坡、排灌渠桥、闸桥、水库等护坡绿化工程，也可应用于道路交通工程如高速公路、城市交通、铁路、机场等交通系统护坡绿化工程，同时也可应用于农田水利工程如农田水利工程以及园林绿化、空中花园、停车场、海绵城市配套工程等。

典型应用案例：

扬州杭集镇九圩河河道整治工程、扬州闸管理所护坡改造工程、秦淮新河格子桥上游右岸迎水坡护坡整修工程、启东市圆陀角风景区游客中心屋顶绿化工程等。

■生态绿化混凝土植物生长过程

■扬州市生态科技新城杭集镇九圩河河道整治工程

■九圩河施工过程

■扬州闸河坡加固工程

■南京秦淮河原硬质护坡改造

■江苏省南通市圆陀角屋顶绿化工程

■上海市崇明开心农场综合工程

技术名称：久鼎现浇绿化混凝土护坡结构

持有单位：上海久鼎绿化混凝土有限公司
　　　　　南京瑞迪建设科技有限公司

联系人：李仁

地　　址：上海市浦东新区新行路 333 号

电　　话：021-33811766

手　　机：13862996368

传　　真：021-33811766

E - mail：472448914@qq.com

184 蜂格护坡系统 HGP3.1

持有单位

哈尔滨金蜂巢工程材料开发有限公司

技术简介

1. 技术来源

自主研发。自主编制《蜂格护坡系统应用技术标准》，有针对气候、水文、土体等不同工况条件的应用解决方案和执行标准，在材料性能指标、产品规格、应用组件、填料选择、施工技术、验收标准等做出详细描述和规定，是国内此类产品应用的重要指南。

2. 技术原理

蜂格护坡系统由蜂格网、限位件、连接件、专用锚钎、填料四个基本组件及土工布（膜）、加筋绳、三维植被网等适用辅助件组成。该系统是在土工格室构造原理基础上的完善与技术升级：蜂格网采用高分子合金材料满足工程的长期性强度要求；打破传统焊缝宽度，变焊缝为网格的一条边，形成真正六边蜂巢状，不仅提高了网格间的抗拉强度，增强对格室内填料的约束，结构也更加稳定；网格片材表面增加三维网状花纹增加片材强度及对内部填料的摩擦和约束；片材表面按工程需要设计孔径、数量、排列不同的圆形冲孔，既减轻坡体雨水重力、防止表面径流，同时植被根系的穿插更增加对坡表植物的锚固；创新的限位件承载面加宽设计改变焊缝的受力方向，增强了焊缝的抗拉强度；形成坡固网、网固土、网固草、草护坡的生态柔性护坡结构。

3. 技术特点

蜂格护坡系统是环境友好型生态护坡工程材料，具有成本低、使用便捷、施工速度快、使用

寿命 50 年以上、后期免维护、实现 99% 以上绿化面积、抗冻胀抗沉降柔性呈现自然地貌，与植被结合抗冲蚀。

技术指标

（1）六边形网格，最小边≥30mm；片材抗拉强度≥20kN/m；焊缝抗拉强度≥20kN/m。

（2）氧化诱导时间≥200min（200℃）；紫外线照射性能保持率≥75%（550W/m²，150h）。

（3）热膨胀系数≤230μm/(m·℃)；低温脆化温度≤−50℃。

（4）片材（开孔率）透水率 8%～15%；限位件：承载面宽度≥40mm，套筒、夹持臂长度≥50mm。

（5）连接件（扎带）抗拉强度≥50kg，长度≥200mm。

技术持有单位介绍

哈尔滨金蜂巢工程材料开发有限公司自 2012 年专业从事新型生态护坡材料研发、产品设计、工程方案设计、施工技术等全产业技术运营，目前建有 1 个技术中心、1 个材料研发中心、1 个生产基地。拥有的研发团队与先进材料技术，完成了示范工程百余项。

公司创始人乔支福先生是我国较早专业从事土工格室生态护坡研究的开拓者之一，从国内的土工格室到国际较先进的蜂巢约束系统再到国产化的柔性三维网格系统，并进一步完善成以六边形网格为突出特点的新型生态护坡材料——蜂格护坡系统，是生态护坡领域的又一创新。2019 年 3 月列入《雄安新区水资源保障能力技术支撑推荐短名单》。

应用范围及前景

适用于道路护坡、河湖护岸、山体修复及海绵城市建设。该技术降低工程成本、施工速度快而便捷、后期不需养护、工程寿命长、可实现近于100％的绿化面积、生态环保。现已完成黑龙江农垦农田灌排渠治理、哈尔滨城市内河生态治理、秦皇岛山体生态修复、承德凤凰谷山体生态护坡、内蒙古呼和浩特防洪堤护坡等过百个工程案例。

■溢洪道边坡治理工程（2017年呼和浩特奎素沟）

■城市内河生态治理工程（2018年哈尔滨曹家沟）

■河道堤岸护坡工程（2018年佳木斯汤旺河）

技术名称：蜂格护坡系统 HGP3.1
持有单位：哈尔滨金蜂巢工程材料开发有限公司
联 系 人：乔支福
地　　址：黑龙江省哈尔滨市哈南工业新城新材料产业基地
电　　话：18845155677
手　　机：18845155677
E - mail：uu5uu@163.com

185　麦廊生态景观组合护岸

持有单位

江苏麦廊新材料科技有限公司

技术简介

1. 技术来源

自主研发。

2. 技术原理

包括受力桩和与之相配合的多功能连接板组合而成。作为参与受力计算的受力桩，采用间隔施工，施工简单、通过简单的机械设置达到高精度定位，并可以根据岸线要求，进行多角度自由转向，这种桩、板结合的形式有利于施工以及造价的控制，施工过程既能双向也能分段施工，从而大大缩短施工工期。在间隔施工的受力桩之间用连接板进行连接，施工结束后，在桩的顶部浇筑冠梁，连成一体。

3. 技术特点

（1）工厂化生产：受力桩的生产采用机械编笼，离心成型，蒸汽养护，质量可控，生产速度快。

（2）功能集成化：根据实际需求设置水下生态仓用于连接土体与水体，提供小动物的生存空间，亦可设置水上生态仓，满足泄水、排水要求，并且可以栽种水生、岸生植物通过生态仓进入背后土体，达到稳固土体，净化水质，美化岸线的效果。还可以通过彩色混凝土、压模印花等处理，对混凝土表面进行美化处理，达到仿真石、仿古砖、个性化定制LOGO的装饰效果。

（3）施工便捷化：在水面上直接施工，不需要围堰抽水，降低了施工难度缩短工期，不受汛期影响，达到快速施工。

（4）成型效果好：桩与板的结合，榫与卯的应用，一凹一凸，立面不再单调单一，满足了施工容错度的同时，也消除了视觉疲劳。

技术指标

（1）混凝土强度等级：C60～C80。

（2）预应力钢筋直径：9.0～12.6mm。

（3）抗弯承载力设计值：164～516kN·m。

（4）抗剪承载力设计值：191～306kN。

（5）抗压承载力设计值：2740～4911kN。

（6）理论重量：387～529kg/m。

技术持有单位介绍

江苏麦廊新材料科技有限公司创立于2016年10月，坐落于美丽的中国陶都江苏宜兴市，是一家专业从事水利新材料及生态、景观、多功能组合护岸产品研发、生产、销售的科技型民营企业。公司紧紧围绕国家"大力推进生态及文明建设"和"美丽乡村建设"的战略决策部署，以"倡导绿色生态新概念，筑造靓丽岸堤风景线"为企业使命。公司恪守"绿色施工，创新技术，倡导可持续生态理念"的企业精神，近年来，公司已经在河流驳岸护坡护岸桩以及湖泊避风港围护桩领域取得二十多项专利技术。

应用范围及前景

可广泛应用于水利工程、景观园林工程，小型航道护岸工程、河道的生态整治工程、堤防塌方抢险工程等。

典型应用案例：

案例1：无锡古庄生态园防洪加固工程。该工程护岸顶标高5.80m，水底标高2.50m，悬臂（挡土）高度3.3m，采用生态景观组合护岸，988m岸线，工程含护岸、清土、回土、冠梁。

传统施工工期 200d，生态景观组合护岸施工 45d。

案例 2：苏州浒墅关春申湖生态护岸工程。该工程护岸顶标高 4.5m，底标高 2.5m，挡土高度 2.0m，项目采用生态组合护岸，岸线长度 400m，在组合桩的连接板上做彩色混凝土效果，连接板的底部增加生态仓功能，提供水生动物的栖息场所，把生态和景观概念全部融入护岸。

■生态景观组合护岸效果图

■无锡古庄生态园防洪加固工程 1

■蘑菇石装饰效果图

■无锡古庄生态园防洪加固工程 2

■苏州浒墅关春申湖生态护岸工程

技术名称：麦廊生态景观组合护岸
持有单位：江苏麦廊新材料科技有限公司
联 系 人：孙亮
地　　址：江苏省无锡市宜兴市周铁镇竺西工业园内
电　　话：0510－87501666
手　　机：13404246517
E－mail：877748396@qq.com

186　万向预应力生态景观组合护岸

持有单位

江苏麦廊新材料科技有限公司

技术简介

1. 技术来源

自主研发。传统的护岸工程一般采用干水法作业，首先需将河水排干，清除河底淤泥，然后围绕河道修建临时性围护结构，防止水土进入，最后才能开始沿岸线浇筑水泥护岸，存在工期长、造价高、功能单一等缺点，并且汛期无法施工。

2. 技术原理

组合护岸包括受力桩和与之相配合的多功能连接板组合而成。作为参与受力计算的受力桩，采用间隔施工，施工简单、通过简单的机械设置达到高精度定位，并可以根据岸线要求，进行多角度自由转向，这种桩、板结合的形式有利于施工以及造价的控制，施工过程既能双向也能分段施工，从而大大缩短施工工期。在间隔施工的受力桩之间用连接板进行连接，施工结束后，在桩的顶部浇筑冠梁，连成一体。

3. 技术特点

（1）工厂化生产：受力桩的生产采用机械编笼，离心成型，蒸汽养护，质量可控，生产速度快。

（2）功能集成化：根据实际需求设置水下生态仓用于连接土体与水体，提供小动物的生存空间，亦可设置水上生态仓，满足泄水、排水要求，并且可以栽种水生、岸生植物通过生态仓进入背后土体，达到稳固土体，净化水质，美化岸线的效果。还可以通过彩色混凝土、压模印花等处理，对混凝土表面进行美化处理，达到仿真石、仿古砖、个性化定制 LOGO 的装饰效果。

（3）施工便捷化：在水面上直接施工，不需

要围堰抽水，降低了施工难度缩短工期，不受汛期影响，达到快速施工。

（4）成型效果好：桩与板的结合，榫与卯的应用，一凹一凸，立面不再单调单一，满足了施工容错度的同时，也消除了视觉疲劳。

技术指标

混凝土强度等级：C60～C80；预应力钢筋直径：9.0～12.6mm；抗弯承载力设计值：123～359kN·m；抗剪承载力设计值：181～275kN；抗压承载力设计值：1741～3321kN；理论重量：246～358kg/m。

技术持有单位介绍

江苏麦廊新材料科技有限公司创立于 2016 年 10 月，坐落于美丽的中国陶都江苏宜兴市，是一家专业从事水利新材料及生态、景观、多功能组合护岸产品研发、生产、销售的科技型民营企业。公司紧紧围绕国家"大力推进生态及文明建设"和"美丽乡村建设"的战略决策部署，以"倡导绿色生态新概念，筑造靓丽岸堤风景线"为企业使命。公司恪守"绿色施工，创新技术，倡导可持续生态理念"的企业精神，近年来，公司已经在河流驳岸护坡护岸桩以及湖泊避风港围护桩领域取得二十多项专利技术。

应用范围及前景

适用于水利工程、景观园林工程、中、小型河道护岸工程、小型航道护岸工程、城市景观工程、河道的生态整治工程、堤防塌方抢险工程等。

典型应用案例：

苏州市吴江区汾湖杨荡港挡墙工程，该工程采用 ZSP（万向）生态组合桩护岸，堤防整治总

长 180m，无需顺河围堰，无需抽水清淤，只要按照设计图纸，结合 GPS 卫星定位在河道岸线上打入受力桩，再于各个桩位间嵌入连接板，最后浇筑盖梁、回土，护岸桩施工工期为 15d。

麦廊新材料又在组合护岸产品中融入了生态景观救生理念，通过在连接板上设置生态仓、砂石过滤层、孔洞等，达到止土、透水效果，并为水生动植物提供共生空间，而当有人不慎落水时也亦可借力孔洞进行自救。此外，连接板的迎水面还可以设置彩色混凝土、图案印花、景观灯带等装饰功能，使得护岸集兼具生态、景观、人文等多项功能。

■生态护岸施工后局部 1

■生态护岸效果图 1

■生态护岸施工后局部 2

■生态护岸效果图 2

■苏州市吴江区汾湖杨荡港挡墙工程

■生态护岸施工中

技术名称：万向预应力生态景观组合护岸
持有单位：江苏麦廊新材料科技有限公司
联系人：孙亮
地　　址：江苏省无锡市宜兴市周铁镇竺西工业园内
电　　话：0510 - 87501666
手　　机：13404246517
E - mail：877748396@qq.com

191 Enkamat 柔性生态护坡技术

持有单位

厦门市仁祥投资有限公司

技术简介

1. 技术来源

国外引进。

2. 技术原理

Enkamat 是一种开孔的三维网垫，由聚酰胺（PA6）单丝干拉成型，孔隙率达95%以上。它为植物的生长提供额外的加筋，植物根系与之紧密缠绕，形成"Enkamat-天然植被-土壤"三维立体护坡结构体系，使土壤得到整体性锚固，从而减少水土流失。

3. 技术特点

（1）抗冲刷：可抵御 5～7m/s 的水流冲刷，充分保障河道行洪安全，植被长势丰茂的 Enkamat 护坡可完全替代铺设在水位变动区的硬质护坡。

（2）耐久性：耐老化性能优越，理论使用寿命50年以上，满足各类工程设计需要。

（3）柔韧性强：好的韧性和抗形变能力，适应各种外力对岸坡的破坏，如地基土的冻胀隆起和融沉等。

（4）透水性强，自然生态：95%以上的孔隙率，开放式的生态平台，创造更有利于植物生长的微环境。

（5）绿化率高，景观性好：绿化率达100%，可设计立体化景观带，满足人们的亲水要求。

（6）施工便捷，易维护：施工简便，周期短，施工完成后无需后续维护，岁修成本几乎为零。

技术指标

（1）Enkamat 7020。三维核心聚合层：PA6（聚酰胺）；单位面积质量：（400±20）g/m²；厚度：（18±3）mm；密度：（1.14±0.05）g/cm³；拉伸强度（纵向）：（2.2±0.4）kN/m；拉伸强度（横向）：（1.6±0.4）kN/m；断裂伸长率（纵向）：>80%；断裂伸长率（横向）：>80%；氙弧灯老化后强度保持率（纵向）（500h）：>93%；氙弧灯老化后强度保持率（横向）（500h）：>93%；幅宽：3.85m。

（2）Enkamat 7220。三维核心聚合层：PA6（聚酰胺6）；单位面积质量：（400±40）g/m²；厚度：（17±3）mm；密度：（1.14±0.05）g/cm³；拉伸强度（纵向）：（2.0±0.6）kN/m；拉伸强度（横向）：2.2±0.6kN/m；断裂伸长率（纵向）：>80%；断裂伸长率（横向）：>40%；氙弧灯老化后强度保持率（纵向）（500h）：>93%；氙弧灯老化后强度保持率（横向）（500h）：>93%；幅宽：3.85m。

（3）Enkamat A20。三维核心聚合层：PA6（聚酰胺）＋碎石、沥青；单位面积质量：（22±3）kg/m²；厚度：（22±3）mm；拉伸强度（纵向）（允许差值）：（2.4±0.4）kN/m；拉伸强度（横向）（允许差值）：（2.5±0.4）kN/m；幅宽：≥3.85m。

技术持有单位介绍

厦门市仁祥投资有限公司成立于1995年，先后于2000年获得中国标准化协会颁发的"国家标准符合性信用评价证书"，2006年获得福建省质量技术监督局认定的"标准化良好行为AAAA级企业"称号。公司致力于新产品研发和引进，参与组织研发的减水剂、磨细矿渣等科研项目荣获厦门市地方奖励和上海科技进步奖。产

品先后应用于厦门海沧大桥、泉厦高速公路、厦门银行中心等国家、省、市重点项目。2013 年，公司与欧洲禄博纳集团建立战略合作伙伴关系，引进新型生态环保材料——Enkamat 柔性生态水土保护毯。该产品能为植被提供加筋，促进植被生长，其卓越的水土保持性能已在国内外诸多工程中得到验证。

应用范围及前景

Enkamat 标准型产品主要用于岸坡区的水土保护与景观工程；平面型产品适用于水位变动区及水域区的防洪、景观工程；加筋型产品可在高拉应力环境中使用，用于裸露山体绿化；Enkamat A20 属重型材料，可为坡面提供即时侵蚀防护，用于岸坡区或水下部位的防洪或应急工程。坡面经 Enkamat 柔性生态护坡技术处理后，能形成茂密的植被覆盖，提高稳定性和抗冲刷能力的同时，又兼顾了生态性及景观效果，实现了生态护坡材料在安全性和环保性方面的统一。

Enkamat 已在安徽省引江济淮工程、福建省长泰县九龙江北溪下游防洪工程、上海市松江新城国际生态商务区五龙湖三期开挖及护岸工程、茅洲河界河综合整治工程、肇庆新区起步段长利涌上游段水系综合整治工程、武汉沙湖港及周边地区综合治理工程、武夷山水美城市 PPP 项目一期工程等大中型水系建设工程中得到广泛应用，取得了良好的效果。

■Enkamat 7220

■Enkamat 柔性生态护坡剖面图

■建瓯市项目 Enkamat 7220 一个月后的坡面效果

■上海松江项目铺设 Enkamat 7020 前后的坡面

■Enkamat 7020

■Enkamat A20

技术名称：Enkamat 柔性生态护坡技术

持有单位：厦门市仁祥投资有限公司

联 系 人：张亮亮

地　　址：厦门市思明区厦禾路 666 号海翼大厦 A 栋第 20 层 03 单元

电　　话：0592 - 2215150

手　　机：15980829169

传　　真：0592 - 2399813

E - mail：170802923@qq.com

192 "息壤"生态多孔纤维棉

持有单位

天津沃佰艾斯科技有限公司

技术简介

1. 技术来源

自主研发。

2. 技术原理

"息壤"生态多孔纤维棉是集"渗、滞、蓄、净、用、排"于一体且支持植物生长的新型雨水调蓄材料，是构建"自然存积、自然渗透、自然净化"的海绵城市的理想"海绵"材料。采用"息壤"生态多孔纤维棉作为核心部件的新型海绵已广泛应用于海绵城市工程建设中。

3. 技术特点

（1）集渗透、调蓄、排放和保水功能于一体，支持植物生长，真正做到雨时蓄水、旱时补水，是真正的海绵部件。

（2）生态多孔纤维棉雨水调蓄模块不影响原有的生态水循环模式，维持开发场地开发前后的水文特征。

（3）生态友好，环境毒理安全。生态多孔纤维棉雨水调蓄模块材质天然生态，难以分解和腐蚀，不会造成土壤和地下水污染。

（4）灵活、简单、高效。"息壤"生态多孔纤维棉海绵工程具有施工简单、灵活布置，分散消纳的特点，立体拓展土壤水分的缓冲和蓄积容量，在复杂的城市垫面下，因地制宜地解决了传统海绵工程系统复杂、适应性差、景观冲突、大量占用城市高价值土地的问题。

技术指标

（1）标密产品。标称密度 75kg/m³，抗压强

度≥6t/m²，有效孔隙率（调蓄体积）≥94％，透水系数≥0.7cm/s。

（2）高密产品。标称密度 120kg/m³，抗压强度≥12t/m²，有效孔隙率（调蓄体积）≥92％，透水系数≥0.6cm/s。

（3）雨水中悬浮物去除率＞85％。

（4）纤维吸入人或动物肺部的生物半衰期≤40d。

（5）浸出液中甲醛、COD、TN 以及砷、铬等重金属含量不低于 GB 3838—2002 中地表 V 类水质要求。

技术持有单位介绍

天津沃佰艾斯科技有限公司（息壤·中国）致力于解决当前城市建设过程中所面临的水少之患、水多之灾的难题，专业专注于雨水资源化利用、城市内涝控制的生态解决方案，致力于建设有中国特色的海绵城市。公司挂牌成立"王浩院士工作站"，以王浩院士为首的技术研发团队包含荷兰代尔夫特理工大学、中国水利水电科学研究院等的博士后、博士、硕士等。公司行政总部位于北京市丰台区中关村（丰台）科技园，生产和仓储基地位于天津滨海高新技术产业开发区和广东省惠州市。以"息壤"生态多孔纤维棉为基础的"海绵"工程和流域水生态治理技术，已经在国内 20 多个城市，50 多个项目中成功应用，取得了良好的工程效果和社会效应。

应用范围及前景

"息壤"生态多孔纤维棉调蓄模块具有调蓄体积大、抗压强度高、透水系数大、生态友好且支持植物生长的特点，是集"渗、滞、蓄、净、用、排"于一体的新型雨水调蓄材料。生态多孔

纤维棉雨水调蓄模块埋设于土壤中，如同海绵细胞一样能自然吸收、自然释放雨水，实现雨水的就地消纳和利用，完美地满足"自然存积、自然渗透、自然净化"的海绵城市建设需求，是解决道路、老旧小区、高密度小区以及高景观要求项目海绵化改造的理想材料，在"海绵城市"建设中有良好的推广应用前景。"息壤"生态多孔纤维棉已经在北京、上海、深圳、武汉、重庆等20多个大中城市的海绵化项目中成功应用：如北京通州水仙园小区改造工程、厦门春江彼岸小区一期工程海绵型小区项目、武汉沿江大道改建工程、上海临港物流园区道路海绵化改造一期工程、珠海广安路道路改造等。

■北京通州副中心海绵工程施工

■产品实物

■上海临港海绵城市展示中心展出

■应用于市政道路

■上海芦茂路施工

■应用于户外场馆建设

■验收组在三亚听取海绵工程介绍

技术名称："息壤"生态多孔纤维棉
持有单位：天津沃佰艾斯科技有限公司
联 系 人：高宇
地　　址：北京市丰台区丰台科技园汉威国际广场
　　　　　三区 4 号楼 8 层
电　　话：010 - 56540684
手　　机：18610031535
传　　真：010 - 56540684
E - mail：gaoy@hydrorock.cn

193 高强度不褪色仿木板材

持有单位

广东神砼生态科技有限公司

技术简介

1. 技术来源

生态珍木由该公司技术研发团队自主研发，经过十多年的研发积累，掌握了产品的核心技术。

2. 技术原理

生态珍木是以生态混凝土与碳纤维等环保高科技材料，经特殊工艺处理，低温烘制而成的仿木户外景观材料，产品整体保留了实木的自然色泽与纹理，并且以天然节疤为特点打造而成，产品表面防护层采用高分子材料，增强了产品的耐磨、耐酸碱性能，色泽饱满，质感坚硬，观感厚重，硬度与承重性表现优越。表面木纹与颜色一体成型，通体着色，免油漆，不褪色，有效避免了传统仿木产品表面做喷漆处理后污染环境且容易掉色的缺陷。

3. 技术特点

（1）观赏性强。"源于自然，高于自然"，以木材原形为基础，根据每块木材特点精心设计打造，色泽、纹理自然逼真，产品的"不可复制性"是艺术创造的核心，也是珍木价值所在，彰显了珍木与众不同的非凡个性。

（2）经久耐用。珍木表面强度达到瓷砖 A 级、不褪色、不变形、耐腐蚀、耐风化、强度高、抗冻性与抗渗性好，可以承受强烈的日晒雨淋、高温严寒。

（3）绿色环保。一体成型，免用油漆，防滑耐磨、防水防火、吸音隔热、无毒无异味、无污染、无放射性，达到 A 类装饰材料标准。

（4）色彩多样。可根据业主及环境要求设计

不同颜色，增添浓厚艺术气息。

（5）防尘自洁。经防水剂工艺处理，不易粘附灰尘，风雨冲刷即可自洁如新，免维护、易保养。

（6）高科技性。产品面层添加高强度材料，通过七道高科技生产工序，让产品强度更高，色泽度更牢，更防滑耐磨。

（7）高性价比。和实木、塑木相比，有众多的替代优势，性价比高。

（8）施工方便。可大批量生产，快速出货，施工简单。

技术指标

经广东省建材产品质量检验中心检验：

（1）外观要求：表面纹理清晰，色泽逼真，一体成型，免油漆，无明显破损及裂痕。

（2）强度指数：强度等级不低于 C20。

（3）抗折强度：≥5MPa。

（4）抗压强度：≥21MPa。

（5）吸水率：≤7%。

（6）耐磨性：耐深度磨损的磨坑长度 L 为 20～40mm。

（7）耐酸碱性：达到 GAL 级。

（8）抗冻性：≤14%。

技术持有单位介绍

广东神砼生态科技有限公司前身是广东崀玉建材科技股份有限公司，是一家集绿色环保建材研发、设计、生产、施工、销售、技术咨询服务于一体的高新技术企业，该公司引进国际前沿技术及先进生产设备，汇聚众多高科技人才，以保护绿色生态为己任，专业从事绿色环保建材推广，为客户提供高性价比的绿色环保建材和完善

的售后服务，已成为华南地区具有较大规模的环保建材高科技企业。公司研发的高强度不褪色仿木板材已获得国家发明专利，被认定为国家高新技术产品，该系列产品包括生态珍木地板和生态珍木栏杆，统称为生态珍木。

应用范围及前景

生态珍木可广泛用于地面、墙面和门市外观装修，是河道、步道、栈桥、栈道、公园、旅游景区等园林景观建筑物首选的铺贴、装饰、安装材料，是替代实木、塑木、竹木的新型户外景观材料。生态珍木绿色环保，在美化环境的同时又保护了青山绿水，环境效益明显。

该技术持有单位已和中电建、中土建、岭南园林、铁汉生态、东方园林、棕榈园林等 200 多家企业形成了紧密合作，参与并完成了国内众多项目的景观工程，产品免用油漆，原材料绿色环保，杜绝对水源和土壤的污染，使用年限不低于 20 年，推广应用前景广阔。

典型应用案例：

生态珍木曾被列为第 16 届（广州）亚运会官方合作单位，第 26 届（深圳）世界大学生运动会广东省唯一入选单位，以及杭州市西湖景区改造工程、深圳西湾红树林公园景观工程、合肥官亭国家生态公园景观工程、贵州九道水森林公园景观工程、东莞穗丰年湿地公园景观工程。

■杭州市西湖景区地面工程

■深圳西湾红树林公园景观工程

■合肥官亭国家生态公园景观工程

■水曲柳系列珍木板

■古船木系列珍木板

■贵州九道水森林项目

■东莞穗丰年湿地项目

技术名称：高强度不褪色仿木板材
持有单位：广东神砼生态科技有限公司
联 系 人：王勇
地　　址：广东省东莞市沙田镇西太隆工业区 387 号
电　　话：0769 - 85871236
手　　机：13902916156
传　　真：0769 - 85871236
E - mail：1462487717@qq.com

195　HLBX－01 型便携式径流泥沙自动测量仪

持有单位

长春合利水土保持科技有限公司

吉林省水土保持科学研究院

技术简介

1. 技术来源

结合水土保持监测工作的实际需求，利用原始的物质密度结合现代的测量手段进行整合，研制了该装置，实现了快速准确地测量径流含沙量与径流量。

2. 技术原理

"HLBX－01 型便携式径流泥沙自动测量仪"测量原理是利用物质的体积-重量公式进行推导，泥沙在水中的密度即土壤比重 ρ_1，在一个标准容器内，通过测得浑水总重量 W 以及浑水体积 V，根据三者之间的关系推导得出计算关系式：通过实时测得浑水总重以及浑水水位，即可实现浑水中泥沙量的实时测定，根据水位即可求得径流量。

3. 技术特点

（1）设备体积小巧，携带方便，能够准确测量样品中的径流量及泥沙量，测量速度快，数据精准可靠，是一款理想的便携式径流泥沙速测仪器。

（2）设备自动计算测样的径流量和泥沙量，支持测量数据在线打印、设置了 SD 卡存储功能，保证数据不会缺失，方便数据后期整理和存档。

技术指标

（1）测量方式：自动测量。

（2）泥沙测量：泥沙含量不限。

（3）显示内容：径流量（L）、泥沙含量（kg/m³）。

（4）测量容积：9L。

（5）测量结果：屏幕显示、在线打印、SD 卡存储。

（6）蓄电池供电，充电电压 AC220V，一次充电连续工作 3h。

（7）尺寸规格：26cm×26cm×53cm；产品净重 9kg。

技术持有单位介绍

长春合利水土保持科技有限公司成立于 2013 年，是一家专业从事水土保持、水文水资源、土壤、生态环境等领域仪器设备研发、生产、销售及服务的企业。公司现有职工 41 人，其中研究员 1 人、高级工程师 5 人；本科学历 30 人、硕士研究生学历 7 人。公司与吉林省水土保持科学研究院、长春理工大学、长春工程学院等紧密合作，致力于水土保持监测、农业生态、水利水文、环境监测仪器设备研发，目前已经研发出多款水土保持自动化监测类仪器设备。公司获发明专利 1 项、实用新型专利 2 项、软件著作权 2 项。研发和引进的设备已在多个省市进行推广和销售。

应用范围及前景

适用于生产建设项目水土流失监测、常规监测点径流小区水土流失监测、流域卡口站泥沙速测以及河道断面泥沙采样速测。

设备已经在吉林省、辽宁省等 8 家事业、企业单位进行了推广应用和销售。设备主要应用于生产建设项目中，如机场、铁路、公路、电网等项目的弃土弃渣场、取土场、料场、施工生产生活区等项目区的水土保持监测工作中，为生产建设项目以及监测点径流小区的水土保持监测工作起到了较大的促进作用，为水土保持监测部门提

供了及时准确的监测数据，为上级管理部门科学
管理、有效治理提供了数据支撑。

■测量装置图

■设备主机（测量数据显示屏＋打印区）

■设备正视图（侧脸装置＋主机）

■外观图

■整体图

技术名称：HLBX－01 型便携式径流泥沙自动测
　　　　　量仪
持有单位：长春合利水土保持科技有限公司
　　　　　吉林省水土保持科学研究院
联 系 人：刘健
地　　址：吉林省长春市经开区临河街 205 号
电　　话：0431－80514560
手　　机：13644416225
传　　真：0431－80514560
E－mail：281425660@qq.com

196　一体化自清洁水生态环境监测仪（Magic STICK）

持有单位

南京三万物联网科技有限公司

技术简介

1. 技术来源

针对行业应用的深度挖掘和需求分析，由该公司自主研发。

2. 技术原理

该设备主要技术原理为物联网传感器采集水质数据，包含温度、溶解氧、氨氮、叶绿素、pH 值等多种参数，通过通信模块上传至平台。由主机模块控制各个模块协同工作，具备多重防护和自清洁功能，能够长时间保障设备的正常工作和水质数据的正常采集，降低了运维成本和难度，为水生态环境的改善和保护提供助力。

3. 技术特点

（1）防护性高，实用性强。设备为 IP68 防护等级，外壳硬度高，耐腐蚀，温度范围−20～60℃。

（2）数据更加准确。传感模块具备双重保护，即外部壳体和内部特殊网状金属（周期性旋转金属刮刀），能够有效防止水中污物、生物及微生物影响传感器数据采集。

（3）快速部署、低功耗。设备本身具备浮力，可直接放置在监测点使用，无需其他结构；深度低功耗处理，无外部供电情况下可工作 2 月。

（4）高度集成，通讯多样。设备所有结构件和模块都整合为一体，重量轻、体积小，便于携带和使用；通信多样，包括 NB - IoT、LoRa、GPRS 等。

（5）设备自检。可通过设备运维管理平台查看设备状况，包括主板温度、电量等，并能判定设备是否倾倒和出水。

技术指标

（1）设备经过高低温测试，在−20～60℃均能正常工作；设备外壳经过防护测试，通过 IP68 等级测试；无外部电源接入情况下，可工作 2 月。

（2）监测内容：浊度（SD），量程 0.1～3000NTU；溶解氧（DO），量程 0～20mg/L；氨氮（$NH_3 - N$），量程 0～100mg/L；氧化还原电位（ORP），量程−1500～1500mV；pH 值，量程 0～14；电导率，量程 0～2000μS/cm；温度，量程−20～60℃；蓝藻，量程 0～100ug/L；余氯，量程 0.01～2.00mg/L；盐度，量程 0～70PSU。

技术持有单位介绍

南京三万物联网科技有限公司是一家致力于物联网、机器人及人工智能领域的创新型科技公司，公司核心团队深耕智能终端多年，自成立以来凭借其研发实力，借助低功耗物联网优势，为客户提供行业智能终端和数据可视化等服务。三万物联深度扎根智能城市、智能农业领域，主航道为环境监测、城市水系统、科技农业、车载运力四个方向，产品理念融合行业场景、优势技术和智能运维，使物联网应用能够更稳定更便捷的部署在不同应用场景。

应用范围及前景

适用于河湖的水质监测。一体化自清洁水生态环境监测仪是高度集成的监测智能终端，是水生态数据信息化的基础，能够高时效地监测河湖的水生态信息。该设备可长期应用于黑臭河等劣五类水体，防止微生物滋生影响，保障数据监测的准确性，保障数据的稳定性。监测仪的多重防护和自清洁功能，能够长时间保障设备的正常工

作和水质数据的正常采集，降低了运维成本和难度。

典型应用案例：

案例 1：南京市月牙湖水生态监测一期项目，在月牙湖内部署了固定式物联网水质监测设备 6 套及 10 套一体化自清洁水生态环境监测仪。

案例 2：贵州普渡河智慧生态大数据云平台项目，提供了 8 套一体化自清洁水生态环境监测仪和其他水质、水况监测设备进行河道水质监测。

案例 3：南京海绵湿地智慧养护管理项目，提供了 5 套一体化自清洁水生态环境监测仪，选配了溶解氧、氨氮、pH 值作为监测参数。设备部分定点监测，部分便携监测。

■河道水质物联网监测

■设备与环境融为一体

■固定点监测水质

■产品亮相 2018 年世界物联网博览会

■便携式采集水质 1min 出数据

技术名称：一体化自清洁水生态环境监测仪（Magic STICK）
持有单位：南京三万物联网科技有限公司
联 系 人：刘晋豪
地　　址：江苏省南京市玄武区玄武大道 699 - 1 号
电　　话：025 - 83249049
手　　机：15715191244
E - mail：liujinhao@30000iot.com

200 HSST – SYH 型跟踪式智能渗压遥测仪

持有单位

济南和一汇盛科技发展有限责任公司

技术简介

1. 技术来源

自主研发。

2. 技术原理

采用主动跟踪式监测控制技术，将水位智能感知、主动跟踪、数据采集处理、无/有线自组网（公网）数据传输、自供电等要素高度集成。采用独特的电容效应感知液位测量原理，水位跟踪测量不受测压管泥沙、管径小、管壁锈蚀等水质、测量环境条件影响，可准确的判断水位变化情况，数据无漂移，将水面的位置信息转换为水位数据显示上传，彻底解决了业内普遍存在的数据测量不稳定、易漂移，受测压管、水质、泥沙等监测环境影响大，监测数据可信度低等弊端。

3. 技术特点

（1）采用一体化设计，具有极强的稳定可靠性、环境适应性、数据准确性、免维护性等特点。

（2）遥测仪具有抗雷击抗干扰、测量误差小，稳定可靠，不受水质泥沙等因素影响等特点。

（3）低功耗设计，采用超低功耗电路设计，达到 2～3 年免维护运行，配置太阳能供电，可实现全年全天候连续测量。

（4）组网方式灵活，支持 GPRS/3G/4G 移动公网，支持 Zigbee/433M/NB – IoT/LoRa 等自组网，支持新兴窄带物联网通信，或支持有线光纤通信，可满足不同场合的数据传输需要。

（5）具有灵活的参数设定、数据测报、数据存储和补报、断电记忆、参数动态配置等功能。

技术指标

（1）测量变幅：0～20m（量程可定制）。

（2）水位分辨率：0.1cm。

（3）测量基本误差：≤±1cm；测量回差：≤±1cm；重复性误差：≤±1cm。

（4）通信方式：GPRS 公共移动网络、无线自组网等通信方式。

（5）测报方式：具有定时自报、随机自报、查询应答、变化量及时测报等。

（6）供电状态自动监测，电源低压报警上传；实时时钟、自动校时功能。

（7）参数设置及人工置数功能；数据存储容量 2MB；现场数据及状态显示等功能。

技术持有单位介绍

济南和一汇盛科技发展有限责任公司成立于 2002 年，是国家高新技术企业、软件企业，以水利信息化项目建设、自动化控制系统工程建设、软件开发、信息系统集成、远程智能测控终端的生产、销售等为主要经营业务。已获国家专利权和著作权产品几十项，主要产品有跟踪式智能渗压遥测仪、一体化闸门智能测控仪、电容式人工电子一体化观测水尺、电磁式明渠测流仪、智能测控终端机、水利物联网终端机、一体化水位遥测仪、小型水库一体化监测管理系统、大坝安全及水库信息综合管理类软件、水资源综合管理类软件、水文信息类管理软件、灌区综合管理类软件、山洪灾害类管理软件等。公司连续多年荣获山东省级守合同重信用企业、信息服务名牌企业。

应用范围及前景

适用于大坝渗流安全监测、地下水观测，也适用于江河、湖泊、水库、水电站、灌区及输水工程等环境水位监测。

以往大坝渗流观测设备大多采用压阻式或振弦式渗压计，采用有线电缆进行市电供电，通过光缆进行数据传输，从行业应用看监测数据受测压管测量环境条件影响大，监测数据存在数据漂移现象，以及设备抗雷击性能差，后期系统维护量大。采用本技术研发的跟踪式智能渗压遥测仪解决了以上存在的问题。现该技术设备已在潍坊市峡山水库大坝安全自动化监测系统维修改造、临沂市跋山水库大坝安全自动监测系统、潍坊市高崖水库管理局大坝测压管自动化观测等项目中得到应用。

■现场安装 2

■现场安装 3

■设备图片

■现场应用

■现场安装 1

技术名称：HSST－SYH 型跟踪式智能渗压遥测仪
持有单位：济南和一汇盛科技发展有限责任公司
联 系 人：赵相涛
地　　址：山东省济南高新区舜华路三庆世纪财富
　　　　　中心 B 座 5 层
电　　话：0531－88885288
手　　机：18615587501
传　　真：0531－88885288
E － mail：hsst@vip.sina.com

201 便携式自动化水文测验系统

持有单位

黄河水利委员会河南水文水资源局

技术简介

1. 技术来源

自主研发。

2. 技术原理

该系统由模块化自动测流控制台、分体式水文绞车、简易缆道支架、轻便式 2000W 发电机等附属设备组成，其中核心技术为 ELD 水文缆道控制台系统，控制台采用轻量级模块化设计，分为动力箱和控制箱两大部件，采用在现代工业控制中非常成熟的可编程序控制（PLC）及人机界面（触摸屏）等产品设计，系统具有架设方便快捷、功能全面、安全可靠。

3. 技术特点

（1）模块化自动测流控制系统，内置可编程控制器、触摸屏、开关电源、信号解码器等部件，外部输出接口采用防水航空插头设计，进行双冗余控制。

（2）分体质量小于 100kg 轻便绞车控制系统。简易缆道支架部件尺寸最长 1.25m，最大重量 30kg，为螺栓组装件，方便搬运和安装，所有设备一辆面包车即可运输，2h 内即完成缆道架设。

（3）线路连接，采用集成线路统一出口、防插反功能的防水航空插头形式进行连接，既保证快速连接，又确保潮湿环境下的用电安全。

（4）自动化测验，开发了一键自动测验系统控制功能 11 点法测流软件。具有起点距、水深、流速等基本数据自动采集和实时生成流量记载计算表，设备控制双备份，确保运行安全。

技术指标

（1）控制台箱与动力箱技术参数。

彩色 TFT 工业触摸屏：10 寸；语音播报系统：播报系统运行状态、状态报警；水文之星软件：在线控制控制台，显示水文测量数据，测验记载表、有关报表自动生成并加入数据库存档和预整编；功率：2.2kW，AC220V±10%。

（2）分体式绞车技术参数。

驱动电机：0.75kW 交流电机；电机抱闸：AC220V；减速制动时间：＜1s；减速制动时间：＜1s。

（3）缆道测距。

计数范围：－999.9～999.9m；分辨率：0.01m；测速：适用各种转子式流速仪；测速精度 0.001m/s。

（4）简易循环缆道。

缆道支架高度 1.25m；主缆 $\phi6$，循环钢丝绳 $\phi3$；重量 30kg。

技术持有单位介绍

黄河水利委员会河南水文水资源局隶属于黄委水文局，是黄河中下游流域（片）的水文行业主管部门之一，担负着流域（片）内水文站网规划、干支流河道、水库水文测验、水文情报、洪水预报、泥沙颗粒级配分析、水资源调度管理、水资源调查评价、和水文调查等任务。该局以"面向生产、服务社会"为原则，依托黄河水文的技术优势，以提高水文测报及服务能力为目标，以新技术引进、研发和推广应用为重点，主要从事：水利仪器设备研制开发、软件开发、水文自动化缆道（机船）测流系统、遥感遥测信息系统及技术开发、咨询、服务。获得 3 项专利，生产"ELD－4 型水文测量控制台"，获得河南省

质量技术监督局颁发的《全国工业产品生产许可证》，产销一百多台；全自动吊箱实现远程遥控、泥沙采样器、水库清浑水界面探测器等产品已经生产销售多套，在生产中发挥了积极的作用。

应用范围及前景

可广泛应用于跨度在 150m 以内各类渠道河流缆道测站、日常水文测验、防洪应急测验、巡测，是一套备用手段与应急测流保障体系。该系统安装简便，操作简单，便于携带运输，测验精度高，应用前景广阔。

典型应用案例：

用于南水北调中线干线节制闸处流量计率定，分别与 2016 年、2017 年、2018 年用便携式自动化水文测验系统对 64 座节制闸处设计安装的 75 台超声波流量计进行了试验和率定，实现了全自动 100 条垂线 11 点法精测，满足测验要求，该成果通过南水北调中线局组织的专家审查，较好完成了任务。

案例具体介绍如下。

应用工程名称：南水北调中线干线节制闸处流量计率定。

业主单位：南水北调中线干线工程建设管理局。

工程规模：64 座节制闸处设计安装的 75 台超声波流量计施测流量率定。

工程地点：南水北调干线全线。

在南水北调中线干线一期工程建设开始之初，国务院南水北调办公室部署了"南水北调中线干线自动化调度与运行管理决策支持系统"建设，系统以保障供水为目标，实现对全线供水的自动化调度。该系统在沿线闸门控制处设计安装有 175 台超声波流量计和 28 台电磁流量计，主要分布在工程沿线节制闸、分水闸、退水闸和调节池闸门控制处，这些流量测量计量设备是保证工程运行管理和供水计量收费的重要设施，不但可以对渠道过水量实施自动实时监控，全面掌控渠道过水流量动态变化，为工程调水全线水量平衡计算提供直接依据，而且将为核算各供水户的供水量及水费收缴提供基础支撑。

南水北调中线干线工程南起汉江下游湖北丹江口水库的陶岔引水闸，沿唐白河平原北缘、华北平原西部边缘，跨长江、淮河、黄河、海河四大流域，直达北京的团城湖和天津市外环河。

中线干线一期工程全长 1432km，输水干渠包括总干渠和天津干渠两部分，总干渠自陶岔渠首至北京团城湖长 1277km，其中河南段长约 732km，河北段长约 465km，北京段长 80km。天津干渠起于河北省徐水县西黑山村北的分水闸终止于天津外环河，全长 155km。总干渠利用地势条件基本实现自流输水，输水形式以明渠为主，自陶岔渠首至河北段为明渠，北京段和天津干渠采用管涵方案。

以流速仪法测流量为主对南水北调中线干线工程沿线 64 座节制闸处设计安装的 75 台超声波流量计进行率定。具体内容为：

（1）以流速仪法测流量为主对沿线 64 座节制闸处设计安装的 75 台超声波流量计施测流量率定，按输水流量级布设测次，每处流量计采用流速仪法实测流量不少于 30 次。

（2）对流速仪法实测流量资料和流量计实测流量数据进行整理和分析，建立流速仪法实测流量与流量计实测流量之间关系曲线，建立数学模型。

（3）建立消除误差模型。

（4）对测验资料及成果进行分析与整编。

（5）超声波流量计流量测验成果改善工作。

技术名称：便携式自动化水文测验系统
持有单位：黄河水利委员会河南水文水资源局
联系人：张曦明
地　　址：河南省郑州市城北路 5 号
电　　话：0371 - 66021759
手　　机：18638705885
传　　真：0371 - 66024004
E - mail：Xmzh@163.com

202 便携式电动测速支架

持有单位

黄河水利委员会济南勘测局

技术简介

1. 技术来源

自主研发。便携式电动测速支架智能化测速记录的技术基于直流电动机驱动功能、数字编码器的记录、计算功能的有机组合。

2. 技术原理

便携式电动测速支架是由测速悬杆、悬杆驱动装置（直流电动机、驱动器、驱动轮）、水深记录装置（水深数字编码器、水深记录仪）、电源（锂电池）、开关等组成。技术原理：悬杆由四个驱动轮夹持，四个驱动轮通过驱动器与两台直流电动机相连，启动两台电机可分别启动驱动轮正反旋转，带动测速悬杆升降；水深数字编码器安装在一个驱动轮的从动轮上并与水深记录仪相连，当悬杆自动升、降时，从动轮会带动水深数字编码器自动旋转，从而实现了测速点水深的数字智能化显示。

3. 技术特点

（1）实现了模块化安装。锂电池、水深数字仪表、电量显示仪表、电源总开关、升降开关都安装在一个不锈钢控制箱内，控制箱与驱动器的链接采用航空插头，便于现场安装和拆解。

（2）实现了便携的目的。测验完毕后，所有设备可组装到一个仪器箱里，便于携带。

（3）实现悬杆自动升降和水深测量数字化记录显示功能，提高了测验精度。

（4）整体架构采用 304 不锈钢制作，精美耐用。

技术指标

（1）电动机型号 GW31ZY－50，24V 空载转速 50r/min，额定转速 40r/min，额定扭矩 7kg・cm，额定电流 0.6A。

（2）水深记录显示仪型号和参数设置。智能水深计数器选用型号：sf9648j，外形尺寸 48×96，开孔尺寸 45×92；工作电压 DC24V，输入电阻值：20K，测量精度 0.2%，倍率值范围 0.00001～99.9999，最高计数频率 2K/s，技术范围：－19999～999999，环境温度：－10～50℃，整机重量 300g。

（3）电量表的型号和功能。型号：PZEM－005，LCD 全显功能。

（4）锂电池的型号与容量：24V，10Ah。

（5）编码器轮周长为 200mm，A 值设定 000050，B 值设定为 100；C 值设定为 000.000。

技术持有单位介绍

黄河水利委员会济南勘测局，成立于 1986 年，人员编制 40 人，下设办公室、技术科、勘测一院、勘测二院。拥有教授级高级工程师 2 人、高级工程师 7 人、工程师 9 人；高级技师 2 人，技师 1 人。配备有 GNSS 接收机 8 台，全站仪 4 套，数字测深仪 2 套，数字水准仪 2 套，浅地层剖面仪 1 套，探地雷达 1 套。拥有 300 马力大型机动测船 1 艘、40 马力冲锋舟 4 艘。担负黄河下游山东河段 162 个河道大断面的勘测，黄河水文水资源调查评价，黄河河道冲淤演变规律研究，黄河测绘科技咨询等任务。

应用范围及前景

该测速支架模块化性能好，便于携带和安装使用，可广泛应用于黄河低水、大水边流测验时

冲锋舟、小型测船上流速测验，也可用于中小河流的小型测船上流速测验。该设备是一款新型的测速设备，可有效提高了工作效率和测验精度，具有较好的推广应用前景，已应用于孙口水文站凌汛期低水测验、高村水文站调水调沙测验、陈山口闸下流量测验等项目。

典型应用案例：

孙口水文站在 2016 年 11 月—2017 年 2 月历时 4 个月的凌汛期测验中，测验断面流量小于 500m³/s 流量级时段占 3 个多月时间，由于水量小，断面左、右两岸分别形成 50 余 m 的浅水区，水深不到 1m，占整个断面宽度超过 1/3。正常流量测验时，大的机动测船吃水深，无法达到浅水区，给测验造成困难。为完成全断面测验，测验断面两边浅水区采用吃水较浅的冲锋舟作为测验船只，而冲锋舟上无水文测速装置，为解决这一问题，便携式电动测速支架被推广应用到冲锋舟上，在整个凌汛期测验中发挥了便捷、高效、高精度应用效果，同时也发挥了显著的经济效益。

■便携式电动测速支架现场作业安装图

■便携式电动测速支架解体后装箱图

■便携式电动测速支架借助桌子进行悬杆升降调试

■便携式电动测速支架控制箱

■便携式电动测速支架现场安装调试

技术名称：便携式电动测速支架
持有单位：黄河水利委员会济南勘测局
联 系 人：尚俊生
地　　址：济南市历城区大桥路 185 号
电　　话：0531－86987067
手　　机：15650578928
E － mail：sjsgc@163.com

205　WSY－1S 型一体化超声波遥测水位计

持有单位

水利部南京水利水文自动化研究所
江苏南水科技有限公司

技术简介

1. 技术来源

自主研发。

2. 技术原理

WSY－1S 型一体化超声波遥测水位计是由数据采集终端，GPRS/GSM 通信装置、电池和超声波水位计组成。设备安装简便，易于日常保养维护，一体化构造设计，体型小、重量轻、超低功耗，在不需外电充电情况下可正常运行 4 个月左右。

3. 技术特点

（1）先进独特的软硬件设计，高可靠性；强大的通信格式设计，内置多种通信规约，可自行选择一种通信规约。

（2）先进 USB 主从智能切换功能，既可以通过计算机 USB 配置参数，也可以通过计算机直接下载数据，方便快捷。

（3）方便快捷的蓝牙无线接口功能，可以通过手机无线配置参数、查询当前数据、下载历史数据等。

（4）数据通信规约符合 SL 651—2014《水文监测数据通信规约》、SZY 206—2012《水资源监测数据传输规约》等规约的要求。具有 GPRS 通信方式，支持与多中心进行数据通信，并且具有信道载波检测功能。

（5）远程管理功能：支持远程参数设置、程序升级，可以远程修改水位加报阈值、时间、采样间隔等 RTU 参数或下载历史数据。

（6）超大数据存储，本地数据存储可达 5 年以上，支持本地、远程下载历史数据。

（7）超低的功耗设计：值守功耗小于 0.01mA（7.2VDC），发送瞬间功耗小于 180mA（7.2VDC）；内置可充电锂电池可以在不充电的情况下工作 4 个月左右。

（8）具有多种运行方式，以适应不同的需要，可运行自报式、自报＋确认、应答式、调试状态；出现异常时动作报警功能，能实时监测电池电压信息，中心站判断后可进行低电压报警。

技术指标

水位量程：2m；

测量精度：0.5%；

每天水位上报次数：1～24 次/d，可设；

水位上下限：可设；

盲区：0.3m，可设；

电源：锂电池；

水位校准：无线手操器；

工作温度：－20～60℃；

设备尺寸：DN89×220；

通信接口：GPRS 远程无线网络；

通信协议：协议完全公开，方便融入第三方监测软件；

安装方式：测桥防盗护井；

防盗护井尺寸：（不含保护套 DN102×160，保护套法拉盘为 200×200），带防盗井盖；

防盗护井工作温度：－40～70℃；

湿度：≤95%RH（40℃无凝露）；

工作电流：值守功耗≤10μA（7.2VDC）；

输入电源：锂电池，工作电压范围 4.5～9VDC。

技术持有单位介绍

水利部南京水利水文自动化研究所主要从事水文仪器、岩土工程仪器及成套设备技术和防灾减灾与水利信息化系统集成技术研究，研究所现有 5 个研究室、1 个研究中心、1 个实验中心和 1 个中试推广中心。近年来，先后获得国家科技进步奖 2 项，部、省级科技进步奖 20 余项，市、局级科技进步奖多项，国家专利 40 多项，软件著作权 20 余项，专著 5 本；主持和参与编制了有关水文仪器、岩土工程仪器等国家标准及行业标准 70 余项，并代表我国参加了国际水文规范的制定。

江苏南水科技有限公司是水利部南京水利水文自动化研究所全资公司，从 90 年代发展至今，已具有很强的技术研究和开发能力。公司专业从事水情自动测报、防汛预警预报、水资源监控与调度、水环境监测与水生态保护、水利工程及山地灾害监测、节水与灌区信息化、水土保持监测等高新技术的研究与应用。

应用范围及前景

可以广泛应用于实现灌区明渠水位、流量监测等。

该设备已应用于新疆生产建设兵团第二师塔里木灌区水利信息化项目、第二师十八团渠信息化工程水位监测系统、新疆生产建设兵团第二师博斯腾灌区续建配套与节水改造项目、新疆生产建设兵团第八师玛纳斯河量测水设施配套建设等项目。WSY－1S 型一体化超声波遥测水位计作为项目的主要设备，目前运行情况良好。

■WSY－1S 型一体化超声波遥测水位计

■一体化超声波遥测水位计内部结构（左）与内部设计（右）

■一体化超声波遥测水位计电气连接

■一体化超声波遥测水位计生产待发货

技术名称：WSY－1S 型一体化超声波遥测水位计
持有单位：水利部南京水利水文自动化研究所
　　　　　江苏南水科技有限公司
联系人：张岩萍
地　　址：南京市雨花台区龙西路 11 号
电　　话：025－52898325
手　　机：13951926615
传　　真：025－52891220
E － mail：zhanyanping@nsy.com.cn

207 EWLG – 01 型激光水位计

持有单位

亿水泰科（北京）信息技术有限公司

技术简介

1. 技术来源

自主研发。

2. 技术原理

EWLG – 01 型激光水位计由激光发射器、接收器及测量控制电路组成。激光水位计是利用激光测距技术原理来进行水位测量的，由于激光不能直接在水面进行反射而直接穿透到水底，故在水面需要放置反射板。当一束激光从激光传感器发射出来，经反射板反射回到传感器中，测量对比发射激光与反射激光的相位差，通过运算即可得到实际水位。

3. 技术特点

（1）EWLG – 01 型激光水位计主要功能是测量水位。可设置输出空高，也可设置基值，通过内部计算直接输出水位。

（2）EWLG – 01 型激光水位计具有中文协议、MODBUS 协议等不同通信协议，采用中文协议进行水位采集时，输出水位值的同时，还可输出供电电压值和环境温度值。

（3）EWLG – 01 型激光水位计可达毫米级水位测量精度，采用高频激光信号，具有测量精度高、安装方便、不易受干扰、稳定性好等特点。

技术指标

（1）分辨力：1mm；测量范围：5m、10m、20m、40m；测量误差：±3mm。

（2）电源电压：4～18VDC；上电稳定时间：3s；值守电流：<20mA；采集电流：<200mA。

（3）通信接口：RS485；通信速率：9600bit/s（可设置）；通信协议：MODBUS – RTU 协议、中文协议。

（4）工作环境：－10～55℃，<90％RH。

技术持有单位介绍

亿水泰科（北京）信息技术有限公司是一家专业提供涉水行业信息化服务的高新技术企业，公司成立于 2007 年，创始人及核心管理人员均为水利行业信息化资深专家。公司专注于涉水行业信息化相关的设计咨询、软件开发、系统集成、运行维护、水文测验预报以及相关仪器设备的研发、生产和销售。公司已具有北京市高新技术企业证书、中关村高新技术企业证书、软件企业认定证书、水文水资源调查评价资质证书（甲级）、通过了 ISO 9001 质量体系标准认证，具有信息系统集成及服务三级等资质。公司成立以来，扎根水利、海洋、气象、环保、应急等行业，致力于提供行业信息化全域解决方案，凝聚了一支熟悉行业业务并掌握信息化前沿技术的核心团队，在业内赢得了良好的口碑。

应用范围及前景

可适用于各种非接触式高精度液位测量场合，例如水库、河道、地下水、渠道、堰槽、蒸发器、自来水厂、污水处理厂、油罐等各种非接触式水位、液位测量场合。具体包括水资源监测系统、城市内涝监测系统、灌区信息化系统、水情自动测报系统、污水处理系统、油库监测系统等。

解决的问题：目前应用于水利信息化遥测系统的水位传感器包括浮子、雷达、超声、气泡、压阻、激光、磁致伸缩等多种类别传感器，其中浮子、超声、压阻多为厘米级测量精度；雷达、

气泡及磁致伸缩水位计测量精度达几毫米，但雷达水位计测量精度受水面漂浮物、支架晃动影响较大，气泡水位计存在气管易堵塞、气泵寿命有限等问题，磁致伸缩水位计存在浮球易被杂质挂住的问题。已在国家水资源监控能力建设二期青海省项目（包1）、赣州市时差法流量测量系统等项目中应用。

■应用现场 1

■EWLG－01 型激光水位计

■应用现场 2

■激光水位计（含线）

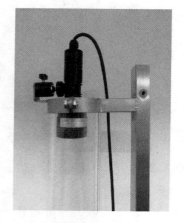
■激光水位计安装

技术名称：EWLG－01 型激光水位计
持有单位：亿水泰科（北京）信息技术有限公司
联 系 人：王冬雪
地 址：北京市海淀区阜外亮甲店 1 号恩济西园
　　　　 产业园产业孵化区一层 126 室
电 话：010－88629399
手 机：18518916262
传 真：010－88629399
E － mail：1060823934@qq.com

209 高寒型 JEZ 系列雨雪量计

持有单位

江苏南水水务科技有限公司

技术简介

1. 技术来源

自主研发。

2. 技术原理

高寒型 JEZ 系列雨雪量计由传统的翻斗式雨量计增加自动加热部件及感应降雪传感器组成。可自动测量降雪及冰雹。加热部件分为环境加热膜及融雪加热膜,环境加热膜主要用于保持雨雪量计本身内部器件的工作温度,防止因温度过低造成的冰冻现象。融雪加热膜主要用于加热融化积水口内部的降雪及冰雹,使其融化成雨水。供电部件采用 220V 交流电及 12V 直流电相结合的供电方式。加热膜部件采用 12V 直流供电。

3. 技术特点

(1) 加热温度的控制对融雪效果起到关键作用,加热温度过低雪很难融化,过高会产生大量蒸发,经过反复试验确定当雨量筒内环境温度降至 5℃,且雨雪感应装置检测到有降水时,启动环境加热膜;当环境温度上升至 6℃时,启动融雪加热膜;当环境温度上升至 8℃时,关闭融雪加热膜;当环境温度上升至 9℃时,关闭环境加热膜。

(2) 由于桶身有保温材料,桶内基本保持在 5~9℃,此时可将降雪融化成为液态水,沿漏斗流入雨量筒,进行计量。

技术指标

(1) 承水口:内径 $\phi 200_{0}^{+0.60}$ mm,外刃口角度 40°~45°。

(2) 分辨力:0.1mm、0.2mm、0.5mm、1mm。

(3) 降水强度测量范围:降雨 ≤4mm/min (0.2mm、0.5mm、1mm);降雪 ≤ 10mm/h (0.1mm 雪水当量)。

(4) 测量误差:≤±4% (降水强度测量范围内)。

(5) 温度传感器:误差 ±1℃。

(6) 融雪方式:电加热。

(7) 加热供电方式:DC12V。

(8) 工作环境:温度 -40~+50℃;相对湿度 ≤95%。

技术持有单位介绍

江苏南水水务科技有限公司隶属于水利部南京水利水文自动化研究所,是研究所科技成果转移转化基地及重要的科技产业公司,其前身"南京水利水文自动化研究所防汛设备厂"已专业从事水文仪器研发制造 30 余年,以产品精良、技术先进闻名海内外。公司致力于水文仪器、岩土工程仪器及自动化成套设备的开发、生产、咨询与服务及其解决方案,并为客户提供有关产品和技术的定制开发与服务。主要产品有全系列翻斗式雨(雪)量计、各类水位计(浮子式、压力式、气泡式、雷达式)、转子式流速仪及智能化测量技术、土壤墒情监测仪器、自动缆道测控装置、各类一体化自动遥测站。公司至今已取得 10 项专利,获得 ISO 9000 质量管理体系认证。

应用范围及前景

高寒型 JEZ 系列雨雪量计通过集成数据采集系统,能够为降雪量观测提供及时、准确的数据,为水文监测的自动化提供了很好的技术支

撑。通过电气部分以及结构的升级改进，性能和可靠性有很大提升，为在高原、高寒地区推广应用打开了广阔前景。该项技术已在河南省人工雨雪量站改造项目、青海省中小河流水文监测项目、江山水文站雨量计改造、甘肃红旗水文站、威海水文站、南京地铁等项目中得到成功应用，项目中安装雨雪量计约 100 余台（套）。

■南京地铁秣周基地安装实景

■甘肃红旗水文站安装实景

■威海水文站安装实景

■河南南阳示范站安装

■江山水文站岭头雨量站安装实景

技术名称：高寒型 JEZ 系列雨雪量计
持有单位：江苏南水水务科技有限公司
联 系 人：陈杰中
地　　址：南京市雨花台区龙西路 11 号
电　　话：025 – 52898385
手　　机：13913900605
传　　真：025 – 52898372
E – mail：chenjiezhong@nsy.com.cn

211 EWTT－01 遥测终端机

持有单位

亿水泰科（北京）信息技术有限公司

技术简介

1. 技术来源

自主研发。

2. 技术原理

基于 SL 651—2014《水文监测数据通信规约》和 SZY 206—2016《水资源监测数据传输规约》以及多年经验，开发了 EWTT－01 型遥测终端机，可实现对水文与水资源协议的完美兼容，并完美对接省（自治区）水文局或水情分中心自动监测数据平台。EWTT－01 型遥测终端机具有丰富的采集端口能方便地接入各种传感器，同时支持各种有线和无线通信方式，能实时保证数据准确完整无误的传输到中心平台。

3. 技术特点

（1）采用工业级的高性能处理器。

（2）支持 SL 651—2014《水文监测数据通信规约》和 SZY 206—2016《水资源监测数据传输规约》，支持部分主流厂商的私有通信规约，可扩展支持其他私有规约。

（3）支持 PSTN、专线等有线方式进行通信组网，同时也支持短波、超短波、微波、GSM（短消息或数据业务）、GPRS、CDMA 以及卫星通信等无线方式进行通信组网。该遥测终端机具有多种接口，包括水位传感器、雨量传感器、其他 RS23 或 RS458 接口传感器等。

（4）能够测量水位、雨量、流速、墒情、蒸发、风向风速、温湿度、气压等参数。

（5）可通过远程下发命令的方式实现召测、固态数据提取、测站运行参数配置、远程升级等功能；具有大容量存储，可存储 10 年以上的历史数据。

技术指标

该设备已通过水利部水文仪器及岩土工程仪器质量监督检验测试中心的测试并取得型式检验产品证书。

（1）基本性能。信号输入、输出形式：符合标准要求；数据传输：报文符合 SL 651—2014 的要求；通信方式：通过 GPRS\GSM 进行数据传输，符合标准要求；数据存储：固态存储芯片容量为 128Mbit。

（2）基本功能（工作模式：兼容式）。随机自报：符合标准要求；定时自报：符合标准要求；查询应答：符合标准要求；自检自诊断：符合标准要求；人工置数：符合标准要求。

（3）工作环境：－10～55℃、95％ RH（40℃），符合标准要求；实时时钟：遥测终端有自动校时功能，符合标准要求。

（4）设备功耗：静态值守电流＜0.6mA、工作电流＜12mA；绝缘电阻：符合标准；抗电磁干扰：符合标准；抗雷击浪涌：符合标准；机械环境适应性：符合标准要求。

技术持有单位介绍

亿水泰科（北京）信息技术有限公司是一家专业提供涉水行业信息化服务的高新技术企业，公司成立于 2007 年，创始人及核心管理人员均为水利行业信息化资深专家。公司专注于涉水行业信息化相关的设计咨询、软件开发、系统集成、运行维护、水文测验预报以及相关仪器设备的研发、生产和销售。公司已具有北京市高新技术企业证书、中关村高新技术企业证书、软件企

业认定证书、水文水资源调查评价资质证书（甲级）、通过了 ISO 9001 质量体系标准认证，具有信息系统集成及服务三级等资质。公司成立以来，扎根水利、海洋、气象、环保、应急等行业，致力于提供行业信息化全域解决方案，凝聚了一支熟悉行业业务并掌握信息化前沿技术的核心团队，在业内赢得了良好的口碑。

应用范围及前景

适用于构成以下系统：水文水资源自动测报系统、"GPRS＋北斗"水雨情监测站、图像水雨监测站、管道流量监测系统、明渠/河流在线测量系统、灌区信息化系统、城市内涝监测系统、降蒸一体化监测系统、土壤墒情监测系统、测雨雷达系统。

典型应用案例：

江西省水利厅 2017 年度山洪灾害防治上饶水库自动测报提标升级项目、吉安市水文局水位雨量自动监测设施改造工程项目、湖南省水文水资源勘测局国家水资源监控能力建设项目（2018年度第一批）监测站建设项目（第一包）、江西省中小河流水文监测系统建设工程设计变更项目采购 G4G5 标、江西省水文局国家水资源监控能力建设江西省项目（2016—2018 年）重点取用水户水量在线监测 SJBG－1 标采购项目等，累计涉及 583 个站点。

■EWTT－01 遥测终端机外观

■EWTT－01 遥测终端机内部

■现场应用 1

■现场应用 2　　■现场应用 3

技术名称：EWTT－01 遥测终端机
持有单位：亿水泰科（北京）信息技术有限公司
联系人：王冬雪
地　　址：北京市海淀区阜外亮甲店 1 号恩济西园产业园产业孵化区一层 126 室
电　　话：010－88629399
手　　机：18518916262
传　　真：010－88629399
E － mail：1060823934@qq.com

213　SUMMIT－W1000 型水文水资源测控终端机

持有单位

西安山脉科技股份有限公司

技术简介

1. 技术来源

自主研发。

2. 技术原理

SUMMIT－W1000 型水文水资源测控终端机主要应用于水文水资源实时监控系统的数据采集环节，以高性能微控制器为核心，采用超低功耗设计，特别适合使用太阳能供电工作的场合。提供多个通道的符合工业标准的模拟接口和数字接口，可外接包括雨量计、水位计、水压计、流量计、水质仪器等多种类型的仪表和传感器，并可通过 GSM、GPRS/CDMA、卫星、超短波、PSTN 等方式将数据发送至中心机房的服务器，是集数据采集、显示、存储、传输和远程管理等功能于一体的智能遥测终端设备。

3. 技术特点

（1）支持 GPRS、短信、3G、4G 数据传输能力，且能够根据现场信号自主切换。

（2）内置了充电控制器，支持蓄电池充放电管理，实时监测并上报太阳能电池和蓄电池电压、充电电流等。

（3）采用高效图像传输协议，内置信道质量和图像参数自适应算法。

（4）内置 2.4G 无线接口，支持设备无线调试。

（5）标配远程管理平台，同时支持云平台、PC 客户端和移动 APP 协同管理。

（6）水文水资源测控终端机具有覆盖范围广、组网方便快捷、运行成本低、安全性能高、设计美观、使用寿命长和经济环保等诸多优点。

技术指标

（1）存储温度：－40～＋85℃；工作温度：－25～＋65℃；相对湿度：≤95％（无凝结）。

（2）蓄电池输入：输入电压 DC 11.5～14.2V，铅酸蓄电池，最大电流 3A。

（3）太阳能电池输入：输入电压 17～23V，最大电流 2A（40W）。

（4）12V 电源输出：最大电流 2A（单通道）、3A（所有通道）；24V 电源输出：最大电流 0.5A（单通道）、0.5A（所有通道）。

（5）工作电流：休眠模式＜0.6mA；待机模式＜3.0mA（GPRS 关机）；在线模式＜20mA 平均（GPRS 保持连接）。

（6）DC4～20mA 模拟量输入，输入负载阻抗 125Ω。

（7）DC0～5V 模拟量输入，最大允许持续输入电压：50Vrms。

（8）低电平触发开关量输入：有效触发电压＜0.4V，有效触发电阻＜2kΩ。

（9）RS485：最大驱动节点数 32 个，静电保护等级 2000V；2.4G 无线：最大通讯距离 30m。

（10）门箱监测：机械、磁性常开型门箱开关；GPRS：网络制式；Micro SD 卡：最大容量 16GB。

技术持有单位介绍

西安山脉科技股份有限公司创建于 1993 年，注册资本 3975 万元，具有二十多年水利行业信息化背景，是中国水利信息化建设的重要力量，是国家及省市政府重点支持的骨干软件企业，陕西省科技厅认证的高新技术企业。山脉科技依托

自身实力和技术优势，服务水利信息化、水利工程信息化、水务水环境信息化的需求和发展，以云计算、大数据、行业物联网及高精度水力水文数值模拟技术发展为契机，从行业信息、资源、数据、管理着手，为行业提供各类信息化建设项目的规划设计、建设实施、运行维护、服务管理等全方位的综合服务。

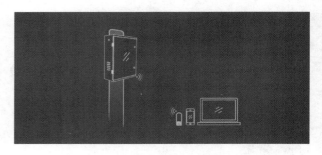

■便捷的无限配置

应用范围及前景

可广泛应用于水利、气象、环保、交通等行业的数据采集系统，特别适合应用于水雨情自动测报、水资源监测管理、山洪灾害监测预警、中小河流水文监测、中小水库防汛通信预警、土壤墒情监测、闸门监控、水质在线监测、地下水监测、大坝安全监测、灌区综合管理自动化等领域。

典型应用案例：

国家水资源监控能力建设项目新疆二期项目喀什地区取用水监控体系建设、南水北调中线干线工程强排泵站运行工况监测及抽排井水位监测项目、国家水资源监控能力建设项目新疆二期项目和田地区取用水监控体系建设等。

■全面的云平台支撑

■南水北调中线工程设备调试

■SUMMIT－W1000 水文水资源测控终端机

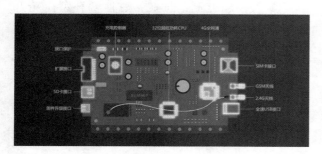

■丰富的标准工业接口及完善的接口保护电路

技术名称：SUMMIT－W1000 型水文水资源测控
　　　　　终端机
持有单位：西安山脉科技股份有限公司
联 系 人：覃莎
地　　址：陕西省西安市高新区科技三路 57 号融
　　　　　城云谷 C 座 12 楼
电　　话：029－88386161
手　　机：17792388368
传　　真：029－88386130
E － mail：qinsha@summit.com.cn

215　遥测终端机 RTUF9164

持有单位

厦门四信通信科技有限公司

技术简介

1. 技术来源

自主研发。

2. 技术原理

F9164 遥测终端机是四信专注水利行业应用自主研发的智能通讯终端产品，产品采用高性能的工业级 32 位通信处理器和工业级无线模块设计，以嵌入式实时操作系统为软件支撑平台，提供翻斗式雨量计接口、12 位格雷码接口、RS232、RS485、SDI - 12、模拟量输入、开关量输入、开关量输出和继电器接口等，支持多种通信方式，具备采集、存储、计算、显示、控制、报警、传输和判断等智能值守功能。产品支持标准水文协议、水资源协议、环保 212 协议、TCP Modbus 协议等多种协议上报，实现与中心服务平台数据无缝对接。

3. 技术特点

（1）一体化设计：集传统水文遥测终端机功能与 2.5G/3G/4G 传输功能于一体，实现水文/水资源数据的采集、存储、显示、控制、报警及传输等综合功能。

（2）工业级设计：宽温设计，耐高低温，耐强电磁干扰，采用完备的系统保护机制和防掉线机制，保证终端永远在线，适用于各种恶劣的现场。

（3）接口丰富、标准易用：提供 1 个翻斗式雨量计接口、1 个 12 位格雷码接口、2 个 RS232 接口、2 个 RS485 接口、1 个 SDI - 12 接口、8 路模拟量输入接口（16 位 AD、支持 4～20mA 电流或 0～5V 电压信号）、4 路开关量输入接口、4 路开关量输出接口（其中 2 路为继电器驱动）。

（4）大容量数据存储空间：提供 16MB 的数据存储空间，可存储 10 年以上的采集数据。

（5）多种通信方式：可选北斗、卫星、超短波、微波、LoRa 等通信方式，GPRS/CDMA/WCDMA/EVDO/LTE/NB - IoT 为主传输通道、短信为备份传输通道。

（6）低功耗设计：支持多种工作模式（包括自报式、查询式、兼容式等），最大限度降低功耗。

（7）本地配置方式：支持液晶/键盘配置方式和串口配置方式。

（8）远程管理功能：支持远程参数配置（同时支持平台配置方式和短信配置方式）、远程程序升级。

技术指标

该技术产品经水利部水文仪器及岩土工程仪器质量监督检测试中心检测，符合相关规约或测试要求。主要技术指标如下：

蜂窝通信频道：FDD - LTETD - LTECDMA2000 1xEV - DOWCDMATD - SCDMACDMA1XGPRS/EDGE；

通信发射功率：＜24dBm；

通信接收灵敏度：＜－109dBm；

串行接口：2 个 RS232 和 2 个 RS485 接口，内置 15kV ESD 保护；

SIM 接口：内置 15KV ESD 保护；

其他接口：内置 2KV ESD 保护；

串口速率：110～230400bits/s；

工作电流：＜100mA@12VDC；

休眠工作电流：＜10mA@12VDC；

静态值守电流：＜2mA@12DVC；

工作温度：－25～＋65℃（－13～＋149℉）；

储存温度：－40～＋85℃（－40～＋185℉）；

相对湿度：95％（无凝结）。

■F9164 遥测终端机

技术持有单位介绍

厦门四信通信科技有限公司，成立于 2008 年，国家高新技术企业，多年来专注于提供物联网通信、智慧电力、智慧消防、智慧水利、智慧地灾、智慧灌区等解决方案和服务。公司经过十多年积淀，目前拥有 7 家子公司，2 家分公司和 3 大研发中心。员工总数超过 500 人，其中技术、研发人员占比达 60％以上，公司拥有 30 多项发明及实用新型专利，近百项软件著作权，为行业用户、系统集成商和运营商提供有竞争力的产品。

■F9164 遥测终端机

应用范围及前景

四信遥测终端机可广泛应用于各种水利信息化建设领域，如水文、水资源、水环境、水污染、山洪灾害、水库安全、大坝安全的远程测控领域。实现雨情监测、水雨情监测、流速流量监测、水质在线监测、地下水监测、污水水质监测、水库监测、山洪预警监测、内涝积水监测、大坝监测等，为水利信息化建设、防灾减灾提供数据支撑和决策依据。

该技术遥测终端机已应用于湖南省益阳市资阳区 2015 年度山洪灾害防治非工程措施建设项目（广播站 F9103D 共 54 台，遥测终端 F9164 共 24 台）、广东省河源市互联网＋河长制信息管理平台建设项目（F9164 共 377 套）、湖南株洲官庄水库水雨情项目（F9164 共 7 台）、潍坊市山洪灾害非工程措施项目（152 个自动水位雨量站）、云南省国家水资源监控能力建设项目（320 个水质监测站）等。

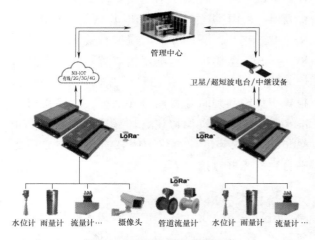

■F9164 遥测终端机应用拓扑

技术名称：遥测终端机 RTUF9164

持有单位：厦门四信通信科技有限公司

联 系 人：石荣兴

地　　址：厦门市软件园三期诚毅大街 370 号 A06
栋 11 楼

电　　话：0592－6280861

手　　机：13375925185

传　　真：0592－6190368

E － mail：info@four-faith.com

216　用于水利业务管理的多波束等声学测量技术

持有单位

南京鼎盛合力水利技术有限公司

技术简介

1. 技术来源

自主研发。基于声学技术的水下多波束测量系统、水下侧扫声呐系统和声速仪是由南京鼎盛合力水利技术有限公司与北京海卓同创科技有限公司共同研制的产品。

2. 技术原理

多波束水下地形精细化测量系统利用换能器发射基阵向水底发射由 512 个波束组成的扇形声波，并由接收换能器基阵对水底回波进行窄波束接收。通过发射、接收波束相交，海底与船行方向垂直的条带区域形成数以百计的照射脚印，对这些脚印内的反向散射信号同时进行到达时间和到达角度的计算，再进一步通过获得的声速剖面数据计算就能得到每一个波束点的水深值。当多波束测深仪沿指定测线连续测量并将多条测线测量结果合理拼接后，便可得到该区域的水底地形数据和图像。

3. 技术特点

（1）主推的 MS400、MS200 多波束水下测量设备，不仅在设备体积、重量上做了优化，还内置了多项技术助力内陆浅水测量。

（2）一体化设计，设备内部集成姿态仪、表面声速仪和 GNSS，实现免安装校准，安装方便，节省 90% 测前准备时间，并可任意角度倾斜安装，应用灵活，创造性消除传统测量盲区，提升了设备浅水区测量的能力。

（3）近场波束聚焦技术精准浅测，突破精细测浅难题，浅至 0.2m，分辨率达到 0.75cm。复杂地形识别技术自动跟踪，自动去除水中杂波、水底二次回波，稳定跟踪地形。超声水柱成像技术全景展现，精准捕获反射回波，鱼群、水草、渔网等清晰可见。散射强度提取技术底貌同步，侧扫成像功能，地形地貌同步展现，实现一机多能。

（4）同步水体成像技术，为数据后处理提供现场实况展现。智能海底地形跟踪技术，大大提高自动化测量程度。软件全中文界面，功能简洁，大大降低了作业人员的操作难度。

技术指标

（1）DH－MS400 多波束测深系统。

工作频率：400kHz；波束数及波束宽度：512、1°（Rx）×1°（Tx）；测深范围：0.2～150m；深度分辨率：0.75cm；测量模式：等角/等距；最大数据更新率：60Hz；供电方式：AC220V/DC24V；内置集成姿态仪、表面声速仪、GNSS。

（2）DH－SS3060 高分辨双频侧扫声呐系统

工作频率：300kHz，600kHz；最大距离：230m@300kHz，120m@600kHz；信号形式：CW/Chirp；最大工作深度：200m。

（3）声速剖面仪/表面声速仪。

声速测量范围：1400～1600ms（扩展范围可定制）；声速测量分辨率：0.001m/s；声速测量精度：0.05m/s（SVP1500P）；采样速率：1～30Hz，用户可调；工作深度：0～200m。

技术持有单位介绍

南京鼎盛合力水利技术有限公司是一家高新技术企业，长期致力于水利业务管理相关技术的研发、应用与创新，公司在信息技术、水下声学测量技术、水文监测、水质监测、水生态修复生

物技术等领域已形成了多项自有知识产权的技术和产品，公司主要核心技术有：三维与仿真可视化平台应用技术、多灾种水动力模型、多波束水下声学测量设备及技术应用、水文水质产品研发、水环境光谱遥感分析技术、水生态修复生物技术。目前公司已经将这些技术与产品应用在智慧水利建设的多个领域，如水利业务三维可视化管理信息系统、智慧水利、实时洪水风险分析计算及可视化展示、水下三维地形数据测量、险工险段检测，无人船生态巡测、水利工程全生命周期管理、应急管理等。

应用范围及前景

主要用于水下三维地形测量、水下工程质量安全检测测量、险工险段检测、险工险段巡测与测量、生态淤积探测、水库库容测量、应急测量等业务领域。

该公司应用多波束技术和侧扫声呐技术已经开发出多种水下测量检测系统。技术已成功应用于万家寨水库崖壁区域水下地形测量、长江金河口崩岸区多波束扫测、官厅水库出水口水下地形多波束扫测、黄河龙门水文站断面水域上下游河道水下测量、非洲加纳沃尔特河 KPONG 大坝安全水下扫测等项目。

■万家寨水库崖壁区域水上水下测量数据无缝拼接

■长江金河口崩岸区多波束扫测

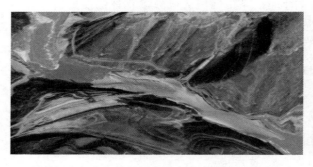

■黄河龙门水文站断面水域上下游河道扫测区域

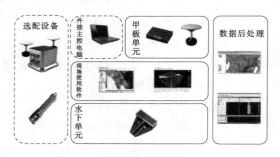

■技术原理示意

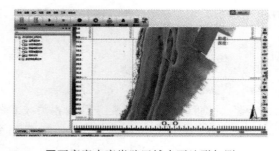

■万家寨水库崖壁区域水下地形扫测

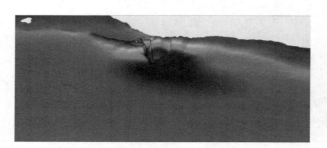

■官厅水库出水口水下三维成果图

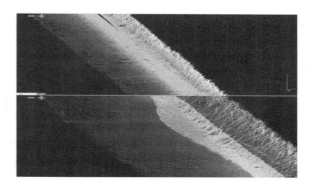

■非洲加纳沃尔特河 KPONG 大坝
安全水下扫测成果

技术名称:	用于水利业务管理的多波束等声学测量技术
持有单位:	南京鼎盛合力水利技术有限公司
联 系 人:	刘春建
地　　址:	江苏省南京市雨花台区雨花大道 2 号 6 楼 602 室
电　　话:	025 - 52225980
手　　机:	18611151750
传　　真:	025 - 52225981
E - mail:	chjliu@vip.sina.com

217 多参数水质自动监测装置 V1.0

持有单位

吉林市盟友科技开发有限责任公司

技术简介

1. 技术来源

自主开发。2014 年列入吉林省科技计划项目，2016 年"水质安全在线自动监测装置及信息管理系统"获得吉林省科技进步三等奖。

2. 技术原理

依据国家水资源监控能力建设项目和水环境监测相关技术标准，运用现代传感器技术、自动控制技术、计算机以及通信网络等技术和科学的结构设计，开发集自动取样，制样，留样，制水，在线分析，数据采集存储，加密传输，自动清洗，故障报警，超标预警，远程控制等功能于一体的水质自动检测装置。

3. 技术特点

（1）根据水质水资源在线监测要求，实现现场自动监测、数据采集传输、数据管理应用、远程 4G 工况监控为一体的完整系统。

（2）检测装置模块化设计，结构简单，运行稳定，维护方便。

（3）系统高度集成化、智能化，可远程控制，自动判断故障部件。

（4）自动监测仪表采用流动注射分析技术（FIA），分析速度快，精确度高，故障率低，试剂量少，使用成本低。

（5）通过基于 GIS 平台，数据分析系统开发的 Web 管理平台，实现数据的分析、预警等管理模型建立和应用。

（6）通过无线 4G 视频监控平台实现多站工况集中监控。

（7）手机端管理平台实现包括水质监测参数、和现场工况信息手机端信息推送及各类信息实时查看和查询功能。

技术指标

（1）自动监测仪表：工业 pH 值准确度≤±2% pH 值；电导率准确度≤±2%FS；污水溶解氧准确度≤±5%FS；浊度仪准确度≤10%；高锰酸盐自动测定仪准确度≤10%；氨氮自动测定仪准确度≤10%；总氮自动测定仪准确度≤10%；总磷自动测定仪准确度≤10%；温度准确度≤±1℃。

（2）取样系统可为各类仪表提供适宜水样，采水单元采用一备一用方式，可自动/手动进行切换，取水位置在 $0.3\sim1.5\text{m}$ 可调，自带分流及流量调节装置。预处理系统水流量在 $1\sim5\text{m}^3/\text{h}$ 可调。供水系统可提供取样及预处理系统主要技术指标，预处理水泵流量≥2t/h，流量≥250L/h。系统耐压≥0.8MPa，水反清洗增压泵流量为 2t/h，空气擦洗压缩机的排气量为每分钟 0.056m^3，出口压力为 0.8MPa。

技术持有单位介绍

吉林市盟友科技开发有限责任公司是集计算机、电子、通信、感测、自动控制技术为一体的水质水资源仪器开发制造，工程规划建设，整体运行维护供应商。公司是国家火炬计划吉林电子产业基地骨干企业，省级企业技术中心，吉林省科技"小巨人"企业。现有电子与智能化工程专业承包贰级、计算机信息系统集成三级、ISCCC 信息安全服务三级等多项专业资质。

公司先后承担国家电子信息产业发展资金项目等省部级项目 12 项，拥有专利技术成果和软件著作权 50 多项。

应用范围及前景

适用于河道、湖库等地表水环境进行连续监测，重要水源地水质监测，地下水污染监测及污染防控，以及工、农业生产给排水监测。在地表水监测方面适用于背景断面、交界断面、出入河（湖）口、入海口和控制断面的实时在线监测。地下水监测适用于石化、城市垃圾填埋场地下水污染防控监测。

典型应用案例：

案例1：完成了"黑龙江省国家水资源能力建设项目"9个自动监测站的建设项目。具体包括：齐齐哈尔市浏园水源地水质自动监测站，牡丹江西水源水质自动监测站，大庆市红旗水库水质自动监测站，大庆市龙虎泡水源地水质自动监测站，大庆市黑鱼泡水库水质自动监测站，哈尔滨市磨盘山水库水质自动监测站，七台河市桃山水库水质自动监测站，双鸭山市寒葱沟水库水质自动监测站。

案例2：辽宁盘锦地下水在线监测防控分析系统。通过对系统地下水理化指标进行在线监测，获取大量采集数据和现场实时工况，建立了地下水水流模型、地下水污染羽流模型、地下水水质等级评价模型、地下水污染风险评价模型和地下水污染羽井群抽出-处理优化控制模型，实现了地下水的监测与预警。

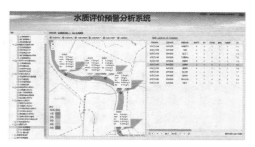

■水质评价预警分析系统界面1

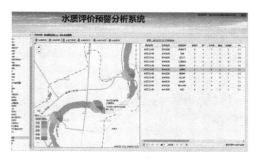

■水质评价预警分析系统界面2

■RTU 装置

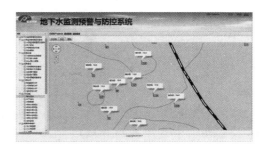

■地下水监测预警与防控系统界面1

■水质监测站

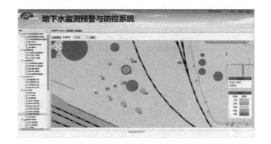

■地下水监测预警与防控系统界面2

技术名称：多参数水质自动监测装置 V1.0
持有单位：吉林市盟友科技开发有限责任公司
联 系 人：费希仲
地　　址：吉林市高新区深圳街 85 号科技实验楼
电　　话：0432 - 69975555
手　　机：13894200577
传　　真：0432 - 64688983
E - mail：fei7777@126.com

224 东深取水户智能化监测与管理系统

持有单位

深圳市东深电子股份有限公司

技术简介

1. 技术来源

自主研发。

2. 技术原理

东深取水户智能化监测与管理系统在接入取水流量数据的基础上，实现了取水量监测和管理，包括取水户管理、取水量监测、取水许可管理、取水计划、水资源费计算、取水设备管理等功能，为水资源总量管理提供支撑。

3. 技术特点

（1）提供取水量同比环比分析，方便用户掌握取水趋势。

（2）提供取水量超计划预警功能，协助管理人员监管取水量。

（3）提供取水量监控设备预警功能，方便管理人员随时掌握设备状态信息。

（4）提供许可证到期提醒功能，在取水许可证到期前 90d 和到期当天可短信通知取水户和管理人员。

（5）采用主体功能设计组件化、模块化，方便集成至其他水资源管理系统中。

技术指标

（1）主要技术及性能指标。

数据库数据准确率：100%；数据更新时间：1s；多维分析响应时间：<5s。

（2）系统数据管理能力。

管理记录数：3000 万；增长频率：30 万条/月；表最大记录数：30000 万；硬盘空占有量：200G。

（3）系统故障处理能力。

硬盘故障：用备份数据恢复；数据库故障：重装数据库并用备份数据库恢复；系统崩溃：重装系统并用备份数据恢复。

（4）服务器运行环境要求。

操作系统：Windows Server 2008 及以上；数据库：Oracle11g 及以上，SQL Server 2008 及以上运行平台：JDK1.6 或以上；硬件要求：IntelXeon（R）CPU E7 - 4820 v3 1.90GHz（3 处理器）及以上或同性能 CPU，内存 16GB，硬盘 4TB。

（5）客户及要求。

操作系统：Windows 7 及以上；运行平台：IE11 及以上，chrome，Firefox，360 极速浏览器；硬件要求：Intel Core（TM）i3 - 4170 3.7GHz 及以上或同性能 CPU，内存 4GB，硬盘 500G。

技术持有单位介绍

深圳市东深电子股份有限公司成立于 1998 年，是水行业智能化监测、自动化控制、信息化应用全套解决方案提供商与产品供应商。企业服务领域包含水资源管理、防灾减灾、河长制、智慧水务、智能化监控与调度管理、智慧运维等。

公司拥有国家工业及信息化部颁发的系统集成资质、水文水资源评价资质、信息系统工程设计资质、信息系统运维技术服务资质，具有 CMMI 5 认证、ISO 9001 质量管理体系认证证书、ISO 14001 质量管理体系认证证书、职业健康安全管理体系认证证书，同时是获得国家鲁班奖、大禹奖及省科技进步特等奖的国家高新技术企业。

应用范围及前景

适用于取水量监测与管理。系统实现了取水量监测统计、取水许可证管理、水资源费征收、取水计划管理、取水统计报表等功能模块，是落实最严格水资源管理制度的重要技术手段，为取水日常管理提供了极大的技术支撑。

典型应用案例：

甘肃省玉门市水资源实时监控与管理系统、江门市新会区水资源实时监控系统工程、开平市水资源实时监控综合管理信息系统、鹤山市水资源实时监控综合管理信息系统集成及扩容工程、杭州市林业水利局水资源管理信息系统、三亚市水务智能信息化系统、珠海市水资源实时监控与管理系统等。

■取水许可台账管理

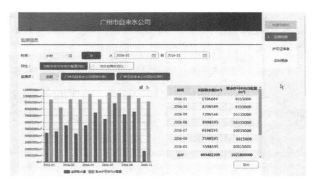

■取水户水量图表查询

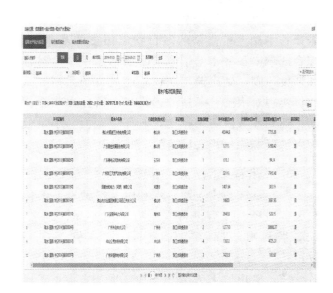

■取水量统计

■取水许可查询

技术名称：东深取水户智能化监测与管理系统
持有单位：深圳市东深电子股份有限公司
联 系 人：刘正坤
地　　址：深圳市高新区科技中二路软件园5栋6楼
电　　话：0755－26611488
手　　机：15820472004
传　　真：0755－26503890
E － mail：liuzk@dse.cn

225 东深闸站群联合调度监控系统

持有单位

深圳市东深电子股份有限公司

技术简介

1. 技术来源

自主研发。

2. 技术原理

系统以水闸、船闸、电排站为监控对象，在采集各水闸、电排站的运行状态信息的基础上，综合区域内各种水情信息、水质信息、调度目标和调度原则，做出调度建议，通过自动化控制系统，实现对水闸、泵站的远程集中监控和联合调度，达到区域内防洪排涝，水环境调度、水量分配等水资源统一管理目标。

3. 技术特点

（1）系统的建立能对水利闸站群的重要部位与关键对象、参数进行实时有效的监测、监视，提高水利闸站群运行的安全性的和管理的高效性。

（2）实现"无人值班、少人值守"，降低运行管理成本。

（3）从整体的角度考虑区域内闸站群调度，提高调度决策的科学性，大大提供调度效率。

技术指标

（1）主要技术及性能指标。

数据库数据准确率：100%；数据更新时间：1s；多维分析响应时间：<5s。

（2）系统数据管理能力。

管理记录数为：3000 万；增长频率为：30 万条/月；表最大记录数：30000 万；硬盘空占有量：200G。

（3）系统故障处理能力。

硬盘故障：用备份数据恢复；数据库故障：重装数据库并用备份数据库恢复；系统崩溃：重装系统并用备份数据恢复；硬件故障：系统平均修复时间（MTTR）（有备件）：≤0.5h。

（4）实时性。

数据采集时间：<1s；

事故追忆：事故前后各 20 个点以上，1 点/s；

控制室层控制命令响应时间：命令发出到执行机构接收并执行该命令的响应时间<1s，主机数据库响应所有 LCU 变化数据时间：≤2s；

人机接口响应：调用新画面的响应时间≤2s，动态画面数据刷新时间≤1s，操作人员令发出到回答显示时间≤2s；

GPS 标准时钟同步精度：±1ms。

技术持有单位介绍

深圳市东深电子股份有限公司成立于 1998 年，是水行业智能化监测、自动化控制、信息化应用全套解决方案提供商与产品供应商。企业服务领域包含水资源管理、防灾减灾、河长制、智慧水务、智能化监控与调度管理、智慧运维等。

公司拥有国家工业及信息化部颁发的系统集成资质、水文水资源评价资质、信息系统工程设计资质、信息系统运维技术服务资质，具有 CMMI 5 认证、ISO 9001 质量管理体系认证证书、ISO 14001 质量管理体系认证证书、职业健康安全管理体系认证证书，同时是获得国家鲁班奖、大禹奖及省科技进步特等奖的国家高新技术企业。

应用范围及前景

适用于引排水调度的闸站群控制与联合调度

管理。闸站群联合调度监控系统的建立，可从整体、系统的角度把握水资源状况、水闸工情情况，可提高引排水调度的合理性和精准度；可系统的改变渠道水动力条件，促进水体良性循环，达到有效改善水环境的目的；在特殊水情下，水情、雨情、水闸工情信息自动采集，水闸统一调度为防汛抗旱科学决策提供依据，降低决策风险。闸站群联合调度监控系统的建立可全面提高信息采集、水闸监控、调度决策和应急反应的能力，提升水利工程调度管理水平。

典型应用案例：

广州市番禺区市桥河水系闸群联合优化调度监控系统（一期）项目、中顺大围工程调度决策支持系统采购项目、佛山市顺德区勒流街道水利闸（站）群监控改造工程等。

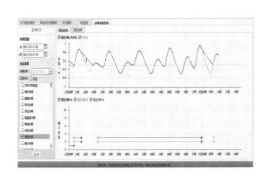

■水闸水情查询

■调度方案管理

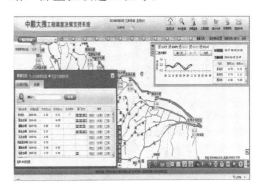

■GIS 监视

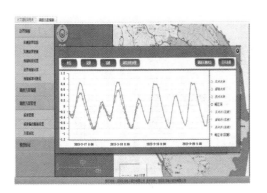

■调度方案计算

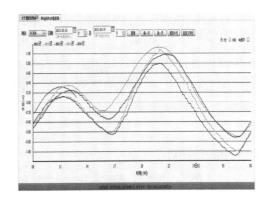

■水情信息查询

技术名称：东深闸站群联合调度监控系统
持有单位：深圳市东深电子股份有限公司
联 系 人：刘正坤
地　　址：深圳市高新区科技中二路软件园 5 栋
　　　　　6 楼
电　　话：0755 - 26611488
手　　机：15820472004
传　　真：0755 - 26503890
E - mail：liuzk@dse.cn

226　灌区信息监测与管理系统

持有单位

深圳市东深电子股份有限公司

技术简介

1. 技术来源

自主研发。

2. 技术原理

灌区信息监测与管理系统集信息采集、业务管理为一体。通过建立灌区水位、流量、水质等水情监测系统，泵站、闸门等水利设施自动控制系统，在此基础上，开发灌区信息监测与管理软件平台，包括灌区量测水管理、水费计收、配水调水管理等功能，实现灌区水资源的合理配置、优化调度、高效利用的目标，为实现高效现代农业提供技术保障。

3. 技术特点

（1）从灌区实际业务出发，管理平台功能覆盖整个灌区业务流程，主体功能设计组件化、模块化，可根据需求灵活配置。

（2）以量测水管理、水费计量、用水调度等关键业务为重点，提供完善的图表分析统计功能，提高管理人员的工作效率。

（3）测量水管理和水费计收根据实际工作流程，采用系统自动填报和人工填报相结合的方式，满足业务管理的需求。

（4）水库灌区工程不仅具有灌溉功能，很大程度上还承担防洪任务，系统开发了洪水预报和防洪预警模块，便于灌区的整体管理。

技术指标

（1）主要技术及性能指标。

数据库数据准确率：100%；数据更新时间：

1s；多维分析响应时间：<5s。

（2）系统数据管理能力。

管理记录数为：3000 万；增长频率为：30 万条/月；表最大记录数：30000 万；硬盘空占有量：60G。

（3）系统故障处理能力。

硬盘故障：用备份数据恢复；数据库故障：重装数据库并用备份数据库恢复；系统崩溃：重装系统并用备份数据恢复。

技术持有单位介绍

深圳市东深电子股份有限公司成立于 1998 年，是水行业智能化监测、自动化控制、信息化应用全套解决方案提供商与产品供应商。企业服务领域包含水资源管理、防灾减灾、河长制、智慧水务、智能化监控与调度管理、智慧运维等。

公司拥有国家工业及信息化部颁发的系统集成资质、水文水资源评价资质、信息系统工程设计资质、信息系统运维技术服务资质，具有 CMMI 5 认证、ISO 9001 质量管理体系认证证书、ISO 14001 质量管理体系认证证书、职业健康安全管理体系认证证书，同时是获得国家鲁班奖、大禹奖及省科技进步特等奖的国家高新技术企业。

应用范围及前景

东深灌区信息监测与管理系统的服务对象主要为灌区管理处。为灌区管理人员提供量测水、水费计收、配水调水等管理，为灌区的日常业务管理提供信息化支撑。系统适用于各大、中、小型灌区的信息化管理。

东深灌区信息监测与管理系统的建设主要解决灌区工作人员在信息采集、量测水管理、水费

计收、配水调水等方面的管理问题。最终实现量测水精确化、控制自动化、收费规范化、调配水合理化、实现灌区管理现代化。

典型应用案例：

山西省尊村灌区 2008—2011 年度节水续建配套工程——信息化续建标、高州水库灌区续建配套与节水改造项信息系统工程、松涛灌区续建配套工程综合信息化系统等。

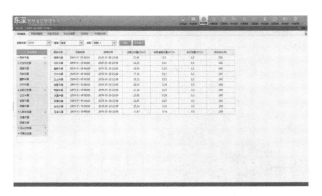

■实时配水

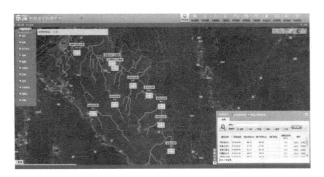

■综合监视

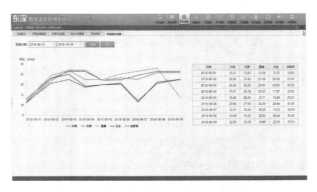

■作物需水预测

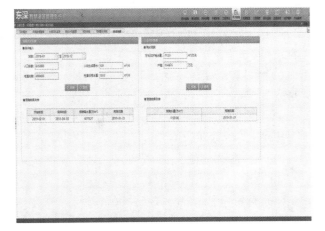

■用水计划管理

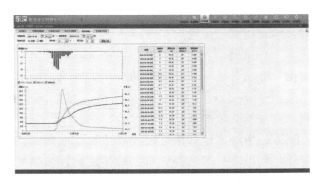

■实时预报

技术名称：灌区信息监测与管理系统

持有单位：深圳市东深电子股份有限公司

联 系 人：刘正坤

地　　址：深圳市高新区科技中二路软件园 5 栋
　　　　　6 楼

电　　话：0755 - 26611488

手　　机：15820472004

传　　真：0755 - 26503890

E - mail：liuzk@dse.cn

■用水预测

227　LDM–51 智能化明渠测量系统
（非满管流量计）

开封开流仪表有限公司

技术简介

1. 技术来源

自主研发。

2. 技术原理

LDM–51 型非满管流量计是一种利用流速–面积法，连续测量开放式管线（如半管流污水管道和没有溢流堰的大流量管道）中流体流量的一种流量自动测量仪表。它能测量并显示出瞬时流量、流速、累积流量等数据。非满管流量计是由一个电磁流速传感器、一个水位传感器和一个流量显示仪组成，连续测量管道中流体的流速和液位，用户只要输入圆形管道的内径或方形管道的宽度，非满管流量计就会自动计算出管道内的流量来，并自动显示出管道内的瞬时流量、流速、累积流量等测量参数。

系统中流速计选用电磁式流速计，电磁式流量计是利用法拉第电磁感应定律制成的，当导电流体沿流速传感器的交变磁场中做与磁力线垂直方向运动时，导电流体切割磁力线产生感应电势，在与导电流体轴线和磁力线相互垂直的流速传感器侧壁上安装了一对信号电极，该电极把产生的感应电势检出。此感应电势与流速成正比，测出该感应电势就可导出流过流速传感器侧面的导电流体流速。此流速信号（感应电势）输入流量显示仪经放大转换成与流速信号成正比的数字量信号，由此实现流速的测量。

3. 技术特点

（1）LDM–51 型智能化明渠流量测量系统（非满管）作为一种新型流量仪表，具有无法替代的优势。从外观上看，非满管流量计同样具有不受流体参数影响、无可动部件、无阻流件、压损极小、无测量滞后现象、线性输出和范围度宽等优点。

（2）非满管电磁流量计的测量通道是段光滑直管，不会有阻塞现象，因此特别适用于测量含固体颗粒的液固二相流体，如纸浆、泥浆、污水等。安装非满管电磁流量计，其上游不会抬高水位，因此也不会带来水头损失。

（3）非满管流量计的部件只有一对电极，不存在停工检修的问题，传感器耐磨损，抗腐蚀性能好。

（4）非满管电磁流量计可测的管道内液位为截面的 10%～100%，其在非满管和满管流量的情况下均能保持良好的测量精度，这是非满管电磁流量计研发的突破。

（5）在非满管测量中，测量管内液位通常会出现波动，这些波动，特别是当其处在电极的水平面上时，能导致传感器输出信号的波动。液位测量系统中包含的模糊逻辑和特别滤波电路很好地解决了这个问题。

技术指标

（1）圆形管道 DN100～DN3000mm；矩形管道宽度≤6m。

（2）测量精度：流速±1.0%，水位±0.5%，流量±2.5%。

（3）测量范围：流速 0.01～10m/s；被测介质电导率：≥20s/cm。

（4）电流输出信号：4～20mA/DC（负载电阻≤500Ω）。

（5）脉冲输出信号：1～2000Hz。

（6）数字通信接口：RS232/RS485 可选。

（7）无线数据远传：GSM/GPRS 可选。

（8）供电电源：220V/AC 或 12V/DC、24V/DC。

技术持有单位介绍

开封开流仪表有限公司是有着 40 年历史的流量仪表生产基地，是专业从事流量仪表研究开发和生产的高新技术企业，曾参与并起草了潜水电磁流量计国家标准，研发的电磁式非满管流量计解决了农业灌溉渠道非满管自流的计量难题，研发的电磁水表、电磁流量计、明渠流量计和便携式流速仪都取得了国家专利证书，并多次荣获过国家级、省级优秀产品称号。公司拥有先进的生产技术和完善的售后服务体系，尤其是 DN10～DN3000mm 水流量标准装置，保证产品的计量准确性和可靠性能满足用户的各种需求。

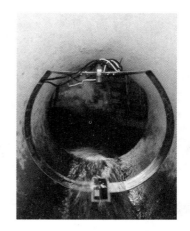

■六安市裕安区农业综合水价改革项目

应用范围及前景

特别适用于市政雨水、废水、污水的排放和灌溉用水管道等计量场所的需要。已应用案例：都江堰灌区、襄阳市引丹灌区、焦作市引沁灌区、六安市裕安区农业综合水价改革项目、定远县农田水利综合改革试点项目等。

■污水处理厂用非满管流量计

■都江堰灌区续建配套与节水改造项目

■襄阳市引丹灌区农业水价综合改革项目

■焦作市引沁灌区续建配套与节水改造项目

技术名称：LDM－51 智能化明渠测量系统（非满管流量计）
持有单位：开封开流仪表有限公司
联 系 人：靳永锋
地　　址：河南省开封市顺河回族区东郊工业园
电　　话：0371－22919056
手　　机：18937821131
传　　真：0371－22939056
E－mail：1587034561@qq.com

228 MGG/KL－CC 插入式电磁流量计

持有单位

开封开流仪表有限公司

技术简介

1. 技术来源

自主研发。

2. 技术原理

MGG/KL－CC 型插入式电磁流量计由插入式电磁流量传感器和转换器配套组成，是用来测量管道内各种导电液体体积流量的仪表。采用先进加工工艺，固态封装、耐振动、寿命长，仪表具有良好的测量精度和稳定性，流量计不仅有 0～10mA 或 4～20mA 标准电流输出，同时还有 1～5000Hz 频率输出。

3. 技术特点

（1）结构简单、牢固、无活动部件、使用寿命长，体积小、重量轻、安装方便、维护量少。

（2）测量范围大，测量不受温度、密度、压力、粘度、电导率等变化的影响，测量可靠、抗干扰能力强。

（3）能够在不停水的情况下进行安装、拆卸，适用于无法停水和老管道改造的使用。

（4）压力损失为零。

（5）较一般电磁流量计的成本和安装费用低，特别适合中大口径管道流量的测量。

技术指标

（1）测量管径：DN100～DN3000mm。

（2）精度等级：±1%（1 级）。

（3）流速范围：0.01～10m/s。

（4）工作压力：0.6～4.0MPa（可选）。

（5）耗电功率：<5W。

（6）连接方式：法兰连接、螺纹连接、抱箍连接（可选）。

（7）供电方式：220V/12V/24V/3.6V（可选）。

（8）防护等级：IP65/IP67/IP68。

（9）环境温度：－25～60℃。

（10）数字通信输出：RS232、RS485、HART。

（11）传感器输出信号：0～0.2mVp－p 至 0～2mVp－p。

（12）电极材料：不锈钢 OCrl8Nil2Mo2Ti、哈氏合金 B、C、钛 Ti、钽（Ta）、不锈钢涂覆碳化钨、特殊；防爆标志：Exm∏T4，Exmd∏BT。

技术持有单位介绍

开封开流仪表有限公司是有着 40 年历史的流量仪表生产基地，是专业从事流量仪表研究开发和生产的高新技术企业，曾参与并起草了潜水电磁流量计国家标准，研发的电磁式非满管流量计解决了农业灌溉渠道非满管自流的计量难题，研发的电磁水表、电磁流量计、明渠流量计和便携式流速仪都取得了国家专利证书，并多次荣获过国家级、省级优秀产品称号。公司拥有先进的生产技术和完善的售后服务体系，尤其是 DN10～DN3000mm 水流量标准装置，保证产品的计量准确性和可靠性能满足用户的各种需求。产品广泛应用于冶金、化工、石油、给排水、电力、水利、农灌、采矿、环保等行业的管道以及明渠流量测量，并在水利工程、国家水资源建设、农田灌溉等行业中广泛使用，用户或工程如：都江堰管理局、引丹工程管理局、南水北调中线工程、引黄工程开封项目管理处、引洈济黑工程、湖北省农业水价改革项目、山东省国家水资源建设项目、河南省国家水资源建设项目、四川省国家水资源建设项目、新疆国家水

资源建设项目，江苏省国家水资源建设项目等，获得用户好评。

应用范围及前景

MGG/KL－CC 型插入式电磁流量计可广泛用于市政给排水、钢铁、石油、化工、电力、工业、水利部门的导电流体流量的测量，也可用于测量酸碱盐等腐蚀性导电液体。

MGG/KL－CC 型插入式电磁流量计应用案例：江西省国家水资源监控能力建设二期工程建设项目部重点取用水户水量在线监测［上饶—抚州地区］、江西省国家水资源监控能力建设二期工程建设项目部重点取用水户水量在线监测赣州—吉安—宜春—萍乡—新余地区、四川省国家水资源监控能力建设取水户水量监测设备采购与集成项目、新疆阿图什市配水工程供水管线监控系统标等项目。

■江西省国家水资源监控能力建设项目

■四川省国家水资源监控能力建设
取水户水量监测设备

■一体式 GPRS 远程传输压力检测
电池供电电磁流量计

■2018 年度农业水价综合改革项目

技术名称：MGG/KL－CC 插入式电磁流量计
持有单位：开封开流仪表有限公司
联 系 人：靳永锋
地　　址：河南省开封市顺河回族区东郊工业园
电　　话：0371－22919056
手　　机：18937821131
传　　真：0371－22939056
E － mail：1587034561@qq.com

230 痕量灌溉技术

持有单位

北京普泉科技有限公司

技术简介

1. 技术来源

自主研发。2014BAD12B00 痕量灌溉关键技术与装备通过了国家验收，痕量灌溉技术 2017 年在英国参加全球创业大赛。

2. 技术原理

通过双层透水材料的特殊结构解决了低流量下灌水器堵塞的世界难题，将水和营养液直接输送到植物根系附近，其小流量特性有利于土壤团粒结构的保持，供水量可与植物的需水量相匹配，实现了真正稳定的地下灌溉，在节水效率、抗堵性和长距离均匀供水等方面取得了突破性进展，是国际领先的可节水节肥的地下水肥菌药气热一体化技术体系。

3. 技术特点

（1）抗堵塞时间是滴灌的 200 倍以上；节水、节肥、环保；低流量，长距离铺设，出水均匀。

（2）稳定的地下施肥：过去滴灌，尤其是地下滴灌经常因滴头堵塞而造成系统报废，而痕量灌溉适用于大部分可随水施肥的肥料，实现了长期稳定的地下随水施肥，减少了铵态氮肥的挥发和硝态氮肥的淋失，提高了肥料利用效率。

（3）减少农业面源污染：痕量灌溉可控制很小的出水量，不会造成肥料和农药的深层渗漏而污染地下水。

（4）提高作物品质及安全性：痕量灌溉出水少，能更好地维持土壤的三相比及团粒结构，促进植物根系健康成长及水肥吸收，作物品质得到

提高；地表干燥，病虫害少，不需频繁打药，提高了农产品的安全性。

（5）适合高标准农田建设：痕灌管铺设长度长，单井控制面积大且可同时水肥一体化而无需轮灌，适合于大面积灌溉，也方便与农机配合及实现灌溉自动化。痕灌管寿命长达 10 年以上，避免反复回收。

（6）减少农业用水量：痕量灌溉在满足植物的需水前提下有效节水，较滴灌节水效果更为显著。为我国农业节水提供更可行的方案，提高水安全。

技术指标

痕灌带产品符合 GB/T 17187—2009（ISO 9261：2004）标准的要求，100kPa 压力下，流量分别为 0.6L/h 和 0.9L/h，痕灌带产品具有优良的抗堵性能，适于地下灌溉使用。

通过了美国国际水技术中心的验证，特别适合于水肥一体化、智能化及农业大数据的应用。

技术持有单位介绍

北京普泉科技有限公司是位于中关村的国家高新技术企业，公司拥有独立的研发中心、生产基地和示范农场，公司通过了 ISO 9000，ISO 14000，ISO 18000 质量环境及健康认证，具有乙贰级灌溉企业资质。公司拥有 3 项发明专利，1 项新型实用专利，其中发明 PCT 专利已进入 70 多个国家。

应用范围及前景

适用于各种场合、各种作物，除了普通灌溉场合外，还能适应干旱地区和保护地栽培，广泛用于农业、林业、室内外空间绿化、生态改良、

防沙治沙、矿山修复等领域，特别适合于需要节水、节肥、环保的水肥一体化、智能化及农业大数据的应用。

典型应用案例：

北京市门头沟区黄安村杏树及林下经济作物痕量灌溉工程、宁夏同心县菊花台枸杞种植痕量灌溉项目、新疆哈密枣树痕量灌溉项目、北京杨家庄樱桃树痕量灌溉项目、北京市海淀区四季青田村痕量灌溉项目等，累计痕量灌溉面积 2300 余亩。

■哈密 225 亩果园痕量灌溉每亩节水 40～60m³

■痕量灌溉关键技术与装备项目通过了国家验收

■北京市杨家庄村樱桃痕量灌溉

■中关村智造大街立体绿化墙痕量灌溉

■宁夏 1500 亩枸杞种植痕量灌溉示范应用

技术名称：痕量灌溉技术
持有单位：北京普泉科技有限公司
联 系 人：李大威
地　　址：北京市海淀区志新路 27 号 1 号楼 1 层 1-26
电　　话：010 - 84079501
手　　机：18515060132
传　　真：010 - 84079501
E - mail：lidawei@puquan.cn